微分積分学

著者：岩瀬 則夫

まえがき

太古の昔より知られていたベキ乗やベキ乗根を数理的に捉え直す過程で、Napier 数を底とする自然対数の逆関数としての指数関数が現れ、ギリシャ以来の三角比や三角法を弧度法を基に数理的に体系化する過程で、円積分の逆関数としての三角関数が現れた。本書はこうした背景を踏まえつつ、高校までの数学を一新した高等数学への入門となることを企図している。

第０章では、命題と論証についての読み物のあとで実数と有理数との違いを考察した。また複素数の範囲における代数学の基本定理の紹介と２次行列の理論からの抜粋も記している。

第１章と第２章では、まず１変数関数の連続性と微分の定義を復習し、Napier 数を連続複利により与え、区分求積法を精密化した gauge 積分を導入してすべての導関数が積分可能であることを確かめる。本書では初等関数のうち指数関数と正弦・余弦・正接の三つの三角関数がむしろ反対に対数関数と逆三角関数の積分表示に対する逆関数となることを用いて、これらの関数の数理的な諸性質を導出する。次に微積分の正確な定義を与え、１変数関数の Taylor の定理とその極値問題への応用、そして有理関数やさまざまな無理関数の不定積分の計算方法を解説する。

第３章と第４章では、まず多変数関数の Taylor の定理、Lagrange の未定乗数法と（縁付）ヘッセ行列式を用いる極値問題の判定法、ヤコビ行列式を用いる陰関数定理と逆写像定理を紹介する。次に、多変数関数の積分は面積や体積などの容積の概念を精密化した測度の概念を用いて Lebesgue 式に定式化する。そのため変格積分は扱う範囲を（絶対）可積分な関数に限定し、積分領域の近似列に対応する極限を用いた定積分の計算法として導入した。最後にヤコビ行列式の絶対値を主要な要素とする変数変換の公式と Fubini の定理を用いる具体的な計算例を示す。

第５章では、まず曲線や曲面上での積分を導入した。さらに微分形式を線素や面素の軸成分と見なして線積分や面積分を導入し、Green，Gauss，そして Stokes の定理を目指した。

残念ながらいくつかの深い結果については本文では証明なしに認め、あるいは証明を付録に収め、あるいは参照すべき参考図書を巻末に挙げるに留めている。

2022 年春、著者記す

本書で使用する記号

集合

1. {要素の並び}： 列挙された要素全体
2. {変数 | 条件}： 条件式の中の変数に代入して条件が満たされる（全体集合の）要素全体
3. $x \in A$（x は A に **属す**）： x は集合 A の要素である
4. $A \subset B$（A は B に **含まれる**）： 集合 A に属すどの要素も集合 B に属す
5. $A = B$（A と B は **等しい**）： 同時に $A \subset B$ と $B \subset A$ が成立する
6. $A \cup B$（A と B の **合併集合、結び、和**）： 集合 A, B のどちらかには属す要素全体
7. $A \cap B$（A と B の **共通部分、交わり、交叉**）： 集合 A, B の両方に属す要素全体
8. A^c（A の **補集合**）： 集合 A に属さない（全体集合の）要素全体
9. $A \setminus B$（A から B を引いた **差集合**）： 集合 A の中で集合 B に属さない要素全体
10. $A \times B$（A と B の **直積**）： 集合 A の要素 a と B の要素 b の対 (a, b) の全体
11. $\bigcup_{\lambda \in \Lambda} A_\lambda$（**総和**）： どれかの集合 A_λ（$\lambda \in \Lambda$）に属すような（全体集合の）要素全体
12. $\bigcap_{\lambda \in \Lambda} A_\lambda$（**総交叉**）： どの集合 A_λ（$\lambda \in \Lambda$）にも属すような（全体集合の）要素全体

関係と写像・関数

1. **関係** $\phi : S \rightsquigarrow T$： 集合 S の要素 s から出て集合 T の要素 t へ達する矢線 $s\phi t$ の集まり
   (a) S を ϕ の **始域**、また T を ϕ の **終域** と呼ぶ。
   (b) T の要素への矢線が出る S の要素全体 $D(\phi)$ を ϕ の **定義域** と呼ぶ。
   (c) S の要素からの矢線が達する T の要素全体 $R(\phi)$ を ϕ の **値域**（または **像**）と呼ぶ。
   (d) $\phi(A)$（A の ϕ による **像**）： $A\ (\subset S)$ の要素からの矢線が達する T の要素全体
   (e) $\phi^{-1}(B)$（B の ϕ による **逆像**）： $B\ (\subset T)$ の要素への矢線が出る S の要素全体
   (f) S のどの要素からも自身への矢線が一本だけ出る関係 $\mathbb{1}$ を S の **恒等関係** と呼ぶ。
   (g) ϕ の矢線をすべて逆向きにして得られる関係を ϕ^{-1} で表し、ϕ の **逆関係** と呼ぶ。
   (h) 矢線 $s\phi t$ に関係 $\psi : T \rightsquigarrow U$ の矢線 $t\psi u$ を継いだ矢線 $s\phi\psi u$ の全体 $\psi \circ \phi : S \rightsquigarrow U$ を **合成関係** と呼ぶ。関係 ϕ, ψ, λ は $(\lambda \circ \psi) \circ \phi = \lambda \circ (\psi \circ \phi)$ と $\phi \circ \mathbb{1} = \phi = \mathbb{1} \circ \phi$ を満たす。
2. **一意**： 定義域のどの要素からも矢線が 1 本だけ出る関係（矢線 $s\phi t$ を $t = \phi(s)$ で表す）
3. **全域**（**多価写像**）： 定義域が始域に一致する（始域のどの要素からも矢線が出る）関係
4. **写像**： 一意かつ全域である関係（写像 ϕ は「$\phi : S \rightsquigarrow T$」ではなく「$\phi : S \to T$」で表す）
5. **全射**：値域が終域に一致する関係（全域かつ全射を **上への** と表現することがある）
6. **単射**：値域のどの要素へも矢線が 1 本だけ達する関係（一意かつ単射を **1対1** と言う）
7. **類別**： 全射かつ単射である関係（類別 ϕ は終域の分割 $\{\phi(\{a\})\}_{a \in D(\phi)}$ を与える）
8. n **価写像**： 定義域のどの要素からも矢線が 1 本以上 n 本以下だけ出る全域関係
9. **多価関数／関数／** n **価関数**： 終域が実数の集合となっている多価写像／写像／ n 価写像
10. **1対1対応**： 全射かつ単射である写像（**上への1対1**である関係）
11. **制限**と**拡大**：関係 ϕ の矢線がすべて関係 ψ の矢線でもあるとき、ϕ を ψ の制限、また ψ を ϕ の拡大と呼び、$\phi \subset \psi$ で表す。ψ が一意のときは $\phi = \psi|_D$（$D = D(\phi)$）とも表す。

数の集合

1. $\mathbb{N} = \mathbb{N}_1 = \{1, 2, 3, \ldots\}$： '1 **から始まる自然数**'（**序数、正の整数**）**全体**
2. $\mathbb{N}_0 = \{0, 1, 2, \ldots\}$： '0 **から始まる自然数**'（**基数、非負整数**）**全体**
3. $\mathbb{Z} = \{0, \pm 1, \pm 2, \pm 3, \ldots\}$： **整数全体**
4. $\mathbb{Q} = \{\, {}^{n}/_{m} \mid n \in \mathbb{Z},\ m \in \mathbb{N}_1 \}$： **有理数全体**
5. $\mathbb{R}$： **実数全体**
6. $\mathbb{C}$： **複素数全体**

よく使われる定数と記号

1. $\emptyset$ ： **空集合**
2. $\pi = 3.14159265358979\cdots$： **円周率**
3. $e = 2.718281828459\cdots$： **自然対数の底**
4. $\log 2 = 0.6931471805\cdots$： 2 **の自然対数**
5. $\sqrt{2} = 1.4142135623\cdots$： 2 **の平方根**
6. $\boldsymbol{i}$： **虚数単位**
7. $n! = n \cdot (n-1) \cdots 1$：**階乗**、ただし $0! = 1$ とする。
8. $n!! = n \cdot (n-2) \cdots (n-2\lfloor \frac{n-1}{2} \rfloor)$：**二重階乗**、ただし $0!! = 1$ とする。
9. $\binom{n}{k} = \frac{n!}{k!(n-k)!}$ ： **2項係数**
10. max ： **最大**
11. min ： **最小**
12. sup ： **上限**
13. inf ： **下限**
14. Δ： **差分** あるいは区間 $[a, b]$ の**分割** ：$a = a_0 < a_1 < \cdots < a_n < a_{n+1} = b$
15. Σ： **和分**
16. ∇： **勾配**あるいは $\mathbb{R}_{\oplus}$ の**分割** ：$0 = a_0 < a_1 < \cdots < a_n < \infty$
17. d ： **微分**
18. $\int$ ： **積分**
19. ∂ ： **偏微分** あるいは領域の**境界**
20. $\sum_{n=0}^{\infty} a_n = \lim_{n \to \infty} \sum_{k=0}^{n-1} a_k$ ： **級数**
21. $\sum_{k=m}^{n-1} a_k = a_m + \cdots + a_{n-1}$ $(m \leqq n)$： 級数の**部分和**、ただし $m = n$ のときは 0 とする。
22. a^n $(a \in \mathbb{R},\ n \in \mathbb{Z})$ ： **ベキ乗**（n 乗）
23. $a^{p/n} = \sqrt[n]{a^p}$ $(a > 0,\ p \in \mathbb{Z},\ n \geqq 1)$ ： **有理数ベキ**、$p = 1$ のときは **ベキ乗根**（n 乗根）
24. $f(X) = a_0 + a_1 X + \cdots + a_n X^n$ ：**多項式**、X は**不定元**と呼ばれ数を代入できる。ここで、$a_n \neq 0$ $(n \geqq 0)$ であるとき n **次多項式**あるいは**有限次多項式**と呼ぶ。また係数 $a_1, \ldots, a_n$ を実数に限定するとき**実係数多項式**と呼び、複素数まで許すとき**複素係数多項式**と呼ぶ。

よく使われる関数 $(n \in \mathbb{N}_0,\ a,\ a_0, a_1, \cdots, a_n \in \mathbb{R},\ \nabla : 0 < a_1 < \cdots < a_n < \infty)$

1. $|x|$： **絶対値**
2. $\operatorname{sgn}(x) = \begin{cases} \frac{x}{|x|}, & x \neq 0 \\ 0, & x = 0 \end{cases}$ ： **符号関数**
3. $\lfloor x \rfloor = \max\{n \in \mathbb{Z} \mid n \leqq x\}$： **床関数**（記号 $[x]$ で表すこともある）
4. $\lceil x \rceil = \min\{n \in \mathbb{Z} \mid x \leqq n\}$： **天井関数**
5. $\mathrm{Step}^{\nabla}(x)$ ： $\mathbb{R}_{\oplus}$ の分割 ∇ に属する **階段関数**
6. $\frac{f(x)}{g(x)}$： **有理関数**（$f(X)$ は多項式、$g(X)$ は有限次多項式で $\{x \mid g(x) \neq 0\}$ を定義域とする）
7. $\log x \quad (x > 0)$： **自然対数**
8. $e^x = \exp x$： **指数関数**
9. $x^a = e^{a \log x}\ (x > 0)$： **実数ベキ**
10. $\log_a x = \frac{\log x}{\log a},\quad 0 < a \neq 1 \quad (x > 0)$： 一般の**対数関数**
11. $a^x = e^{x \log a},\quad a > 0$： 一般の**指数関数**
12. $\mathrm{Sin}\, x \quad (|x| \leqq {}^{\pi}/_{2})$： **主域正弦関数**，$\sin x = (-1)^n \mathrm{Sin}(x'),\ x' = x - n\pi,\ n = \lfloor \frac{x + \pi/2}{\pi} \rfloor$
13. $\mathrm{Cos}\, x \quad (0 \leqq x \leqq \pi)$： **主域余弦関数**，$\cos x = (-1)^n \mathrm{Cos}\, x',\ x' = x - n\pi,\ n = \frac{\theta}{\pi}$
14. $\mathrm{Tan}\, x \quad (|x| < {}^{\pi}/_{2})$： **主域正接関数**，$\tan x = \mathrm{Tan}(x'),\ x' = x - n\pi,\ n\pi - \frac{\pi}{2} < x < n\pi + \frac{\pi}{2}$
15. $\mathrm{Arcsin}\, x \quad (|x| \leqq 1)$： **逆正弦関数の主値**，$\arcsin x = \mathrm{Arcsin}\, x + 2n\pi,\ n \in \mathbb{Z}$
16. $\mathrm{Arccos}\, x \quad (|x| \leqq 1)$： **逆余弦関数の主値**，$\arccos x = \mathrm{Arccos}\, x + 2n\pi,\ n \in \mathbb{Z}$
17. $\mathrm{Arctan}\, x$： **逆正接関数の主値**，$\arctan x = \mathrm{Arctan}\, x + n\pi,\ n \in \mathbb{Z}$
18. $\sinh x$： **双曲正弦関数**
19. $\cosh x$： **双曲余弦関数**
20. $\tanh x$： **双曲正接関数**
21. $\mathrm{Arsinh}\, x$： **逆双曲正弦関数**，$\mathrm{arsinh}\, x = \mathrm{Arsinh}\, x$
22. $\mathrm{Arcosh}\, x \quad (x \geqq 1)$： **逆双曲余弦関数**，$\mathrm{arcosh}\, x = \pm \mathrm{Arcosh}\, x$（2 価関数）
23. $\mathrm{Artanh}\, x \quad (|x| < 1)$： **逆双曲正接関数**，$\mathrm{artanh}\, x = \mathrm{Artanh}\, x$
24. $\chi_D^A(x) = \begin{cases} 1, & x \in A \\ 0, & x \notin A \end{cases}$ ： 集合 $A \subset D$ の **特性関数**

ギリシャ文字とその読み方

A, α	アルファ	B, β	ベータ	Γ, γ	ガンマ	Δ, δ	デルタ
E, ϵ, ε	エプシロン / イプシロン	Z, ζ	ゼータ	H, η	エータ / イータ	$\Theta, \theta, \vartheta$	テータ / シータ
I, ι	イオタ	K, κ	カッパ	Λ, λ	ラムダ	M, μ	ミュー
N, ν	ニュー	Ξ, ξ	クシー / グザイ	O, o	オミクロン	Π, π, ϖ	パイ
P, ρ	ロー	Σ, σ	シグマ	T, τ	タウ	Y, υ	ユプシロン
Φ, ϕ, φ	ファイ	X, χ	キー / カイ	Ψ, ψ	プシー / プサイ	Ω, ω	オメガ

実数の集合

本書では区間など実数の集合を直線内の **図形** と呼ぶことがある。直線内の図形としての **区間** のうち、次の４種類の区間を **有限区間** と呼ぶ。いずれも a が左端点で b が右端点である。

閉区間　：$[a,b]=\{x \mid a \leqq x \leqq b\}$
開区間　：$(a,b)=\{x \mid a < x < b\}$
右半開区間　：$[a,b)=\{x \mid a \leqq x < b\}$
左半開区間　：$(a,b]=\{x \mid a < x \leqq b\}$

ここで有限区間としての閉区間、開区間を、特に **有限閉区間**、**有限開区間** と呼ぶ。次の５種類の区間を **無限区間** と呼ぶ。ただし『∞』は『**正の無限大**』、『−∞』は『**負の無限大**』を意味する。

右半直線　：$[a,\infty)=\{x \mid a \leqq x\}$（$a$ は左端点で、右端点が無い無限閉区間）
左半直線　：$(-\infty,b]=\{x \mid x \leqq b\}$（$b$ は右端点で、左端点が無い無限閉区間）
開右半直線　：$(a,\infty)=\{x \mid a < x\}$（$a$ は左端点で、右端点が無い無限開区間）
開左半直線　：$(-\infty,b)=\{x \mid x < b\}$（$b$ は右端点で、左端点が無い無限開区間）
実数全体　：$(-\infty,\infty)=\mathbb{R}$（左端点も右端点も無く、無限開区間かつ無限閉区間）

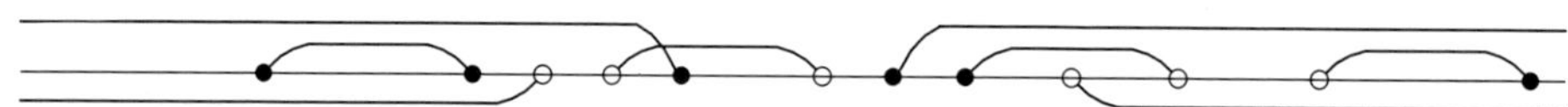

本書では、0 以上の実数を **広義正数**、同様に 0 以下の実数を **広義負数** と呼ぶ。

広義正数全体　：$\mathbb{R}_{\oplus}=[0,\infty)=\{0\}\cup\mathbb{R}_{+}$　（ただし $\mathbb{R}_{+}=(0,\infty)$ は **正数全体**）
広義負数全体　：$\mathbb{R}_{\ominus}=(-\infty,0]=\{0\}\cup\mathbb{R}_{-}$　（ただし $\mathbb{R}_{-}=(-\infty,0)$ は **負数全体**）

実数の集合 A, B が「$(A$ の要素$) \leqq (B$ の要素$)$」を満たすとき、不等号の記号『$\leqq$』を流用して

「$A \leqq B$」で表す。そうでない場合は「$A \nleqq B$」で（記号『$<$』は使用しない）表す。ただし、実

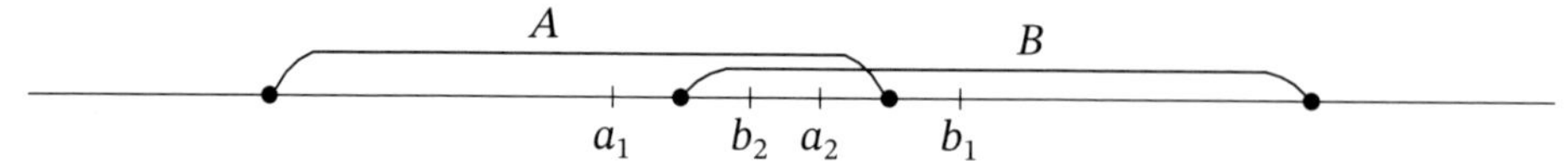

数の場合と違って、上図の表す「$A \nleqq B$」は、下図の表す「$B \leqq A$」とはかなり様子が異なる。

以下、数 a を集合 $\{a\}$ と（例えば $A{\leqq}3{\leqq}B$ は $A{\leqq}\{3\}{\leqq}B$ と）同一視する。また $A+B$ で集合 $\{a+b \mid a{\in}A,\ b{\in}B\}$ を、$c{\cdot}A$（$c{\in}\mathbb{R}$）で集合 $\{c{\cdot}a \mid a{\in}A\}$ を表し、$-A=(-1){\cdot}A$ とする。

目次

まえがき 3
本書で使用する記号 5

第０章　はじめに

0.1　命題と論証 14
0.2　可算性と連続性 14
0.3　複素数 18
0.4　２次行列 19

第１章　数列と級数

1.1　数列 22
1.1.1　上限と下限 22
1.1.2　数列の極限 23
1.1.3　極限の性質 26
1.2　数列の応用 28
1.2.1　連続複利法 28
1.2.2　級数 29
1.2.3　ベキ級数 33

第２章　１変数微積分

2.1　実関数 36
2.1.1　直線内の図形 36
2.1.2　基本となる関数 36
2.1.3　関数値の極限 38
2.1.4　連続性 40
2.2　微分法と積分法 42
2.2.1　微分法 42
2.2.2　積分法 45
2.3　初等関数 51
2.3.1　ベキ乗根 51
2.3.2　指数関数と対数関数 51
2.3.3　双曲線関数 52
2.3.4　三角関数・逆三角関数 53
2.4　関数の展開 57
2.4.1　不定形の極限 57
2.4.2　関数の展開 58
2.4.3　極大・極小 62
2.5　不定積分 63
2.5.1　不定積分の基本公式 63
2.5.2　有理関数の不定積分 63

2.5.3　無理関数の不定積分 ………… 65

第3章　多変数微分法

3.1　多変数関数 ………… 68
3.1.1　平面および空間内の図形 ………… 68
3.1.2　多変数関数 ………… 69
3.1.3　多変数の連続性 ………… 70
3.2　微分と偏導関数 ………… 72
3.2.1　多変数の微分 ………… 72
3.2.2　導関数 ………… 73
3.2.3　導関数の性質 ………… 75
3.2.4　高次の偏導関数 ………… 77
3.3　極値問題 ………… 80
3.3.1　多変数の極値問題 ………… 80
3.3.2　陰関数定理 ………… 82
3.3.3　条件付き極値問題 ………… 83
3.3.4　縁付きヘッセ行列式 ………… 84
3.3.5　逆写像定理 ………… 85

第4章　多変数積分法

4.1　可測性 ………… 88
4.1.1　Jordan 容積 ………… 88
4.1.2　可測集合 ………… 89
4.1.3　可測関数 ………… 90
4.2　積分 ………… 91
4.2.1　定積分 ………… 91
4.2.2　累次積分 ………… 95
4.3　重積分の計算 ………… 97
4.3.1　重積分と面積・体積 ………… 97
4.3.2　重積分の変数変換 ………… 98
4.3.3　特殊関数 ………… 101

第5章　多変数解析

5.1　曲線と曲面 ………… 104
5.1.1　弧長 ………… 104
5.1.2　曲面積 ………… 105
5.1.3　曲線積分と曲面積分 ………… 106
5.2　線積分と面積分 ………… 107
5.2.1　線積分 ………… 107
5.2.2　面積分 ………… 108
5.2.3　領域での積分 ………… 109
5.3　Stokes の定理 ………… 109

5.3.1 Green, Gauss の定理 109
5.3.2 Stokes の定理 111
5.3.3 Poincaré の補題 112

付録A 集合と実数

A.1 公理的集合論（von Neumann-Bernays-Gödel） 114
A.2 数の公理系 115

付録B 掘り下げた話題

B.1 有界閉集合の性質 124
B.2 双調関数 126
B.3 L'Hopital の定理 128
B.4 逆関数定理 129
B.5 弧度と円角 130
B.6 陰関数定理 131
B.7 逆写像定理 133
B.8 測度と可測関数 135
B.9 積分の基本性質 139
B.10 重積分の変数変換 143
B.11 原始関数の一意性 146
B.12 密度と定積分 147
B.13 絶対可積分性 153

付録C 派生した話題

C.1 初等的な微分方程式 156
C.2 一様連続性と一様収束 160
C.3 特殊値の級数表示 162
C.4 スカラー場とベクトル場 163
C.5 曲線と曲面の基本量 167
C.6 凸関数と Newton 法 169

付録D 論理と論証

D.1 古典論理と ε-δ 論法 172
D.2 演繹と証明 175

あとがき 177
参考文献 178
索引 179

第0章

はじめに

本論の前にいくつかの話題に触れておきます。

Q．実数って何でしょうか？

　A．数直線上の点です。

Q．では数直線とは何でしょうか？

　A．実数の並びです。

それだと堂々巡りですね。有理数とどれだけ違うのかを含めて、実数にまつわる話をしましょう。

Q．話は変わって複素数はご存知ですか？

　A．はい、えっ使うんですか？

Q．あるいは行列は学習済みでしたか？

　A．高校では習っていません！

ではこれらについても、少し解説します。あまり深い所まで立ち入ることはできませんが…。

0.1　命題と論証

古代ギリシャでは、知恵ある者 – ソフィスト – たちにより人々を欺く詭弁が生まれていた。正しい論証とは何かが問われるべきこうした時代を背景に、公理的方法 – 少数の簡明な公理・公準と厳密な定義とから **正しい推論** により論証する – は誕生した。それは時代の変遷とともに人々の記憶から抜け落ちたが、19 世紀末、集合論に潜む矛盾が顕在化した数学の危機の際に、Hilbert の手によりこれを乗り越える切り札として公理的方法が再び表舞台に押し出された。この歴史的事実から数学では簡明な公理と厳密な定義とを与え、これらを基に論証する手法が採用される。

さて、高等数学において証明すべき命題は、高校までに習った静的な **命題論理**（命題 ϕ は $\neg$, $\vee$, $\wedge$, $\rightarrow$, $\leftrightarrow$ を用いて記述される）だけでは手に負えない内容を含む。実際、命題を真とする事象が起こりうるのかどうか、また起こるとしたら常に起こるのかどうかといった、真偽に対する量的な判断を伴う動的な（局所変数付きの $\exists x\ \phi(x)$, $\forall x\ \phi(x)$ という形の）命題を含む **述語論理** を用いるべき場面が現れる。しかしながらこの動的な論理の理解には、程度の差こそあれ、痛みを伴う慣れが必要である。本書の本文ではこれら動的な論理の使用を可能なかぎり控え、代わりに上限と下限の存在という実数の本質にも関わる性質を暫定的に用いることとした。ただし、この暫定的方法は混み入った論理を操る複雑な作業には向かないということもまた事実である。

ところで「何らかの公理（または条件）を満たすものが存在する」という命題を証明しようとする場合、方法は二つある。一つはどんなものかには目を瞑って存在だけを導き出すものであり、もう一つは目に見える実体を構成するものである。もちろん後者の場合、構成された実体がその公理（または条件）を満たすことは証明すべきことになる。技術的な違いを除いても、存在だけを導き出すことと、実体を構成することとの間には、思った以上に大きな差が存している。

0.2　可算性と連続性

可算性： 番号付けられた並び を **列**、列の形に表せる集合を **可算集合** と呼ぶ。このとき列の中に同じ要素が何度現れても気にしない。重要なのはどの要素も列の中に見つかることである。

定義 0.2.1　数の **列** $a_1, a_2, \cdots, a_n, \cdots$（$a_0$ からでもよい）を **数列** と呼んで a_n または $\{a_n\}$ で表し、数列 $\{a_n\}$ の形に表せる加算集合を $\{\, a_n \mid n \in \mathbb{N}_1 \,\}$ あるいは単に $\{a_n\}$ などと表す。

有理数全体は可算集合である：まず有理数全体 $\mathbb{Q}$ をグループ分けする。第 n グループ G_n を

$$G_n = \{\,\frac{k}{n} \mid -n^2 \leq k \leq n^2\,\} = \{\,-n, \frac{-n^2+1}{n}, \frac{-n^2+2}{n}, \cdots, \frac{n^2-2}{n}, \frac{n^2-1}{n}, n\,\}$$

という $2n^2+1$ 個（n は序数）の有理数の集まりとする。例えば $G_1 = \{\,-1, 0, 1\,\}$ である。

問 0.2.2　序数 n が序数 m を割り切るとき、$G_n \subset G_m$ であることを示しなさい。

問 0.2.3　第 pq グループ G_{pq} に有理数 $\pm p/q$（$q \in \mathbb{N}_1$, $p \in \mathbb{N}_0$）が属すことを示しなさい。

さて、第 1 グループの有理数を左から右へ小さい順に並べ、その右に第 2 グループの有理数を同じように並べ、さらにその右にグループごとに次々に小さい順に並べ、有理数列を作る：

$$-1, 0, 1; -2, -3/2, -1, -1/2, 0, 1/2, 1, 3/2, 2; -3, -8/3, -7/3, -2, -5/3, -4/3, -1, -2/3, -1/3, 0, \cdots$$

これにより有理数全体は可算集合であると分かる。では、実数はどうなのだろうか？

小数は 0 から 9 までの数字の有限の列 $d_m, \cdots, d_1, d_0$ と有限または無限の列 $e_1, \cdots, e_n, \cdots$ を小数点『.』で繋げた並び $d_m \cdots d_0 \,.\, e_1 \cdots e_n \cdots$ であり、実数の小数としての表記を **小数表記** と呼ぶ。特に小数点以下が有限桁の小数を **有限小数**、無限に続く小数を **無限小数** と呼び、実数に対するこれらの表記を各々 **有限小数表記**（限られた有理数のみ可能）、**無限小数表記** と呼ぶ。

与えられた実数の無限小数表記を得るには、単位量（10^m, …, 10, 1, $\frac{1}{10}$, …, $\frac{1}{10^n}$, …）を大きい位から順に引けるだけ繰り返し引き、引いた回数を対応する位に立てる操作を繰り返せばよい。ここで「引けるか引けぬか」の判断に、引いた結果が「広義正数か負数か」による判定を採用すれば、例えば「1」に対しては $1-1=0$ が広義正数なので 1 の位に『1』が立ち、小数点以下第 1 位では $0-\frac{1}{10} = -\frac{1}{10} < 0$ より『0』が立ち、これを続けて小数点以下第 n 位でも $0-\frac{1}{10^n} = -\frac{1}{10^n} < 0$ よりやはり『0』が立つから、無限小数表記「1.000…」（数字『0』が無限に続く）を得る。しかし、引いた結果が「正数か広義負数か」による判定を採用すれば、$1-1=0$ が広義負数なので 1 の位は 1 が立たずに『0』が立ち、小数点以下第 1 位では $1-\frac{9}{10} = \frac{1}{10} > 0$ より『9』が立ち、これを続けて小数点以下第 n 位でも $\frac{1}{10^{n-1}} - \frac{9}{10^n} = \frac{1}{10^n} > 0$ よりやはり『9』が立つから、無限小数表記「0.999…」（数字『9』が無限に続く）を得る。

有限小数表記できない実数では上の「引いた結果」は決して 0 にならず、どちらの判定でも得られる小数は同一である。無限小数表記が二つあるのは有限小数表記できる実数に限られる。

定義 0.2.4　数字『9』が無限に続くもの以外の無限小数を **正規形** であると言う。特に実数に対して「広義正数か負数か」による判定を採用して得られる無限小数表記は正規形である。

本節では以下これを逆用し、**実数** の集合が正規形の無限小数全体として構成されたと考える。

定理 0.2.5 (Cantor) 実数全体は可算集合でない（実数全体は列の形に表せない）。

証明: 仮に実数全体が列の形に表せたとすると、その一部分である区間 $[0,1)$ も列 $r_1, r_2, \cdots, r_m, \cdots$ の形に表せる。これらの正規形の無限小数表記 $r_i = 0\,.\,a_{i,1}\,a_{i,2}\,\cdots\,a_{i,m}\,\cdots$ を縦に並べれば、小数点以下で 0 以上 9 以下の数字 $a_{i,j}$ からなる 2 次元配列が得られる：

$$
\begin{array}{lllllll}
r_1 = 0 & . & \boldsymbol{a_{1,1}} & a_{1,2} & \cdots & a_{1,m} & \cdots \\
r_2 = 0 & . & a_{2,1} & \boldsymbol{a_{2,2}} & \cdots & a_{2,m} & \cdots \\
\vdots & & \vdots & \vdots & \ddots & \vdots & \\
r_m = 0 & . & a_{m,1} & a_{m,2} & \cdots & \boldsymbol{a_{m,m}} & \cdots \\
\vdots & & \vdots & \vdots & & \vdots & \ddots
\end{array}
$$

（対角線論法！）

しかし区間 $[0,1)$ 内の列 $r_1, r_2, \cdots, r_m, \cdots$ をどのように選んでも、この列に現れない実数が山のようにある：実際、$r=0\,.\,b_1\,b_2\,\cdots\,b_m\,\cdots$ は、小数点以下第 1 位で $b_1 \neq a_{1,1}$（$0 \leqq b_1 \leqq 8$）であれば $r \neq r_1$ となり、第 2 位で $b_2 \neq a_{2,2}$（$0 \leqq b_2 \leqq 8$）ならば $r \neq r_2$ となり、以下、第 m 位で $b_m \neq a_{m,m}$（$0 \leqq b_m \leqq 8$）ならば $r \neq r_m$ となる。これらすべてを満たす実数 r は山のようにあり、どれも列 $r_1, r_2, \cdots, r_m, \cdots$ に現れない。これは矛盾であり、実数全体は列の形に表せない。　終り.

連続性　空でない実数の集合 A, B の対 (A,B) と実数 m が集合の関係式 $A \leqq m \leqq B$ を満たすとき、この関係式を対 (A,B) の **切断** と呼び、実数 m が対 (A,B) を **切断する** と言う。

定理 0.2.6 (切断の公理) 空でない実数の集合 A, B が $A \leqq B$ を満たすならば、対 (A,B) を切断する実数 m が存在する。

証明: まず $a \in A$ と $b \in B$ を選ぶ。必要なら原点の位置をずらしスケールを変換して $0 \leqq a \leqq b < 1$ と仮定し、$A_n = \{10^n x \mid x \in A\}$, $B_n = \{10^n y \mid y \in B\}$（$n \geqq 1$）と置き、$0 \leqq 10^n a \in A_n < 10^n$ より $A_n < \alpha_n + 1$ を満たす最小の基数 $0 \leq \alpha_n < 10^n$ を取る。このとき、$\alpha_n = m_1\,m_2\,\cdots\,m_n$ を満たす数字の列 $m_1,\ m_2,\ \cdots,\ m_n,\ \cdots$（$0 \leqq m_n \leqq 9$）が帰納的に定まる：

(1) $0 \leqq \alpha_1 < 10^1$ より $0 \leqq \alpha_1 \leqq 9$ であるので、$m_1 := \alpha_1$ と取ると、$\alpha_1 = m_1$ を満たす。

(2) $\alpha_n = m_1\,m_2\,\cdots\,m_n$ であったとする。仮定から $10A_n \nless 10\alpha_n$ かつ $10A_n < 10\alpha_n + 10$ であるので、$A_{n+1} = 10A_n < 10\alpha_n + m_{n+1} + 1$ を満たす最小（$A_{n+1} \nless 10\alpha_n + m_{n+1}$）の基数 m_{n+1} が $0 \leqq m_{n+1} \leqq 9$ の範囲に取れ、$\alpha_{n+1} = m_1\,m_2\,\cdots\,m_n\,m_{n+1}$ を満たす。

そこで $m=0.m_1m_2\cdots$ と置くと、m_n の取り方からこの無限小数表記は正規形であり、このとき $A\leqq m$ が成立する。なぜなら、もし $m=0.m_1m_2\cdots$ より大きい $x=0.x_1x_2\cdots$（正規形）が A にあったとすると、十分桁数を大きく取れば、その桁（n とする）までで m より x が大きく、$\alpha_n+1=m_1m_2\cdots m_n+1\leqq x_1x_2\cdots x_n\leqq 10^nx\in A_n$ となり、これは $A_n<\alpha_n+1$ に反するからである。また同様に $m\leqq B$ が成立する。なぜなら、もし $m=0.m_1m_2\cdots$ より小さい $y=0.y_1y_2\cdots$（正規形）が B にあったとすると、十分桁数を大きく取れば、その桁（n とする）までで m が y より大きく、$\alpha_n=m_1m_2\cdots m_n\geqq y_1y_2\cdots y_n+1>10^ny\in B_n$ より $A_n<\alpha_n$ となり、今度は $A_n\not<\alpha_n$ に反するからである。したがって $A\leqq m\leqq B$ が成立する。　終り.

実際、正規形の無限小数全体としての実数も **付録 A.2** の実数の公理を満たすことが分かる。

定理 0.2.7 (Dedekind の切断) 空でない実数の集合 A,B が $A\leqq B$, $A\cap B=\emptyset$ および $A\cup B=\mathbb{R}$ を満たすならば、A の最大数か B の最小数か、どちらか一方のみが存在する。

証明: 与えられた (A,B) に対して、定理 0.2.6 から $A\leqq m\leqq B$ を満たす $m\in\mathbb{R}=A\cup B$ が存在し、$A\cap B=\emptyset$ より $m\in A$ または $m\in B$ の一方のみが成立する。前者が成立するならば m は A の最大数であり、後者が成立するならば m は B の最小数である。　終り.

注 0.2.8　A, B が有理数の集合であっても、切断点が有理数であるとは限らない。例えば $A=\{r\in\mathbb{Q}\mid r<\sqrt{2}\}\leqq\{r\in\mathbb{Q}\mid\sqrt{2}<r\}=B$ の切断点と成り得るのは無理数 $\sqrt{2}$ だけである。

定理 0.2.9 (Archimedes 性) 二つの実数 a,b が不等式 $0<a\leqq b$ を満たすとき、逆に不等式 $b<n\cdot a$ を満たす十分大きな自然数 n を取ることができる。

証明: $A=\{n\cdot a\mid n\in\mathbb{N}_1\}$、$B=\{x\mid A\leqq x\}$ と置くと、$a\in A$ より $A\neq\emptyset$ である。もしどんな自然数 n を取っても $b<n\cdot a$ でないなら、$b\in B$ より $B\neq\emptyset$ であり、定理 0.2.6 の仮定が満たされて $A\leqq m\leqq B$ を満たす m が取れる。$a>0$ より $m-a<m\leqq B$ なので $m-a\notin B$ すなわち $A\not\leqq m-a$ より $m-a<n_0\cdot a$ を満たす n_0 がある。これは $m<(n_0+1)\cdot a$ を意味し、$A\not\leqq m$ となって m の取り方に矛盾する。したがって $b\notin B$ であり、$b<n\cdot a$ を満たす n がある。　終り.

これ以後『適当な有限集合を例外として常に…である』という意味で『**区分的に**…である』と言い、『適当な可算集合を例外として常に…である』という意味で『**ほぼ全域で**…である』と言う。ここで空集合は有限集合であると、また有限集合は可算集合であると考える。

0.3　複素数

複素数 $z = x+\boldsymbol{i}y$ に対して、x を **実部** と呼び $\mathfrak{Re}(z)$ で表し、y を **虚部** と呼び $\mathfrak{Im}(z)$ で表す。また、z の **偏角の主値** と **絶対値** を各々 $\mathrm{Arg}\,z = \theta_0$ $(-\pi < \theta_0 \leqq \pi)$, $|z| = r$ とすれば、**偏角** $\arg z = \theta$ は $\theta = \theta_0+2\pi n$（n は整数）と表せ、$x = r\cos\theta$, $y = r\sin\theta$ および $z = r(\cos\theta+\boldsymbol{i}\sin\theta)$ を得る。また $\alpha = a+\boldsymbol{i}b$ に対して $\mathrm{e}^{\alpha} := e^{a}(\cos b+\boldsymbol{i}\sin b)$ と略記する。

定理 0.3.1 (de Moivre) $(\cos\theta+\boldsymbol{i}\sin\theta)^n = \cos n\theta+\boldsymbol{i}\sin n\theta,\ \ n \in \mathbb{Z}.$

さらに、複素数 $\overline{z} = x-\boldsymbol{i}y$ を $z = x+\boldsymbol{i}y$ の **(複素) 共役** と呼ぶ。

問 0.3.2　複素数 z に対し次を示せ。 (1) $\mathfrak{Re}(z) = \frac{1}{2}(z+\overline{z})$　 (2) $\mathfrak{Im}(z) = \frac{1}{2i}(z-\overline{z})$
(3) $|\overline{z}| = |z|$　 (4) $z\cdot\overline{z} = \overline{z}\cdot z = |z|^2$　 (5) $\overline{g(z)} = g(\overline{z})$（$g(X)$ は実係数多項式）

注 0.3.3　z が実数 $\iff \mathfrak{Re}(z) = z \iff \mathfrak{Im}(z) = 0 \iff z = \overline{z}$

定理 0.3.4 (代数学の基本定理) X を不定元とする 複素 係数 n 次多項式 $g(X) = \alpha_0 + \alpha_1 X + \cdots + \alpha_{n-1}X^{n-1} + \alpha_n X^n$（$\alpha_n \neq 0,\ n \geqq 1$）は 次の形に 複素数の範囲で 因数分解される：

$$g(X) = \alpha_n(X-b_1)^{m_1}\cdots(X-b_r)^{m_r}(X-\lambda_1)^{n_1}\cdots(X-\lambda_t)^{n_t}$$

ただし $m_1+\cdots+m_r+n_1+\cdots+n_t = n$ であり、b_i は実数、λ_j は虚数である。

さて、$g(X)$ を 実 係数多項式とし、$g_1(X) = (X-\lambda_1)^{n_1}\cdots(X-\lambda_t)^{n_t}$ と置く。$g_1(X)$ の虚数根[0.1] λ に対して $g_1(\overline{\lambda}) = \overline{g_1(\lambda)} = 0$ より λ の共役 $\overline{\lambda}$ も $g_1(X)$ の根であり、$(X-\lambda)(X-\overline{\lambda}) = X^2+cX+d$ $(c = -2\mathfrak{Re}(\lambda),\ d = \mathfrak{Re}(\lambda)^2+\mathfrak{Im}(\lambda)^2)$ と置けば、実数の範囲 で $g_1(X) = (X^2+cX+d)\,g_2(X)$ と因数分解できる。ここで λ が虚数なので X^2+cX+d の判別式は $c^2-4d = -4\,\mathfrak{Im}(\lambda)^2 < 0$ を満たす。次に g_2 に対して同様な議論を適用し、さらに正確には帰納法を用いて次を得る。

定理 0.3.5 X を不定元とする 実 係数 n 次多項式 $g(X) = a_0 + a_1X + \cdots + a_{n-1}X^{n-1} + a_nX^n$ $(a_n \neq 0,\ n \geqq 1)$ は、次の形に 実数の範囲で 因数分解される：

$$g(X) = a_n(X-b_1)^{m_1}\cdots(X-b_r)^{m_r}(X^2+c_1X+d_1)^{\ell_1}\cdots(X^2+c_sX+d_s)^{\ell_s}$$

ただし $m_1+\cdots+m_r+2\ell_1+\cdots+2\ell_s = n$ であり、方程式 $X^2+c_jX+d_j = 0$ の判別式は $c_j^2-4d_j < 0,\ (1 \leqq j \leqq s)$ であって２次多項式 $X^2+c_jX+d_j$ には異なる二つの虚数根がある。

0.1　方程式 $h(x) = 0$（x は未知数）の解を多項式 $h(X)$（X は不定元）の根と呼ぶ。

0.4　2次行列

座標変換　平面の標準座標軸 x, y と原点を共有する座標軸 x', y' を取り、x 軸, y 軸上の基本ベクトルを各々 $\mathbb{e}_1$, $\mathbb{e}_2$ とし、x' 軸, y' 軸上の基本ベクトルを各々 $\mathbb{e}'_1$, $\mathbb{e}'_2$ とする。列ベクトル $\mathbb{e}'_1$, $\mathbb{e}'_2$ の xy 座標が各々 (a,c), (b,d) ならば、これらは $\mathbb{e}'_1 = a\mathbb{e}_1 + c\mathbb{e}_2$, $\mathbb{e}'_2 = b\mathbb{e}_1 + d\mathbb{e}_2$ という１次結合で表される。次の２次行列 P を xy 軸から $x'y'$ 軸への **変換行列** と呼ぶ。

$$P := [\mathbb{a}, \mathbb{b}] \qquad \left(P := \begin{bmatrix} a & b \\ c & d \end{bmatrix}\right), \quad \mathbb{a} = \begin{bmatrix} a \\ c \end{bmatrix}, \quad \mathbb{b} = \begin{bmatrix} b \\ d \end{bmatrix}$$

一方 $x'y'$ 座標が (u,v) である点は基本ベクトルの１次結合 $u\mathbb{e}'_1+v\mathbb{e}'_2$ で表せるので、xy 座標を列ベクトルで表せば、$u\mathbb{a}+v\mathbb{b}$ である。これを２次行列 P と列ベクトル $\mathbb{u}$ の **積** と考える：

$$P\mathbb{u} := u\mathbb{a}+v\mathbb{b} \qquad \left(\begin{bmatrix} a & b \\ c & d \end{bmatrix}\begin{bmatrix} u \\ v \end{bmatrix} := \begin{bmatrix} au+bv \\ cu+dv \end{bmatrix}\right), \quad \mathbb{u} = \begin{bmatrix} u \\ v \end{bmatrix}$$

同様に座標軸 x'', y'' を取る。x'' 軸, y'' 軸上の基本ベクトル $\mathbb{e}''_1$, $\mathbb{e}''_2$ の $x'y'$ 座標が各々 (a',c'), (b',d') ならば、$x'y'$ 座標軸から $x''y''$ 座標軸への変換行列は $Q = \begin{bmatrix} a' & b' \\ c' & d' \end{bmatrix}$ である。すると $x''y''$ 座標が $\begin{bmatrix} u \\ v \end{bmatrix}$ である点の $x'y'$ 座標は $\begin{bmatrix} a'u+b'v \\ c'u+d'v \end{bmatrix}$ なので xy 座標は次で与えられる。

$$\begin{bmatrix} a & b \\ c & d \end{bmatrix}\begin{bmatrix} a'u+b'v \\ c'u+d'v \end{bmatrix} = \cdots = \begin{bmatrix} (aa'+bc')u+(ab'+bd')v \\ (ca'+dc')u+(cb'+dd')v \end{bmatrix} = \begin{bmatrix} aa'+bc' & ab'+bd' \\ ca'+dc' & cb'+dd' \end{bmatrix}\begin{bmatrix} u \\ v \end{bmatrix}$$

そこで２次行列 P, Q の **積** PQ を $\begin{bmatrix} a & b \\ c & d \end{bmatrix}\begin{bmatrix} a' & b' \\ c' & d' \end{bmatrix} = \begin{bmatrix} aa'+bc' & ab'+bd' \\ ca'+dc' & cb'+dd' \end{bmatrix}$ で定める。

$P=[\mathbb{a},\mathbb{b}]$ のとき $ad-bc$ をその **行列式** と呼び $\det P$ で表す。$\mathbb{a}$, $\mathbb{b}$ のなす角を θ とすると、$\mathbb{a}$, $\mathbb{b}$ を２辺とする平行四辺形の面積は $\|\mathbb{a}\|\cdot\|\mathbb{b}\|\cdot|\sin\theta| = \sqrt{\|\mathbb{a}\|^2\cdot\|\mathbb{b}\|^2-(\mathbb{a}\cdot\mathbb{b})^2} = |\det P|$ である。

問 0.4.1　２次行列 A, B に対して $\det(AB) = \det A \cdot \det B$ を示しなさい。

用語 0.4.2　$I = [\mathbb{e}_1, \mathbb{e}_2] = \begin{bmatrix} 1 & 0 \\ 0 & 1 \end{bmatrix}$ を **単位行列** と呼ぶ。明らかに $\det I = 1$ である。

用語 0.4.3　２次行列 P が $\det P \neq 0$ を満たすとき、P は **正則行列** と呼ばれる。このとき、$\dfrac{1}{\det P}\begin{bmatrix} d & -b \\ -c & a \end{bmatrix}$ を P の **逆行列** と呼び P^{-1} で表す。P^{-1} は $P^{-1}P = PP^{-1} = I$ を満たす。

問 0.4.4　任意の２次行列 P, Q, R に対して、等式 $(PQ)R = P(QR)$ を確かめなさい。

直交対角化　行列 $P=\begin{bmatrix} a & b \\ c & d \end{bmatrix}$ に対して行列 $\begin{bmatrix} a & c \\ b & d \end{bmatrix}$ を P の **転置行列** と呼び ${}^tP$ で表す。また a, d を P の **対角成分** と呼び、その和 $a+d$ を **トレース** と呼んで $\mathrm{tr}\,A$ で表す。

用語 0.4.5　${}^tP=P$ を満たす行列 P を**対称行列**、${}^tP=-P$ を満たす行列 P を**交代行列**、対角成分以外が 0 である対称行列を**対角行列**、${}^tP=P^{-1}$ を満たす正則行列 P を **直交行列** と呼ぶ。

用語 0.4.6　平面ベクトル $\mathbb{x}, \mathbb{y}$ の **内積** を $\mathbb{x}\cdot\mathbb{y}$ で表し、$\mathbb{x}$ の **長さ** を $\|\mathbb{x}\|=\sqrt{\mathbb{x}\cdot\mathbb{x}}$ で定める。

命題 0.4.7　$P=[\mathbb{p}, \mathbb{q}]$ が直交行列 $\iff$ $\|\mathbb{p}\|=\|\mathbb{q}\|=1$ かつ $\mathbb{p}\cdot\mathbb{q}=0$

略証: ${}^tPP=\begin{bmatrix} \mathbb{p}\cdot\mathbb{p} & \mathbb{p}\cdot\mathbb{q} \\ \mathbb{q}\cdot\mathbb{p} & \mathbb{q}\cdot\mathbb{q} \end{bmatrix}$ より (※)『${}^tPP=I \leftrightarrow \|\mathbb{p}\|^2=\|\mathbb{q}\|^2=1$ かつ $\mathbb{p}\cdot\mathbb{q}=0$』が成立するから ($\Rightarrow$) は明らかである。($\Leftarrow$) は条件から $(\det P)^2=\|\mathbb{p}\|^2\|\mathbb{q}\|^2-(\mathbb{p}\cdot\mathbb{q})^2=1$ より P は正則であるので、上の (※) から逆に導かれる ${}^tPP=I$ を用いて ${}^tP={}^tPPP^{-1}=P^{-1}$ を得る。　終り.

補題 0.4.8　任意の2次行列 A と平面ベクトル $\mathbb{x}, \mathbb{y}$ は $(A\mathbb{x})\cdot\mathbb{y}=\mathbb{x}\cdot({}^tA\mathbb{y})$ を満たす。

証明: $A=\begin{bmatrix} a & b \\ b' & c \end{bmatrix}$, $\mathbb{x}=\begin{bmatrix} x_1 \\ x_2 \end{bmatrix}$, $\mathbb{y}=\begin{bmatrix} y_1 \\ y_2 \end{bmatrix}$ とすると、${}^tA=\begin{bmatrix} a & b' \\ b & c \end{bmatrix}$ であり、(左辺) $=$ $(ax_1+bx_2)y_1+(b'x_1+cx_2)y_2=x_1(ay_1+b'y_2)+x_2(by_1+cy_2)=$ (右辺) が成立する。　終り.

さて、$F(x,y)=ax^2+2bxy+cy^2$ に対して $A=\begin{bmatrix} a & b \\ b & c \end{bmatrix}$, $\mathbb{x}=\begin{bmatrix} x \\ y \end{bmatrix}$ と置くと $F(\mathbb{x})=\mathbb{x}\cdot(A\mathbb{x})$ である。xy 座標軸から $x'y'$ 座標軸への変換行列 P は補題 0.4.8 から次を満たす。

$$F(P\mathbb{y})=(P\mathbb{y})\cdot(AP\mathbb{y})=\mathbb{y}\cdot({}^tPAP\mathbb{y}),\quad P\mathbb{y}=\mathbb{x}$$

ここでは紹介するだけに留めるが、線形代数学の一般論から次の定理が知られている。

定理 0.4.9　2次行列 A が対称ならば、${}^tPAP$ が対角行列となるように直交行列 P を選べる。

上の定理で選んだ直交行列を $P=[\mathbb{p}, \mathbb{q}]$、$\mathbb{x}=t\cdot\mathbb{p}, t\in\mathbb{R}$ を x' 軸、$\mathbb{x}=t\cdot\mathbb{q}, t\in\mathbb{R}$ を y' 軸とすれば、xy 座標軸から $x'y'$ 座標軸への変換行列は P であり、$x'y'$ 座標の点 $\mathbb{u}=\begin{bmatrix} u \\ v \end{bmatrix}$ が xy 座標で $P\mathbb{u}=u\mathbb{p}+v\mathbb{q}$ と表される。ここで ${}^tPAP$ の対角成分を λ, μ とすれば、次の標準形を得る：

$$F(u\mathbb{p}+v\mathbb{q})=\mathbb{u}\cdot({}^tPAP\mathbb{u})=\begin{bmatrix} u \\ v \end{bmatrix}\cdot\left(\begin{bmatrix} \lambda & 0 \\ 0 & \mu \end{bmatrix}\begin{bmatrix} u \\ v \end{bmatrix}\right)=\lambda u^2+\mu v^2$$

問 0.4.10　(1) $\lambda+\mu=\mathrm{tr}\,A$ を示しなさい。　(2) $\lambda\mu=\det A$ を示しなさい。

第1章

数列と級数

ここから本論ですが、まずは基礎がためをします。

Q．数列の極限って何でしょうか？

A. 番号が大きくなると極限値に近づきます。

Q．若い番号は極限に関係しますか？

A．いえ、遅い番号だけです。

番号が遅くなると数列の値の範囲が次第に狭まることを、上限と下限の言葉で記述します。

Q．正数の数列の和は順番に依存しますか？

A．多分依存しないと思います。

Q．正負が入れ替わる数列では？

A．え、変わっちゃうんですか？

数列の応用として、銀行でも使われる連続複利や級数の収束の判定法について勉強しましょう。

1.1　数列

1.1.1　上限と下限

さて、第8頁の有限区間と無限区間の違いを考察しよう：実数の集合 A, B を取る。

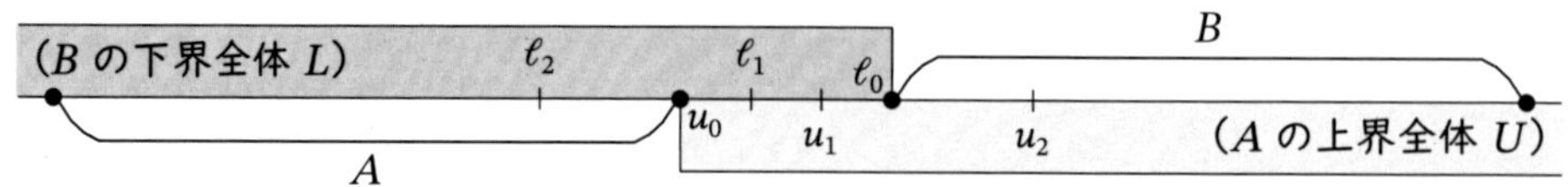

(1) $\ell \leqq B$ である実数 ℓ が取れるとき、集合 B を **下に有界** であると言い、下に有界な集合 B に対して、$\ell \leqq B$ を満たす実数 ℓ を「B の**下界**」と呼ぶ。図の L は下界全体である。

(2) $A \leqq u$ である実数 u が取れるとき、集合 A を **上に有界** であると言い、上に有界な集合 A に対して、$A \leqq u$ を満たす実数 u を「A の**上界**」と呼ぶ。図の U は上界全体である。

(3) 「下に有界」かつ「上に有界」である集合を単に **有界** であると言う。

A の上界全体 U に最小数 u_0 があるとき、u_0 を A の **上限** と呼び $\sup A = u_0$ と記し、B の下界全体 L に最大数 ℓ_0 があるとき、ℓ_0 を B の **下限** と呼び $\inf B = \ell_0$ と記し、A が上に（B が下に）有界でないとき $\sup A=\infty$（$\inf B=-\infty$）と記す[1.1]。また、集合 C が $C=\{\textbf{変数} \mid \textbf{条件}\}$ と表されるときは、$\sup C$ や $\inf C$ の代わりに $\sup\limits_{\textbf{条件}}\{\textbf{変数}\}$ や $\inf\limits_{\textbf{条件}}\{\textbf{変数}\}$ を用いることがある。

定理 1.1.1 (連続性の公理 I) 上（下）に有界な空でない集合は実数を上限（下限）とする。

証明: 上に有界な空でない集合を A とし、その上界全体を B とすると、$A \neq \emptyset,\ B \neq \emptyset,\ A \leqq B$ が成立するから、定理0.2.6 より $A \leqq m \leqq B$ を満たす実数 m がある。m は $A \leqq m$ より A の上界で、$m \leqq B$ より A の 最小の上界（上限）である。下に有界でも同様である。終り.

最小値 $\min B$，**最大値** $\max A$ は、下限 $\inf B$，上限 $\sup A$ と次の関係にある。

$$\min B = \begin{cases} \ell_0, & \inf B = \ell_0 \in B \\ (\text{なし}), & \inf B = \ell_0 \notin B \end{cases}, \qquad \max A = \begin{cases} u_0, & \sup A = u_0 \in A \\ (\text{なし}), & \sup A = u_0 \notin A \end{cases}$$

演習 1.1.2 次を示しなさい。($c \geqq 0$)　(1) $\sup(c\cdot A) = c\cdot \sup A$　(2) $\inf(c\cdot A) = c\cdot \inf A$
(3) $\sup(-A) = -\inf A$　(4) $\sup(A+B) = \sup A + \sup B$　(5) $\inf(A+B) = \inf A + \inf B$

1.1　$\pm\infty$ も数と同列に考えて $\inf\{\infty\} = \infty$，$\sup\{-\infty\} = -\infty$ などと定める。また $\sup\emptyset = -\infty$，$\inf\emptyset = \infty$ とする。

1.1.2 数列の極限

有界な数列 『有界である』という集合に対する性質を数列に対しても考える。

(1) 数列 $\{a_n\}$ が **下に有界** であるとは、集合 $\{a_n \mid n \geqq 1\}$ が下に有界であることとする。

(2) 数列 $\{a_n\}$ が **上に有界** であるとは、集合 $\{a_n \mid n \geqq 1\}$ が上に有界であることとする。

(3) 数列 $\{a_n\}$ が **有界** であるとは、集合 $\{a_n \mid n \geqq 1\}$ が有界であることとする。

例 1.1.3 (1) 数列 $\{a_n\}$ ($a_n = (-1)^n$) は有界であり、$\inf_n \{a_n\} = -1$, $\sup_n \{a_n\} = 1$ である。

(2) $a_n = 1 - 1/n$ で定まる数列 $\{a_n\}$ は有界であり、$\inf_n \{a_n\} = 0$, $\sup_n \{a_n\} = 1$ である。

(3) $a_n = 1 + 1/n$ で定まる数列 $\{a_n\}$ は有界であり、$\inf_n \{a_n\} = 1$, $\sup_n \{a_n\} = 2$ である。

単調数列 番号が増えるとともに増加／減少し続ける（足踏みしてもよい）数列を考える。

定義 1.1.4 (**単調数列**) (1) 次の条件を満たす数列 $\{b_n\}$ を **単調増加数列** と言う。

$$b_1 \leqq b_2 \leqq b_3 \leqq \cdots \leqq b_{n-1} \leqq b_n \leqq b_{n+1} \leqq \cdots$$

(2) 次の条件を満たす数列 $\{c_n\}$ を **単調減少数列** と言う。

$$\cdots \leqq c_{n+1} \leqq c_n \leqq c_{n-1} \leqq \cdots \leqq c_3 \leqq c_2 \leqq c_1$$

上で定めた単調増加数列と単調減少数列を併せて **単調数列** と呼び、さらに常に $a_n \neq a_{n+1}$ であるような単調（増加／減少）数列を **狭義単調（増加／減少）数列** と呼ぶ。

演習 1.1.5 例 1.1.3 の各数列が単調数列であるか判定しなさい。

数列の極限 直感的には、n が大きくなるに従って a_n が α に 限りなく近づく とき、数列 $\{a_n\}$ は α に『収束する』と考えたいが、精密な議論のために数列の極限を以下のように定める。

数列 $\{a_n\}$ の ℓ 番目以後の項の全体 $\{a_n \mid n \geqq \ell\}$ の下限と上限を各々 $\underline{a}_\ell$ と $\overline{a}_\ell$ と置く。

($\{\underline{a}_\ell\}$ は単調増加数列であり、$\{\overline{a}_\ell\}$ は単調減少数列である)

ただし、上では $\underline{a}_\ell = -\infty$ や $\overline{a}_\ell = \infty$（数ではない！）の場合にもこれらを数列と呼んでいる。

さて、$\{\underline{a}_\ell\}$ や $\{\overline{a}_\ell\}$ は数列 $\{a_n\}$ の ℓ 番目以後の値の範囲を示す。実際、$\ell \geqq 1$ に対して常に

$$\underline{a}_\ell \leqq (\{a_n\} \text{ の } \ell \text{ 番目以後}) \leqq \overline{a}_\ell$$

が成立するという事実から、数列 $\{a_n\}$ の極限の存在すべき範囲は次のように絞り込める：

$$\underline{a}_1 \leqq \underline{a}_2 \leqq \underline{a}_3 \leqq \cdots \leqq (\{a_n\} \text{ の『極限』}) \leqq \cdots \leqq \overline{a}_3 \leqq \overline{a}_2 \leqq \overline{a}_1$$

上のように $\{a_n\}$ の『極限』を狭み込む二つの単調数列 $\{\overline{a}_\ell\}$ と $\{\underline{a}_\ell\}$ から、次で定まる各々の極限（$\{a_n\}$ の上極限と下極限と呼ばれる）を取れば、$\{a_n\}$ の極限の存在し得る範囲が確定する。

そこで、**（下極限）** $\displaystyle\varliminf_{n\to\infty} a_n := \sup_\ell \{\underline{a}_\ell\}$,　　**（上極限）** $\displaystyle\varlimsup_{n\to\infty} a_n := \inf_\ell \{\overline{a}_\ell\}$ を定める。

したがって上極限と下極限が一致すれば $\{a_n\}$ はその共通の値に限りなく近づくことになる！（不運にも一致しない場合にはそうはならないことも分かるが、それについては深入りしない）

定義 1.1.6 (**収束・発散**) 数列 $\{a_n\}$ が $\displaystyle\varliminf_{n\to\infty} a_n = \alpha = \varlimsup_{n\to\infty} a_n$ を満たすとき、記号 $\displaystyle\lim_{n\to\infty} a_n = \alpha$ または $a_n \longrightarrow \alpha$ $(n \to \infty)$ で表して α を **極限** と呼び、$\alpha \in \mathbb{R}$ なら **収束／有限確定** すると言う。極限が $\pm\infty$ の場合を含め **収束しない** 場合は **発散** すると言う。

(1) $\displaystyle\lim_{n\to\infty} a_n = \infty$（すなわち $\displaystyle\sup_\ell\{\underline{a}_\ell\} = \infty$）となるとき **正の無限大に発散** すると言う。

(2) $\displaystyle\lim_{n\to\infty} a_n = -\infty$（すなわち $\displaystyle\inf_\ell\{\overline{a}_\ell\} = -\infty$）となるとき **負の無限大に発散** すると言う。

(3) 上のどちらでもない（上極限と下極限が異なる）発散のとき、**振動** すると言う。

収束する数列　極限の値が含まれない形での判定条件を次のように与えることができる。

定理 1.1.7 (Cauchy 列) 数列 $\{a_n\}$ が収束する $\overset{\text{同値}}{\Longleftrightarrow}$ $\displaystyle\inf_{\ell\geqq 1} \sup_{m,n\geqq\ell} \{|a_m - a_n|\} = 0$ である。

略証: 定義から『$\displaystyle\lim_{n\to\infty} a_n$ が収束する』$\Longleftrightarrow$『$\displaystyle\varliminf_{n\to\infty} a_n = \varlimsup_{n\to\infty} a_n$』$\Longleftrightarrow$『$\displaystyle\sup_{n\geqq 1}\{\underline{a}_n\} = \inf_{n\geqq 1}\{\overline{a}_n\}$』$\Longleftrightarrow$『$\displaystyle\inf_{m\geqq 1}\{\overline{a}_m\} - \sup_{n\geqq 1}\{\underline{a}_n\} = \inf_{m,n\geqq 1}\{\overline{a}_m - \underline{a}_n\} = 0$』である。ここで $m \geqq n$ ならば $\overline{a}_m - \underline{a}_m \leqq \overline{a}_n - \underline{a}_m$, $\overline{a}_m - \underline{a}_n \leqq \overline{a}_n - \underline{a}_n$ であるので、簡単な議論から $\displaystyle\inf_{m,n\geqq 1}\{\overline{a}_m - \underline{a}_n\} = \inf_{\ell\geqq 1}\{\overline{a}_\ell - \underline{a}_\ell\}$ であることが分かり、さらに $\displaystyle\overline{a}_\ell - \underline{a}_\ell = \sup_{m,n\geqq\ell}\{a_m - a_n\} = \sup_{m,n\geqq\ell}\{|a_m - a_n|\}$ から求める判定条件を得る。　終り.

定理 1.1.8 (連続性の公理 II) 有界な単調数列は収束する。特に

(1) 上に有界な単調増加数列 $\{b_n\}$ は収束し、$\displaystyle\lim_{n\to\infty} b_n = \sup_n\{b_n\}$ が成立する。

(2) 下に有界な単調減少数列 $\{c_n\}$ は収束し、$\displaystyle\lim_{n\to\infty} c_n = \inf_n\{c_n\}$ が成立する。

証明: (2) は (1) と同様であるので、(1) のみ示す：自然数 $n \geqq 1$ に対して、集合 $B_n = \{b_{n+k} \mid k \geqq 0\}$ は仮定から有界であるから、定理 1.1.1 より上限 $\overline{b}_n$ と下限 $\underline{b}_n$ があるが、数列 $\{b_n\}$ が単調増加なので $\underline{b}_n = b_n$ である。そこで $\overline{b}_1 = \beta$ とすると、数列 $\{b_n\}$ が単調増加より $b_1, \cdots, b_{n-1}$ はどれも b_n 以下（$n \geqq 1$）であり、$\sup B_n = \sup B_1$ となるので $\overline{b}_n = \beta$ である。したがって $\inf\{\overline{b}_n \mid n \geqq 1\} = \inf\{\beta\} = \beta$ かつ $\sup\{\underline{b}_n \mid n \geqq 1\} = \sup\{b_n \mid n \geqq 1\} = \sup B_1 = \beta$ を得るから $\{b_n\}$ は収束し、極限は $\beta = \sup B_1 = \sup\{b_n \mid n \geqq 1\} = \sup\limits_n \{b_n\}$ である。終り.

例 1.1.9 (1) $\lim\limits_{n\to\infty} 1/n = 0$ (2) $\lim\limits_{n\to\infty} n = \infty$ (3) $\lim\limits_{n\to\infty}(-n) = -\infty$ (4) $\lim\limits_{n\to\infty}(-1)^n =$ (振動)

共終列 $1 \leqq n_1 < \cdots < n_k < n_{k+1} < \cdots$ を満たす数列 $\{n_k\}$ を **共終列** と呼ぶ。共終列に対して、数列 $\{a_n\}$ で対応する項のなす列 $\{a_{n_k} \mid k \geqq 1\}$ $(a_{n_1}, \ldots, a_{n_k}, a_{n_{k+1}}, \ldots)$ を $\{a_n\}$ の **部分列** と呼ぶ。

補題 1.1.10 単調数列 $\{a_n\}$ の部分列 $\{a_{n_k}\}$ は $\lim\limits_{k\to\infty} a_{n_k} = \lim\limits_{n\to\infty} a_n$ を満たす。またこの式は極限が $\pm\infty$ となる場合も含めて成立する。

証明: 簡単のため、$\{a_n\}$ は単調増加かつ $\sup\limits_n a_n = \alpha$ が有限であるとする。上限の定義から、すべての $m \geqq 1$ に対して（選択公理より）$\alpha - \frac{1}{m} < a_k \leqq \alpha$ を満たす番号 k_m が取れる。一方、仮定から $k \leqq n_k$ なので、$k \geqq k_m$ ならば $\alpha - \frac{1}{m} < a_{k_m} \leqq a_{n_k} \leqq \alpha$ である。したがって $\alpha - \frac{1}{m} < \sup\limits_{k \geqq k_m} a_{n_k} \leqq \alpha$ より $\lim\limits_{k\to\infty} a_{n_k} = \sup_k a_{n_k} = \alpha$ を得る。$\alpha = \infty$ の場合も同様である。終り.

定理 1.1.11 (共終列) $\{n_k\}$ を共終列とする。数列 $\{a_n\}$ が $\lim\limits_{n\to\infty} a_n = \alpha$ を満たすためには $\inf\limits_k \sup\limits_{m \geqq n_k} a_m = \sup\limits_k \inf\limits_{m \geqq n_k} a_m = \alpha$ の成立が必要十分である。

証明: $b_k = \sup\limits_{m \geqq n_k} a_m$ が単調減少で、$c_k = \inf\limits_{m \geqq n_k} a_m$ が単調増加であるから、これらは補題 1.1.10 の仮定を満たし、$\inf\limits_k \sup\limits_{m \geqq n_k} a_m = \inf\limits_k \sup\limits_{m \geqq k} a_m$ および $\sup\limits_k \sup\limits_{m \geqq n_k} a_m = \sup\limits_k \sup\limits_{m \geqq k} a_m$ である。定義から $\lim\limits_{n\to\infty} a_n = \alpha \iff \inf\limits_k \sup\limits_{m \geqq k} a_m = \sup\limits_k \inf\limits_{m \geqq k} a_m = \alpha$ なので、定理を得る。終り.

系 1.1.11.1 特に $\{a_n\}$ が広義正数列ならば $\lim\limits_{n\to\infty} a_n = 0 \iff \inf\limits_k \sup\limits_{m \geqq n_k} a_m = 0$ が成立する。

証明: 仮定から $\sup\limits_k \inf\limits_{m \geqq n_k} a_m \geqq 0$ であるので、定理 1.1.11 より $\lim\limits_{n\to\infty} a_n = 0 \iff \inf\limits_k \sup\limits_{m \geqq n_k} a_m = \sup\limits_k \inf\limits_{m \geqq n_k} a_m = 0 \iff \inf\limits_k \sup\limits_{m \geqq n_k} a_m = 0$ である。終り.

1.1.3　極限の性質

数列 $\{a_n\}, \{b_n\}, \{c_n\}$ に対して、証明は省略するが、以下の三つの定理は非常に有用である。

定理 1.1.12 (収束) $\lim_{n\to\infty} a_n = \alpha,\ \lim_{n\to\infty} b_n = \beta$ のとき、実数 c に対して次が成立する。

(1) $\lim_{n\to\infty}(a_n+b_n) = \alpha+\beta$　(2) $\lim_{n\to\infty}(c\cdot a_n) = c\cdot\alpha$　(3) $\lim_{n\to\infty}(a_n\cdot b_n) = \alpha\cdot\beta$

(4) $\beta \neq 0 \implies \lim_{n\to\infty}\dfrac{a_n}{b_n} = \dfrac{\alpha}{\beta}$　(5) $\lim_{n\to\infty} c_n = 0 \iff \lim_{n\to\infty}|c_n| = 0$

(6) $a_n \leqq c_n \leqq b_n$（n が十分大きいとき）かつ $\alpha=\beta$ ならば $\lim_{n\to\infty} c_n = \alpha\ (=\beta)$

系 1.1.12.1 $\lim_{n\to\infty} a_n = \alpha \underset{(1)}{\iff} \lim_{n\to\infty}(a_n-\alpha) = 0 \underset{(5)}{\iff} \lim_{n\to\infty}|a_n-\alpha| = 0$

定理 1.1.13 $c_n \neq 0$（n が十分大きいとき）ならば『$\lim_{n\to\infty} c_n = 0 \iff \lim_{n\to\infty}\dfrac{1}{|c_n|} = \infty$』

定理 1.1.14 (発散) $\lim_{n\to\infty} a_n,\ \lim_{n\to\infty} b_n$ が発散しても、次が（複号同順で）成立する。

(1) $\lim_{n\to\infty} a_n = \infty$ かつ $\underline{\lim}_{n\to\infty} b_n > -\infty$ ならば $\lim_{n\to\infty}(a_n+b_n) = \infty$

(2) $\lim_{n\to\infty} a_n = -\infty$ かつ $\overline{\lim}_{n\to\infty} b_n < \infty$ ならば $\lim_{n\to\infty}(a_n+b_n) = -\infty$

(3) $\lim_{n\to\infty} a_n = \pm\infty$ かつ $\underline{\lim}_{n\to\infty} b_n > 0$（または $=\infty$）ならば $\lim_{n\to\infty}(a_n\cdot b_n) = \pm\infty$

(4) $\lim_{n\to\infty} a_n = \pm\infty$ かつ $\overline{\lim}_{n\to\infty} b_n < 0$（または $=-\infty$）ならば $\lim_{n\to\infty}(a_n\cdot b_n) = \mp\infty$

(5) $a_n \leqq b_n$（n が十分大きいとき）かつ $\lim_{n\to\infty} a_n = \infty$ ならば $\lim_{n\to\infty} b_n = \infty$

(6) $a_n \leqq b_n$（n が十分大きいとき）かつ $\lim_{n\to\infty} b_n = -\infty$ ならば $\lim_{n\to\infty} a_n = -\infty$

例題 1.1.15 $\lim_{n\to\infty} a_n = \alpha$ のとき、$b_n = \frac{a_1+a_2+\cdots+a_n}{n}$ に対して $\lim_{n\to\infty} b_n = \alpha$ を証明しなさい。

略解: $a'_n = |a_n-\alpha|,\ b'_n = \frac{a'_1+a'_2+\cdots+a'_n}{n}$ と置くと、明らかに $|b_n-\alpha| \leqq b'_n$ であり、また系 1.1.11.1 より $\inf_n \sup_{m>n} a'_m = 0$ を得る。さて勝手に選んだ $n_0 \geqq 1$ に対して、$n>n_0$ ならば $b'_n = \frac{n_0\cdot b'_{n_0}+a'_{n_0+1}+\cdots+a'_n}{n} \leqq \frac{n_0}{n}b'_{n_0}+\frac{n-n_0}{n}\sup_{m>n_0} a'_m$ より $\lim_{n\to\infty}|b_n-\alpha| \leqq \lim_{n\to\infty} b'_n \leqq \lim_{n\to\infty}(\frac{n_0}{n}b'_{n_0}+\frac{n-n_0}{n}\sup_{m>n_0} a'_m) = \sup_{m>n_0} a'_m$ を得るが、$\lim_{n\to\infty}|b_n-\alpha|$ が n_0 に依存しないので $0 \leqq \lim_{n\to\infty}|b_n-\alpha| \leqq \inf_{n_0}\sup_{m>n_0} a'_m = 0$ となり、$\lim_{n\to\infty}|b_n-\alpha| = 0$ より $\lim_{n\to\infty} b_n = \alpha$ を得る。　終り.

演習 1.1.16 序数 $k \geqq 1$ に対して、次の極限を求めなさい。

(1) $\lim_{n\to\infty} n^k$ (2) $\lim_{n\to\infty} \sqrt[k]{n}$ (3) $\lim_{n\to\infty} \frac{(-1)^{k-1}}{n^k}$ (4) $\lim_{n\to\infty} \frac{1}{\sqrt[k]{n}}$ (5) $\lim_{n\to\infty}(n^2+\frac{1}{n^3})$

(2項係数) $\binom{n}{k} = \frac{n!}{k!(n-k)!} = \frac{n(n-1)\cdots(n-k+1)}{k!}$ (n, k は基数かつ $0 \leqq k \leqq n$)

(2項展開) 上の記法の下で、実数 x と y に対して $(x+y)^n = \sum_{i=0}^{n}\binom{n}{i}x^{n-i}y^i$ である。

命題 1.1.17 $a>1$ と基数 $k \geqq 0$ に対し、$\lim_{n\to\infty} \frac{a^n}{n^k} = \infty$(特に $\lim_{n\to\infty} a^n = \infty$)が成立する。

証明: 仮定から $a-1>0$ であるので $a = 1+(a-1)$ と分けると、$n>k$ ならば $a^n \geqq \binom{n}{k+1}(a-1)^{k+1}$ であるから、$\frac{a^n}{n^k} \geqq \frac{n\cdot(n-1)\cdots(n-k)}{n^k\cdot(k+1)!}(a-1)^{k+1} = n(1-\frac{1}{n})\cdots(1-\frac{k}{n})\frac{(a-1)^{k+1}}{(k+1)!}$ を得る。さらに $\lim_{n\to\infty} n = \infty$ かつ $\lim_{n\to\infty}(1-\frac{1}{n})\cdots(1-\frac{k}{n})\frac{(a-1)^{k+1}}{(k+1)!} = \frac{(a-1)^{k+1}}{(k+1)!} > 0$ より定理 1.1.14 (3) と (5) を適用して $\lim_{n\to\infty} \frac{a^n}{n^k} = \infty$ を得る。これは $k=0$ の場合に $\lim_{n\to\infty} a^n = \infty$ を意味する。 終り.

命題 1.1.18 $|a|<1$ と基数 $k \geqq 0$ に対し $\lim_{n\to\infty} n^k a^n = 0$(特に $\lim_{n\to\infty} a^n = 0$)が成立する。

証明: $|a|^{-1}>1$ と命題 1.1.17 から $\lim_{n\to\infty} \frac{1}{|n^k a^n|} = \lim_{n\to\infty} \frac{|a|^{-n}}{n^k} = \infty$ である。さらに、定理 1.1.12 (6) を適用して $\lim_{n\to\infty} n^k a^n = 0$ を得る。 終り.

命題 1.1.19 $|a| \geqq 1$ に対し、$\lim_{n\to\infty} \frac{a^n}{n!} = 0$ が成立する。

証明: 定理 0.2.9 から、$n_0 > |a|$ を満たす n_0 が取れる。$n > n_0$ に対して $m = n-n_0 \geqq 1$ とすると、$\frac{|a|}{n_0} < 1$ より、命題 1.1.18 から $0 \leqq \frac{|a|^n}{n!} < \frac{|a|^{n_0}}{n_0!}\cdot\frac{|a|^m}{n_0^m} = \frac{|a|^{n_0}}{n_0!}\left(\frac{|a|}{n_0}\right)^m \underset{n\to\infty}{\longrightarrow} 0$ である。定理 1.1.12 (6) より $\lim_{n\to\infty}\left|\frac{a^n}{n!}\right| = 0$ となり、同じく (5) より $\lim_{n\to\infty} \frac{a^n}{n!} = 0$ を得る。 終り.

演習 1.1.20 次の数列の収束・発散を調べ、収束するときはその極限値を求めなさい。

(1) $\frac{-3n^2+5n-3}{n^2-2n+2}$ (2) $\frac{2^n+10n}{3^n-3n}$ (3) $\cos n\theta$ (4) $(\sqrt{4n^2+2n+1}-2n)$ (5) $\frac{(-1)^n}{n}$

Q. これは何だろうか? $\sqrt{n} \ll n \ll n^2 \ll n^3 \ll 2^n \ll 3^n \ll n!$ $(n \longrightarrow \infty)$

1.2　数列の応用

1.2.1　連続複利法

元金 G 円 を年利 r で借りるとき、単利で 1 年後に返すお金は $G{\cdot}(1{+}r)$ 円であり、半年毎に利子を元金に組み込む複利では、1 年後に返すお金は $G{\cdot}\left(1{+}\frac{r}{2}\right)^2 = G{\cdot}\left(1{+}r{+}\frac{r^2}{4}\right)$ 円になる。

Q. $1/n$ **年毎の複利で 1 年後に返すお金** $G{\cdot}\left(1{+}\frac{r}{n}\right)^n$ **は** n **が増加するとどこまで増えるか？**

例題 1.2.1　数列 $\{a_n\}$（$a_n{=}\left(1{+}\frac{r}{n}\right)^n$, $r{\geqq}0$）は単調増加かつ収束することを示しなさい。

解:まず a_{n+1} を展開して a_n と比較すると次の不等式を得る。

$$\begin{aligned} a_{n+1} &= \left(1+\frac{r}{n+1}\right)^{n+1} = \sum_{k=0}^{n+1}\binom{n+1}{k}\left(\frac{r}{n+1}\right)^k \geqq \sum_{k=0}^{n}\binom{n+1}{k}\left(\frac{r}{n+1}\right)^k \\ &= 1+\frac{r}{1!}+\frac{r^2(1-\frac{1}{n+1})}{2!}+\cdots+\frac{r^n(1-\frac{1}{n+1})(1-\frac{2}{n+1})\cdots(1-\frac{n-1}{n+1})}{n!} \\ &\geqq 1+\frac{r}{1!}+\frac{r^2(1-\frac{1}{n})}{2!}+\cdots+\frac{r^n(1-\frac{1}{n})(1-\frac{2}{n})\cdots(1-\frac{n-1}{n})}{n!} \quad = a_n \end{aligned}$$

したがって $\{a_n\}$ は単調増加である。次に $n > n_0 = \lfloor r \rfloor$ とする。

$$\begin{aligned} a_n &= \sum_{k=0}^{n}\binom{n}{k}\left(\frac{r}{n}\right)^k = 1+\frac{n}{1!}\cdot\frac{r}{n}+\frac{n(n-1)}{2!}\left(\frac{r}{n}\right)^2+\cdots+\frac{n(n-1)\cdots1}{n!}\left(\frac{r}{n}\right)^n \\ &= 1+\frac{r}{1!}+\frac{r^2(1-\frac{1}{n})}{2!}+\cdots+\frac{r^n(1-\frac{1}{n})(1-\frac{2}{n})\cdots(1-\frac{n-1}{n})}{n!} \\ &\leqq 1+\frac{r}{1!}+\frac{r^2}{2!}+\cdots+\frac{r^n}{n!} = \sum_{k=0}^{n_0}\frac{r^k}{k!}+\sum_{k=0}^{n-n_0}\frac{r^{n_0+k}}{(n_0+k)!} \leqq \sum_{k=0}^{n_0}\frac{r^k}{k!}+\sum_{k=0}^{n-n_0}\frac{r^{n_0+k}}{n_0!(n_0+1)^k} \\ &= \sum_{k=0}^{n_0}\frac{r^k}{k!}+\frac{r^{n_0}}{n_0!}\frac{n_0+1}{n_0+1-r}\left(1-\frac{r^{n+1-n_0}}{(n_0+1)^{n+1-n_0}}\right) \leqq \sum_{k=0}^{n_0}\frac{r^k}{k!}+\frac{r^{n_0}}{n_0!}\frac{n_0+1}{n_0+1-r} \end{aligned}$$

より数列 $\{a_n\}$ は上に有界となる。したがって定理 1.1.8 を適用できて $\{a_n\}$ は収束する。　終り.

> 定義 1.2.2 (**Napier / Euler 数**[1.2])　$\lim_{n\to\infty}\left(1{+}\frac{1}{n}\right)^n$ は通常、記号 e で表される。

演習 1.2.3　次の数列 $\{a_n\}$ の極限値を求めなさい。ただし、$r{\geqq}0$ とする。

(1) $a_n = \left(1{+}\frac{1}{q{\cdot}n}\right)^n$,（$q{\in}\mathbb{N}_1$）　(2) $a_n = \left(1{+}\frac{p}{n}\right)^n$,（$p{\in}\mathbb{Z}$）　(3) $a_n = \left(1+\frac{a}{n}\right)^n$,（$a{\in}\mathbb{Q}$）

(4) $a_1{=}1,\ a_{n+1}{=}\sqrt{a_n{+}2}$　(5) $a_1{=}1,\ a_{n+1}{=}2\sqrt{a_n}$　(6) $a_1{=}2,\ a_{n+1}{=}\frac{1}{2}\left(a_n{+}\frac{2}{a_n}\right)$

1.2　e はいかなる有理数係数多項式 $P(X) = a_nX^n + \cdots + a_1X + a_0$ の根ともならない数（**超越数**と呼ばれる）である。

定義 1.2.4 (**連続複利**) $\exp x := \lim_{n\to\infty}\left(1+\frac{x}{n}\right)^n$ と定める。特に $\exp 1 = e$ である。

命題 1.2.5 広義正数 $r \geqq 0$ に対して $\exp(-r) = (\exp r)^{-1}$ が成立する。

略証: $\left(1-\frac{r}{n}\right)^{-n} = \left(1+\frac{r}{n-r}\right)^n$ かつ $\left(1+\frac{r}{n-n_0}\right)^{n-n_0+n_0} \leqq \left(1+\frac{r}{n-r}\right)^n \leqq \left(1+\frac{r}{n-n_1}\right)^{n-n_1+n_1}$ $(n > n_1 = \lceil r\rceil \geqq n_0 = \lfloor r\rfloor \geqq 0)$ であり、両端の極限が $\exp r$ なので $(\exp(-r))^{-1} = \exp r$ を得る。　終り.

1.2.2　級数

数列 $\{a_n\}$ $(n \geqq 0)$ に対して、新しい数列を作り出す２種類の操作を次のように定める。

(差分)　$\Delta\{a_n\} = \{\Delta_n\{a_k\}\}$,　$\Delta_n\{a_k\} = a_{n+1} - a_n$

(和分)　$\Sigma\{a_n\} = \{\Sigma_n\{a_k\}\}$,　$\Sigma_n\{a_k\} = \sum_{k=0}^{n-1} a_k$　（ただし、以下 $\sum_{k=0}^{-1} a_k = 0$ と考える）

命題 1.2.6 和分 Σ と差分 Δ は次のような意味で互いに逆の操作である。

(1) $\Delta\Sigma\{a_n\} = \{a_n\}$,　$\Delta_n\{\Sigma_k\{a_\ell\}\} = \Sigma_{n+1}\{a_k\} - \Sigma_n\{a_k\} = \sum_{k=0}^{n} a_k - \sum_{k=0}^{n-1} a_k = a_n$

(2) $\Sigma\Delta\{a_n\} = \{a_n - a_0\}$,　$\Sigma_n\{\Delta_k\{a_\ell\}\} = \sum_{k=0}^{n-1}\Delta_k\{a_\ell\} = (a_1-a_0) + \cdots + (a_n - a_{n-1}) = a_n - a_0$

演習 1.2.7 整数 a に対して、$a > 0$ では $n^{[a]} = n(n-1)\cdots(n-a+1)$ と、$a = 0$ では $n^{[0]} = 1$ と、また $a < 0$ では $n^{[a]} = \frac{1}{(n-a)^{[-a]}}$ と定める。このとき、次を確かめなさい。

(1) $\Delta_n\{k^{[a]}\} = a\cdot n^{[a-1]}$　　(2) $\Sigma_n\{k^{[a]}\} = \frac{1}{a+1}(n^{[a+1]} - 0^{[a+1]})$ $(a \neq -1)$

演習 1.2.8 等比数列 $a_n = ar^n$ $(n \geqq 0, r \neq 1)$ に対して次を確かめなさい。

(1) $\Delta_n\{a_k\} = a_{n+1} - a_n = a(r-1)r^n$, $n \geqq 2$　　(2) $\Sigma_n\{a_k\} = \frac{a}{r-1}(r^n - 1)$

命題 1.2.9 数列 $\{a_n\}$, $\{b_n\}$ と実数 c, d に対して、次が成立する。

(1) $\Delta\{c\cdot a_n + d\cdot b_n\} = c\cdot\Delta\{a_n\} + d\cdot\Sigma\{b_n\}$　　(2) $\Sigma\{c\cdot a_n + d\cdot b_n\} = c\cdot\Sigma\{a_n\} + d\cdot\Sigma\{b_n\}$

定義 1.2.10 (**級数**) 数列 $\{a_n\}$ の和分の極限 $\lim_{n\to\infty}\Sigma_n\{a_k\}$ を **級数** と呼び、$\sum_{k=0}^{\infty} a_k$ で表す。

級数の部分和である和分の極限として、次のように級数にも和分の性質が遺伝する。

定理 1.2.11 (線形性) 二つの級数 $\sum_{n=0}^{\infty} a_n$ と $\sum_{n=0}^{\infty} b_n$ が収束するとし、c, d を実数とする。このとき、級数 $\sum_{n=0}^{\infty}(c{\cdot}a_n + d{\cdot}b_n)$ も収束し、次の式が成立する。

$$\sum_{n=0}^{\infty}(c{\cdot}a_n+d{\cdot}b_n) = c{\cdot}\sum_{n=0}^{\infty} a_n + d{\cdot}\sum_{n=0}^{\infty} b_n$$

系 1.2.11.1 収束する級数の項を与える数列 $\{a_n\}$ は 0 に収束する。

証明: $\sum_{k=0}^{\infty} a_k = \alpha$ ならば $\lim_{n\to\infty} a_n = \lim_{n\to\infty}\left(\sum_{k=0}^{n} a_k - \sum_{k=0}^{n} a_{k-1}\right) = \alpha - \alpha = 0$ （$a_{-1} = 0$） を得る。 終り.

級数の収束発散を考える上で、数列に対して次の条件が課されることが多い。

定義 1.2.12 (**正項級数**) 数列 $\{a_n\}$ が広義正数からなるとき、$\sum_{n=0}^{\infty} a_n$ を正項級数と呼ぶ。

定理 1.1.8 より有界な単調数列は収束するので、次は明らかである。

定理 1.2.13 (有界収束) 部分和の全体が上に有界であるような正項級数は収束する。

系 1.2.13.1 (収束発散) 正項級数 $\sum_{k=0}^{\infty} a_k$, $\sum_{k=0}^{\infty} b_k$, $\sum_{k=0}^{\infty} c_k$ に対して次が成立する。

(1) 常に $0 \leq a_n \leq b_n$ かつ級数 $\sum_{k=0}^{\infty} b_k$ が収束するならば、級数 $\sum_{k=0}^{\infty} a_k$ も収束する。

(2) 常に $0 \leq c_n \leq a_n$ かつ級数 $\sum_{k=0}^{\infty} c_k$ が発散するならば、級数 $\sum_{k=0}^{\infty} a_k$ も発散する。

正項級数の部分和の上限は項の並び順には依存せず、定理 1.2.13 より次の定理を得る。

定理 1.2.14 (和の順序) 収束する正項級数は、項を並べ替えても同じ値に収束する。

多くの収束する級数は絶対値を取っても収束するのだが、中にはそうでないものもある。

定義 1.2.15 (**絶対収束**) 級数 $\sum_{k=0}^{\infty} |a_k|$ が収束するとき、級数 $\sum_{k=0}^{\infty} a_k$ は **絶対収束** するという。また収束する級数が絶対収束しないとき、**条件収束** するなどと言うことがある。

命題 1.2.16 絶対収束する級数 $\sum_{k=0}^{\infty} a_k$ は、収束する正項級数の差として表され収束する。

証明: $b_k = \max\{a_k, 0\}$, $c_k = \max\{-a_k, 0\}$ と置くと $0 \leqq b_k, c_k \leqq |a_k|$ が成立するから、系 1.2.13.1 より $\sum_{k=0}^{\infty} |a_k|$ が収束すれば正項級数 $\sum_{k=0}^{\infty} b_k$, $\sum_{k=0}^{\infty} c_k$ も収束する。さらに $a_k = b_k - c_k$ であるから、定理 1.2.11 より求める級数 $\sum_{k=0}^{\infty} a_k = \sum_{k=0}^{\infty} b_k - \sum_{k=0}^{\infty} c_k$ も収束する。 終り.

例 1.2.17 付録 C.3 のように交代級数 $\sum_{k=n}^{\infty} \frac{(-1)^{k-1}}{k}$ は収束するが、$\sum_{k=n}^{n+m} \frac{1}{2k-1} \geqq \frac{1}{2}\sum_{k=n}^{n+m} \frac{1}{k} \geqq \frac{1}{2}\int_n^{n+m} \frac{dx}{x} = \frac{1}{2}\cdot\log(\frac{n+m}{n}) \xrightarrow{m\to\infty} \infty$ より、$2n$ 番目の直前に奇数番目を大量に移動してそこまでの和を常に n 以上となるよう並べ替えれば、こうしてできた級数は発散[1.3]する。この事実は次を意味する。

条件収束する交代級数は適当な項の並べ替えで収束／発散を自在に操れる。

これは絶対収束する級数でも正しいのだろうか？ しかし絶対収束する級数は命題 1.2.16 より収束する正項級数の差で表せ、定理 1.2.14 より正項級数は項の順番に依存しない。次を得る。

定理 1.2.18 (和の順序) 絶対収束する級数は、項を並べ替えても同じ値に収束する。

演習 1.2.19 次の級数の値を求めなさい。(1) $\sum_{k=0}^{\infty} \left(\frac{2}{3}\right)^k$ (2) $\sum_{k=0}^{\infty} \left(\frac{3}{2}\right)^k$ (3) $\sum_{k=0}^{\infty} (-1)^k$

例 1.2.20 $\mathrm{Exp}\,x := \sum_{k=0}^{\infty} \frac{x^k}{k!} = \sum_{k=0}^{\infty} \frac{x^{k-1}}{(k-1)!}$ は実数全体で絶対収束し、$r \geqq 0$ に対して $\mathrm{Exp}\,r = \exp r$ を満たす。実際 $n, m \geqq 1$ に対して $\sum_{k=0}^{n} \frac{r^k \prod_{j=0}^{k-1}(1-\frac{j}{n+m})}{k!} \leqq \left(1+\frac{r}{n+m}\right)^{n+m} \leqq \sum_{k=0}^{n+m} \frac{r^k}{k!} < \sum_{k=0}^{n_0} \frac{r^k}{k!} + \frac{r^{n_0}}{n_0!}\frac{n_0+1}{n_0+1-r}$ $(n_0 = \lfloor r \rfloor)$ より右端の不等号から収束が分かり、$m \to \infty$ で $\sum_{k=0}^{n} \frac{r^k}{k!} \leqq \exp r \leqq \mathrm{Exp}\,r$ を得る。

Q. 級数 $\mathrm{Exp}\,x$ は連続複利 $\exp x$ に一致すると考えてよいのだろうか？

例 1.2.21 $\sum_{k=0}^{\infty} x^k = \lim_{n\to\infty} \frac{1-x^{n+1}}{1-x}$ (**幾何級数**) は $|x|<1$ の範囲で絶対収束する。特に、$|x| < 1$ のとき $\sum_{k=0}^{n} x^k = \frac{1-x^{n+1}}{1-x}$ かつ $\lim_{n\to\infty} |x|^n = 0$ より $\sum_{k=0}^{\infty} x^k = \lim_{n\to\infty} \sum_{k=0}^{n} x^k = \frac{1}{1-x}$ が成立する。ここで、左辺の級数 $\sum_{k=0}^{n} x^k$ は $|x| < 1$ で収束し $|x| > 1$ では発散するのだが、右辺の関数 $\frac{1}{1-x}$ は 1 以外の実数全体で定義されており、異なる関数であると考えるべきである。

1.3 実はさらに、同様な操作を行うことで、いかなる実数値にも収束させることが可能なのである！

さて、$\Sigma_m\{a_k\} - \Sigma_n\{a_k\} = a_{n+1} + \cdots + a_m$ より系 1.1.7 から次の補題を得る。

補題 1.2.22 級数 $\sum_{k=0}^{\infty} a_n$ が収束する $\iff$ $\sup_{m>n\geqq N} |a_{n+1} + \cdots + a_m| \underset{N\to\infty}{\longrightarrow} 0$ である。

演習 1.2.23 (1) 系 1.2.11.1 を補題 1.2.22 を用いて証明せよ。

(2) 命題 1.2.16 を補題 1.2.22 を用いて証明せよ。

級数の絶対収束／発散の判定には、以下の二つの判定法が有用である。

定理 1.2.24 (d'Alembert) $\lim_{n\to\infty} \left|\dfrac{a_{n+1}}{a_n}\right| = L$（$\infty$ でもよい）のとき、次が成立する。

(1) $L < 1$ ならば $\sum_{k=0}^{\infty} a_k$ は絶対収束する。　(2) $L > 1$ ならば $\sum_{k=0}^{\infty} a_k$ は発散する。

証明:　(1) $L < 1$ のとき $B_n = \sup_{m\geqq n} \left|\frac{a_{m+1}}{a_m}\right|$ は $\inf_{n\geqq 1} B_n = L < 1$ を満たす。$B_{n_0} \leq 1$ とすると $|a_{n_0+k}| \leqq B_{n_0}^k |a_{n_0}|$ ($k \geqq 0$) であり、$\sum_{n=0}^{m} |a_n| \leqq \sum_{n=0}^{n_0-1} |a_n| + |a_{n_0}| \sum_{k=0}^{m} B_{n_0}^k \leqq \sum_{n=0}^{n_0-1} |a_n| + \frac{|a_{n_0}|}{1-B_{n_0}}$ より $\sum_{n=0}^{\infty} |a_n|$ は単調増加で上に有界だから収束し、$\sum_{k=0}^{\infty} a_k$ は絶対収束する。

(2) $L>1$ のとき $A_n = \inf_{m\geqq n} \left|\frac{a_{m+1}}{a_m}\right|$ は $\sup_{n\geqq 1} A_n = L > 1$ を満たす。$A_{n_0} > 1$ とすると、$|a_{n_0+k}| \geqq A_{n_0}^k |a_{n_0}|$ ($k \geqq 0$) より $\lim_{n\to\infty} |a_n| = \infty$ となり、系 1.2.11.1 より $\sum_{n=0}^{\infty} a_n$ は発散する。　終り.

定理 1.2.25 (Cauchy) $\overline{\lim_{n\to\infty}} \sqrt[n]{|a_n|} = L$（$\infty$ でもよい）のとき、次が成立する。

(1) $L < 1$ ならば $\sum_{k=0}^{\infty} a_k$ は絶対収束する。　(2) $L > 1$ ならば $\sum_{k=0}^{\infty} a_k$ は発散する。

証明: (1) $L<1$ とする。上極限の定義から $B_n = \sup_{k\geqq n} \sqrt[k]{|a_k|}$ と置くと $\inf_{n\geqq 0} B_n = L < 1$ である。$B_{n_0} < 1$ とすると $|a_k| \leqq B_{n_0}^k$ ($k \geqq n_0$) なので、$\sum_{k=0}^{m} |a_k| \leqq \sum_{k=0}^{n_0-1} |a_k| + \sum_{k=n_0}^{m} B_{n_0}^k \leqq \sum_{k=0}^{n_0-1} |a_k| + \frac{B_{n_0}^{n_0}}{1-B_{n_0}}$ より $\sum_{n=0}^{\infty} |a_n|$ は単調増加で上に有界となるので収束する。したがって $\sum_{k=0}^{\infty} a_k$ は絶対収束する。

(2) $L>1$ とする。上極限の定義から $B_n = \sup_{k\geqq n} \sqrt[k]{|a_k|}$ と置くと $\inf_{n\geqq 0} B_n = L > 1$ である。$k \geqq n$ のとき $\sqrt[k]{|a_k|} > 1$ より $|a_k| > 1$ であり、$\sup_{k\geqq m} |a_k| \geqq 1$ ($m \geqq n$) より $\overline{\lim_{m\to\infty}} |a_m| \neq 0$ を得る。系 1.1.11.1 より $\lim_{n\to\infty} a_n \neq 0$ であり、系 1.2.11.1 より $\sum_{n=0}^{\infty} a_n$ は発散する。　終り.

1.2.3 ベキ級数

第 n 項が変数 x と定数 a の差 $x-a$ のベキ乗 $(x-a)^n$ の実数倍（a_n 倍）で与えられる級数

$$g(x) := \sum_{n=0}^{\infty} a_n(x-a)^n = a_0 + a_1(x-a) + a_2(x-a)^2 + \cdots + a_n(x-a)^n + \cdots$$

（または級数で与えられる関数）を『（a を**中心**、a_n を **係数** とする）**ベキ級数**』と呼ぶ。

定理 1.2.26 (ベキ級数) $g(x) := \sum_{k=0}^{\infty} a_n(x-a)^n$ は $g(a) = a_0$ とともに次の二つを満たす。

(1) $g(b)$ が収束するとき、$r = |b-a|$ と置くと、$g(x)$ は $(a-r, a+r)$ 上で絶対収束する。

(2) $g(c)$ が発散するとき、$s = |c-a|$ と置くと、$g(x)$ は $[a-s, a+s]$ の外側で発散する。

略証: (1) まず $g(b)$ が収束すれば $\lim_{N\to\infty} \sup_{n>N} |a_n(b-a)^n| = 0$ である。さて、$|x-a| < r$ のとき、$t = \frac{|x-a|}{r}$ と置くと、$t < 1$ かつ $\sup_{m>n>N} \{|a_n(x-a)^n| + \cdots + |a_m(x-a)^m|\} \leqq \sup_{m>n>N} \{|a_n r^n t^n| + \cdots + |a_m r^m t^m|\} \leqq \sup_{n>N} |a_n(b-a)^n| \sup_{m>n>N} \{t^n + \cdots + t^m\} \leqq \sup_{n>N} \frac{|a_n(b-a)^n|}{1-t} \underset{N\to\infty}{\longrightarrow} 0$ であるから、級数 $g(x)$ は絶対収束する。また (2) は (1) より明らかである。 終り.

上の定理の (1) を満たす $r \geqq 0$ の上限と (2) を満たす $s > 0$ の下限は一致し、その値 $R \geqq 0$（∞ でもよい）を $g(x)$ の **収束半径**、開区間 $(a-R, a+R)$ を **収束域** と呼ぶ。

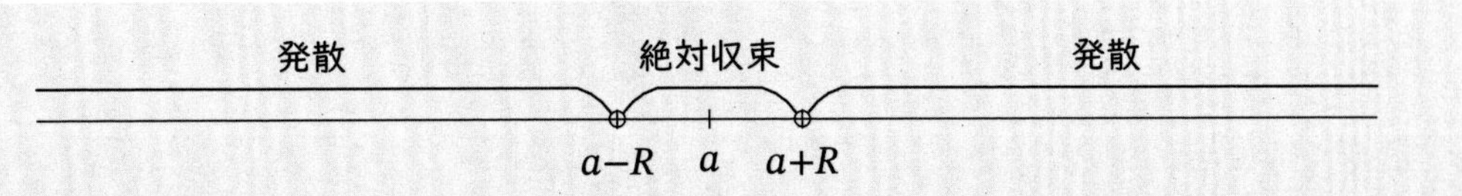

ただし、$x = a \pm R$（R は収束半径）のときは、収束について確定的に言うことはできない。

例 1.2.27 $\frac{1}{1-x} = \sum_{k=0}^{\infty} x^k$ の右辺は開区間 $(-1, 1)$ 内で収束して左辺に一致する。しかし $x = -1$ では右辺は振動して左辺の値 $1/2$ と一致せず、$x = 1$ では右辺は正の無限大に発散するが左辺は定義されない。一方 $\frac{1}{1-x} = -\frac{\frac{1}{2}}{1-\frac{3-x}{2}}$ より、$\frac{1}{1-x} = \sum_{k=0}^{\infty} \frac{(-1)^{k+1}}{2^{k+1}}(x-3)^k$ の右辺は $\frac{3-x}{2} \in (-1, 1)$ のとき、すなわち開区間 $(1, 5)$ 内で、収束して極限が左辺に一致する。しかし $x = 5$ では右辺は振動して左辺の値 $-\frac{1}{4}$ とは一致せず、$x = 1$ では右辺は負の無限大に発散するが左辺は定義されない。

次に挙げる二つの定理はベキ級数 $g(x)$ の収束半径の決定に有効な判定法を与える。

定理 1.2.28 (d'Alembert) $a_n \neq 0$ かつ $\lim_{n\to\infty}\left|\frac{a_{n+1}}{a_n}\right| = L\ (\leqq \infty)$ のとき次が成立する。

(1) $L=0 \Longrightarrow R=\infty$　　(2) $0<L<\infty \Longrightarrow R=\dfrac{1}{L}$　　(3) $L=\infty \Longrightarrow R=0$

略証: L の定義から、$L_n = \left|\frac{a_{n+1}}{a_n}\right| > 0$ とすると $\lim_{n\to\infty} L_n = L$ である。したがって $|x-a| \leqq A < \frac{1}{L}$ のとき $\left|\frac{a_{n+1}(x-a)^{n+1}}{a_n(x-a)^n}\right| \leqq L_n{\cdot}A$ より $\lim_{n\to\infty}\left|\frac{a_{n+1}(x-a)^{n+1}}{a_n(x-a)^n}\right| \leqq L{\cdot}A<1$ であるので、定理 1.2.24 から $g(x)$ は絶対収束し、$|x-a| \geqq B > \frac{1}{L}$ のとき $\left|\frac{a_{n+1}(x-a)^{n+1}}{a_n(x-a)^n}\right| \geqq L_n{\cdot}B$ より $\lim_{n\to\infty}\left|\frac{a_{n+1}(x-a)^{n+1}}{a_n(x-a)^n}\right| \geqq L{\cdot}B > 1$ なので、定理 1.2.24 から $g(x)$ は発散する。したがって定理を得る。　終り.

定理 1.2.29 (Cauchy) $\overline{\lim_{n\to\infty}}\sqrt[n]{|a_n|} = L\ (\leqq \infty)$ のとき次が成立する。

(1) $L=0 \Longrightarrow R=\infty$　　(2) $0<L<\infty \Longrightarrow R=\dfrac{1}{L}$　　(3) $L=\infty \Longrightarrow R=0$

略証: 上極限の定義から、$L_n = \sup_{m\geqq n}\left\{\sqrt[m]{|a_m|}\right\}$ と置くと $\inf_{n\geqq 0}\{L_n\} = L$ である。したがって $|x-a| \leqq A < \frac{1}{L}$ のとき、$\overline{\lim_{n\to\infty}}\sqrt[n]{|a_n(x-a)^n|} \leqq \overline{\lim_{n\to\infty}}\sqrt[n]{|a_n|}{\cdot}A = L{\cdot}A < 1$ であるので、定理 1.2.25 から $g(x)$ は絶対収束し、$|x-a| \geqq B > \frac{1}{L}$ のとき、$\overline{\lim_{n\to\infty}}\sqrt[n]{|a_n(x-a)^n|} \geqq \overline{\lim_{n\to\infty}}\sqrt[n]{|a_n|}{\cdot}B = L{\cdot}B > 1$ が成立するので、やはり定理 1.2.25 から $g(x)$ は発散する。したがって定理を得る。　終り.

実は、連続複利 $\exp x$ とベキ級数 $\operatorname{Exp} x$ は等しい。直感的には、実数 x に対して等式

$$\exp x = \lim_{n\to\infty}\left(1+\frac{x}{n}\right)^n = \lim_{n\to\infty}\left(1+\frac{n}{1!{\cdot}n}x+\frac{n(n-1)}{2!{\cdot}n^2}x^2+\frac{n(n-1)(n-2)}{3!{\cdot}n^3}x^3+\cdots\right)$$
$$= \lim_{n\to\infty}\left(1+\frac{1}{1!}x+\frac{(1-1/n)}{2!}x^2+\cdots\right) = 1+\frac{1}{1!}x+\frac{1}{2!}x^2+\frac{1}{3!}x^3+\cdots = \operatorname{Exp} x$$

が成立しそうである。正確には Taylor の定理により誤差の評価を行うことで証明される。

定義 1.2.30 (**ベキ級数展開**) $f(x)$ がベキ級数 $g(x) = \sum_{k=0}^{\infty} a_n(x-a)^n$ と半径 R の収束円の内部で一致するとき、$g(x)$ を $f(x)$ に対する中心 a、収束半径 R のベキ級数展開と言う。

例 1.2.31 (1) 例 1.2.20 よりベキ級数 $\operatorname{Exp} x = \sum_{n=0}^{\infty}\frac{1}{n!}x^n$ は、連続複利 $\exp x$ に対する中心 0、収束半径 ∞ のベキ級数展開である。

(2) 例 1.2.21 より幾何級数 $\sum_{k=0}^{\infty} x^k$ は、$\frac{1}{1-x}$ に対する中心 0、収束半径 1 のベキ級数展開である。

第2章

1変数微積分

初等関数へと架かる微積分の石橋をたたきます。

Q．微分するってどういうことですか？
　A．微小な変位の比を取ることです。

Q．密度って重さの変化率と同じですか？
　A．線密度なら同じと思えそう…。

微分と積分は元々違う概念で、1次元で両者が逆の関係にあることを Newton が見つけました。

Q．さて、指数関数 e^x って何でしょうか？
　A．$x = 0$ での傾きが 1 の指数関数です。

Q．では、三角関数 $\sin\theta$ って何でしょうか？
　A．中心角 θrad に対する正弦比です。

なるほど。本書では少し違った見方を紹介します。応用として、極大極小や不定積分を扱います。

2.1　実関数

2.1.1　直線内の図形

初めに、開区間や閉区間の性質から抽出された直線内の図形の性質に注目する。

(区間) 区間 I の端点以外の点を I の**内点**、内点全体の開区間を**内部**と呼び $\mathrm{Int}\,I$ で表す。

(近傍) 二点 $a-r$ と $a+r$ $(r>0)$ の間の区間を a の r-**近傍** あるいは単に a の **近傍** と呼ぶ。

(1) $U_r(a)=(a-r,a+r)$ (a の r-開近傍)　(2) $D_r(a)=[a-r,a+r]$ (a の r-閉近傍)

(開と閉) 開区間の和集合を空集合や実数全体も仲間に入れて **開集合** と呼び、補集合が開集合である集合を **閉集合** と呼ぶ。実際、開区間は開集合で、閉区間は閉集合である。また、実数の集合 A と開集合との共通部分を A の **相対開集合** と呼ぶことがある。

2.1.2　基本となる関数

多項式 $f(x)=\sum_{i=0}^{n} a_i x^i$ で表される関数 $y=f(x)$ を（高々 n 次の）**多項式関数** と呼び、特に $a_n \neq 0$ のとき n **次関数** と呼ぶ。多項式 $f(x)$ と有限次多項式 $g(x)$ により、$g(x)$ の零点 ($g(x)=0$ の解) を除いて定まる関数 $\frac{f(x)}{g(x)}$ を **有理関数** と呼ぶ。

I を区間とし、$f(x)$ を I 上の関数とする。ただし、関数 $f(x)$ を単に f と記すこともある。まず数列と同様に、関数についても**有界** であるという性質を導入しよう。

定義 2.1.1 **(有界関数)** (1) f が $A\subset I$ で **有界** とは、像 $f(A)$ が有界であることとする。

(2) f が $A\subset I$ で **上に有界** とは、像 $f(A)$ が上に有界であることとする。

(3) f が $A\subset I$ で **下に有界** とは、像 $f(A)$ が下に有界であることとする。

関数の中で最も基本的なものは次の **(狭義) 単調関数** であろう。

定義 2.1.2 **(単調関数)** (1) f は **単調増加** $\iff$「$a \leqq b$ ならば $f(a) \leqq f(b)$ $(a,\ b\in I)$」

(2) f は **単調減少** $\iff$「$a \leqq b$ ならば $f(a) \geqq f(b)$ $(a,\ b\in I)$」

(3) 単調増加関数と単調減少関数を併せて **単調関数** と総称する。

上記で $f(a)=f(b)$ となるのが $a=b$ の場合に限る単調関数 f を 狭義**単調関数** と呼ぶ。

I をうまく有限個の小区間に分割すると **各小区間で単調** となる関数を **区分的単調** と言う。

> 定義 2.1.3 (**階段関数**) $\mathbb{R}_{\oplus}$ の分割 ∇ : $0=a_0 < a_1 < \cdots < a_m < a_{m+1}=\infty$ に対し、区間 $[a_i, a_{i+1})$ 上で値 a_i を取る $\mathbb{R}_{\oplus}$ 上の有界単調関数を Step^{∇} で表す。$\mathrm{Step}^{\nabla}(x) \leqq x$ である。

集合 D 上で定義され、集合 R に値を取る関数 f の **グラフ**（集合）$\Gamma(f)$ を次で定める：

$$\Gamma(f) = \{(x,y) \in D \times R \mid y = f(x)\} \subset \mathbb{R} \times \mathbb{R}.$$

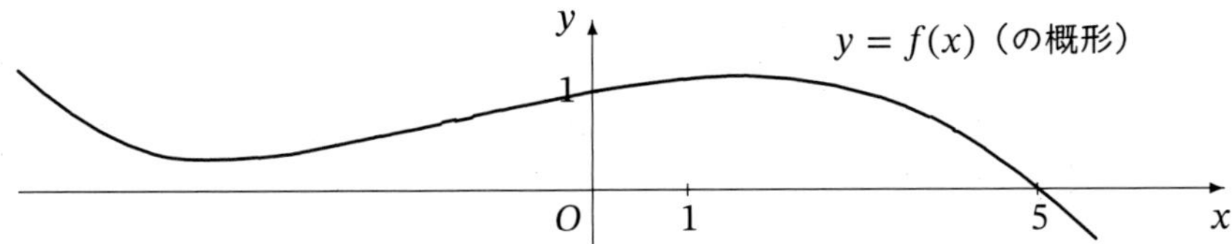

演習 2.1.4 ∇ : $0<1<3<5<6<\infty$ に対して $\mathrm{Step}^{\nabla}(x)$（$x \geqq 0$）のグラフの概形を描きなさい。

逆写像と逆関数 写像 f の像の点 y の逆像とは $f(x) = y$ となる x 全体であり、$f^{-1}(y)$ で表す。これが常に一つだけの時、写像 f^{-1} を f の **逆写像**（あるいは **逆関数**）と呼ぶ。

$$『x = f^{-1}(y)』 \longleftrightarrow 『f(x) = y』$$

狭義単調関数は 1 対 1 の対応であるので、次のように逆対応が写像として定まる：

> **定理 2.1.5** (**逆関数定理** [付録 B.4 を参照]) 狭義単調関数 f は逆関数 f^{-1} をもつ。

逆関数のグラフ $\Gamma(f^{-1})$ は、元の関数のグラフ $\Gamma(f)$ の直線 $y=x$ での折り返しである：

$$\Gamma(f) = \{(x,y) \in \mathbb{R}\times\mathbb{R} \mid y=f(x)\} \qquad \Gamma(f^{-1}) = \{(y,x) \in \mathbb{R}\times\mathbb{R} \mid f(x)=y\}.$$

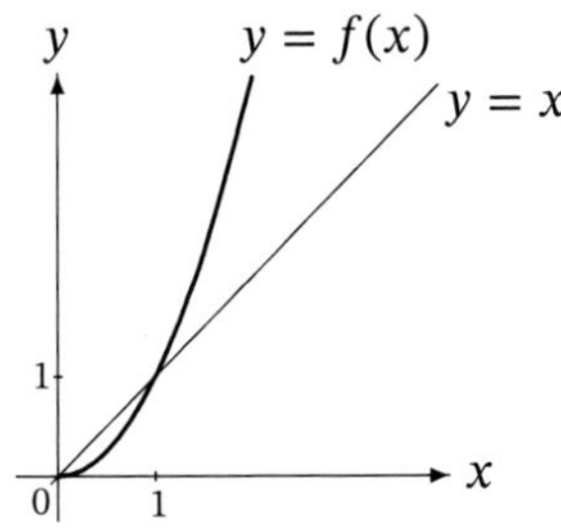

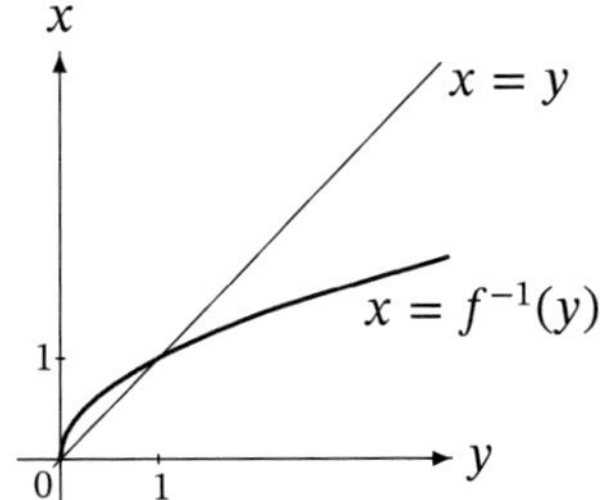

例 2.1.6 (1) $f(x)=x^n$, $n>0$ を $[0,\infty)$ 上の関数と考えれば $f^{-1}(x)=\sqrt[n]{x}$ は 1 価[2.1]関数である。

(2) $g(x)=x^{2n}$, $n>0$ を $\mathbb{R}$ 上の関数と考えれば $g^{-1}(x)=\pm\sqrt[2n]{x}$ は多価[2.1]関数である。

2.1 **1 価関数**とは通常の関数のことで、値が多数ある（いわゆる）対応を **多価関数** と称することがある。

2.1.3　関数値の極限

極限　直感的には、$x \in I$ が c に近づくに従って $f(x)$ が α に限りなく近づくとき、$f(x)$ が α に『収束する』と考えたいが、ここでは関数の極限の存在すべき範囲を次のように絞り込む。

点 c の近くでの値 $\{f(x) \mid 0<|x-c|<1/n,\ x \in I\}$ の下限と上限を各々 $\underline{f}_n(c)$ と $\overline{f}_n(c)$ と置く。

$$\underline{f}_1(c) \leqq \underline{f}_2(c) \leqq \underline{f}_3(c) \leqq \cdots \leqq （極限） \leqq \cdots \overline{f}_3(c) \leqq \overline{f}_2(c) \leqq \overline{f}_1(c)$$

さらに、**（下極限）** $\underline{\lim}_{x\to c} f(x) := \sup_n \{\underline{f}_n(c)\}$,　　**（上極限）** $\overline{\lim}_{x\to c} f(x) := \inf_n \{\overline{f}_n(c)\}$　を定める。

定義 2.1.7 (**極限**)　$\underline{\lim}_{x\to c} f(x) = \overline{\lim}_{x\to c} f(x) = \alpha$ のとき $\lim_{x\to c} f(x) = \alpha$ で表して α を $f(x)$ の $x \to c$ での **極限** と呼び、$\alpha \in \mathbb{R}$ なら **収束する** と言う。**収束しない** とき **発散する** と言う。

(1) $\lim_{x\to c} f(x) = \infty$ となるとき **正の無限大に発散** すると言う。

(2) $\lim_{x\to c} f(x) = -\infty$ となるとき **負の無限大に発散** すると言う。

(3) 上のどちらでもない（上極限と下極限が異なる）発散のとき、**振動** すると言う。

定義 2.1.8 (**片側極限**)　$I_- = (a,c)$，$I_+ = (c,b)$ と置く。

(1) I_- 上で $\lim_{x\to c} f(x) = \alpha$ のとき、$\lim_{x\to c-} f(x) = \alpha$ と表し $f(x)$ の c での **左側極限** と言う。

(2) I_+ 上で $\lim_{x\to c} f(x) = \alpha$ のとき、$\lim_{x\to c+} f(x) = \alpha$ と表し $f(x)$ の c での **右側極限** と言う。

注 2.1.9　$a<c<b$ のとき、$\lim_{x\to c-} f(x)=\alpha$ かつ $\lim_{x\to c+} f(x)=\alpha$ ならば、$\lim_{x\to c} f(x)=\alpha$ である。

定理 2.1.10 (収束)　$\lim_{x\to c} f(x)=\alpha$，$\lim_{x\to c} g(x)=\beta$ のとき、実数 k に対して次が成立する。

(1) $\lim_{x\to c} (f(x)+g(x)) = \alpha+\beta$　(2) $\lim_{x\to c} (k\cdot f(x)) = k\cdot\alpha$　(3) $\lim_{x\to c} (f(x)\cdot g(x)) = \alpha\cdot\beta$

(4) $\beta \neq 0 \Longrightarrow \lim_{x\to c} \dfrac{f(x)}{g(x)} = \dfrac{\alpha}{\beta}$　(5) $\lim_{x\to c} h(x) = 0 \Longleftrightarrow \lim_{x\to c} |h(x)| = 0$

(6) $f(x) \leqq h(x) \leqq g(x)$（$0 \neq |x-c|$ 十分小）かつ $\alpha = \beta$ ならば $\lim_{x\to c} h(x) = \alpha\ (=\beta)$

系 2.1.10.1　$\lim_{x\to c} f(x)=\alpha \underset{(1)}{\Longleftrightarrow} \lim_{x\to c} (f(x)-\alpha)=0 \underset{(5)}{\Longleftrightarrow} \lim_{x\to c} |f(x)-\alpha|=0$

定理 2.1.11 $h(x) \neq 0$（$x=c$ の近くで）ならば『$\lim_{x\to c} h(x) = 0 \iff \lim_{x\to c} \dfrac{1}{|h(x)|} = \infty$』

定理 2.1.12 (発散) $\lim_{x\to c} f(x)$, $\lim_{x\to c} g(x)$ が発散する場合に次が（複号同順で）成立する。

(1) $\lim_{x\to c} f(x) = \infty$ かつ $\underline{\lim}_{x\to c} g(x) > -\infty$ ならば $\lim_{x\to c}(f(x)+g(x)) = \infty$

(2) $\lim_{x\to c} f(x) = -\infty$ かつ $\overline{\lim}_{x\to c} g(x) < \infty$ ならば $\lim_{x\to c}(f(x)+g(x)) = -\infty$

(3) $\lim_{x\to c} f(x) = \pm\infty$ かつ $\underline{\lim}_{x\to c} g(x) > 0$（または $=\infty$）ならば $\lim_{x\to c}(f(x)\cdot g(x)) = \pm\infty$

(4) $\lim_{x\to c} f(x) = \pm\infty$ かつ $\overline{\lim}_{x\to c} g(x) < 0$（または $=-\infty$）ならば $\lim_{x\to c}(f(x)\cdot g(x)) = \mp\infty$

(5) $f(x) \leqq g(x)$（$0\neq|x-c|$ 十分小）かつ $\lim_{x\to c} f(x) = \infty$ ならば $\lim_{x\to c} g(x) = \infty$

(6) $f(x) \leqq g(x)$（$0\neq|x-c|$ 十分小）かつ $\lim_{x\to c} g(x) = -\infty$ ならば $\lim_{x\to c} f(x) = -\infty$

上の三つの定理は c を $c+$ や $c-$ に換えても成立する。同じことが次の定理でも言えるが、(※) の a_n の条件を $c+$ の場合は $0 < a_n < 1/n$ に、$c-$ の場合は $0 > a_n > -1/n$ に換える。

定理 2.1.13 (点列) $\lim_{x\to c} f(x) = \alpha$ となるには次の条件 (※) の成立が必要かつ十分である。

(※) $0<|a_n|<1/n$ を満たすどんな数列 a_n に対しても $\lim_{n\to\infty} f(c+a_n) = \alpha$

証明: 必要性は明らかなので十分であることを背理法で示す：$\lim_{x\to c} f(x) \neq \alpha$ とすると、$\inf_n \sup_{0<|x-c|\leqq 1/n} |f(x)-\alpha| = \beta > 0$ であり、$A_n = \{a \mid 0<|a|\leqq 1/n,\ |f(c+a)-\alpha| \geqq \beta/2\} \neq \emptyset$ $(n\geqq 1)$ と置くと（正確には選択公理より）$a_n \in A_n$ $(n\geqq 1)$ が選び出せる。ここで、$0<|a_n| \leqq 1/n$ かつ $|f(c+a_n)-\alpha| \geqq \beta/2$ であるから、仮定からの帰結 $\lim_{n\to\infty} f(c+a_n) = \alpha$ に反する。　終り.

例 2.1.14 (1) 多項式関数 $f(x) = a_0+a_1x+\cdots+a_nx^n$ は明らかに $\lim_{x\to c} f(x) = a_0+a_1c+\cdots+a_nc^n = f(c)$ を満たすから、有理関数 $h(x) = \frac{f(x)}{g(x)}$ も $g(c) \neq 0$ ならば $\lim_{x\to c} h(x) = h(c)$ を満たす。

(2) $c > 0$ に対して $c > 1/n$ を満たす自然数 n を取る。もし $|x-c| < 1/n$ ならば $|x-c| = |\sqrt{x}-\sqrt{c}|\cdot|\sqrt{x}+\sqrt{c}|$ より $|\sqrt{x}-\sqrt{c}| \leqq \frac{1}{n\cdot(\sqrt{c}+\sqrt{c-1/n})} \xrightarrow{n\to\infty} 0$ となり $\lim_{x\to c}\sqrt{x} = \sqrt{c}$ を得る。

演習 2.1.15 次の極限の収束・発散を判定し、収束するときはその極限値を求めなさい。

(1) $\lim_{x\to 2} \dfrac{-3x^2+5x-3}{x^2-2x+2}$　(2) $\lim_{x\to 0} 1/|x|$　(3) $\lim_{x\to 1}(x^2-x+1)$　(4) $\lim_{x\to\infty} \dfrac{2x^2+3x-1}{x^2-2x+1}$

(5) $\lim_{x\to 0+} \dfrac{|x|}{x}$　(6) $\lim_{x\to 0-} \dfrac{|x|}{x}$　(7) $\lim_{x\to 0+} 1/x$　(8) $\lim_{x\to 0-} 1/x$　(9) $\lim_{x\to 2}(\sqrt{x+1}-\sqrt{x})$

2.1.4　連続性

定義 2.1.16 (**連続**) I 上の関数 f は、$\lim_{x \to c} f(x) = f(c)$ ($c \in I$) が成立するとき、**点 c において連続** であると言われる。

$[c, b) \subset I$ かつ $\lim_{x \to c+} f(x) = f(c)$ のとき、f は点 c において **右側連続** であると言われ、$(a, c] \subset I$ かつ $\lim_{x \to c-} f(x) = f(c)$ のとき、f は点 c において **左側連続** であると言われる。

連続の条件 $\lim_{n \to \infty} \sup_{0<|x-c|<1/n} |f(x)-f(c)| = 0$ は、条件 $\lim_{n \to \infty} \sup_{|x-c|<1/n} |f(x)-f(c)| = 0$ と同値である。後者の条件を $f(x) \longrightarrow f(c)$ ($x \to c$) で表すと、以下の定理は見通しよく証明できる。

定理 2.1.17 (**1点で連続**) f, g が点 c において連続のとき、実数 a, b に対して

(1) $h(x) = a \cdot f(x) + b \cdot g(x)$ で定まる関数 $h = a \cdot f + b \cdot g$ も点 c において連続である。

(2) $k(x) = f(x) \cdot g(x)$ で定まる関数 $k = f \cdot g$ も点 c において連続である。

(3) $g(c) \neq 0$ のとき、$\ell(x) = \frac{f(x)}{g(x)}$ で定まる関数 $\ell = f/g$ も点 c において連続である。

演習 2.1.18　上の定理 2.1.17 に証明を与えなさい。

ここまでの連続性は局所的な性質であるが、次に大域的性質としての連続性を考える。I の全ての点で f が連続のとき、f は I **上連続である** あるいは I **上の連続関数である** と言う。

例 2.1.19　常に一定の値を取り続け、値の変化しない関数 (**定値関数**) は連続である。

定理 2.1.20 (**連続関数**) f, g が区間 I 上連続のとき、実数 a, b に対して

(1) 定理 2.1.17 の関数 $h = a \cdot f + b \cdot g$ も I 上連続である。

(2) 定理 2.1.17 の関数 $k = f \cdot g$ も I 上連続である。

(3) I 全体で $g \neq 0$ のとき、定理 2.1.17 の関数 $\ell = f/g$ も I 上連続である。

演習 2.1.21　定理 2.1.17 を用いて、定理 2.1.20 に証明を与えなさい。

定理 2.1.22 (**合成**) $f(x)$ が $x = c$ において連続で、関数 $x = g(t)$ が $t = a$ において連続かつ $g(a) = c$ を満たすとき、合成関数 $(f \circ g)(t) = f(g(t))$ も $t = a$ において連続である。

証明: 仮定から $x=g(t) \xrightarrow{t\to a} g(a)=c$ となり、また同様に $f(g(t))=f(x) \xrightarrow{x\to c} f(c)=f(g(a))$ となるから、$(f\circ g)(t) \xrightarrow{t\to a} f\circ g(a)$、すなわち $\lim_{t\to a}(f\circ g)(t)=f(g(a))$ である。 終り.

次の定理は定理 2.1.22 から明らかである。

定理 2.1.23 (合成関数) f が区間 I 上の関数で、区間 E 上の関数 g の値域 $g(E)$ が I に含まれるとき、f, g が連続関数ならば $f\circ g$ も連続関数である。

以下の三つの定理は連続関数の重要な性質を表現するものである。

定理 2.1.24 (中間値) f が区間 I 上連続で $f(a)<f(b)$ $(a, b\in I)$ とする。$f(a)<\eta<f(b)$ ならば $f(c)=\eta$ となる c が a, b の間に ($c=(1-t)\cdot a+t\cdot b,\ t\in[0,1]$ の形で) 存在する。

証明: 簡単のため $a<b$, $f(a)<0<f(b)$ かつ $\eta=0$ とする。さて、$A=\{x\in[a,b] \mid f(x)<0\}$ と置くと $a\in A$ であり、定理 1.1.1 から A には上限があるので、$c=\sup A$ とする。もし $f(c)<0$ ならば仮定から $c<b$ であり、f の連続性から十分大きな n を取れば $[c, c+1/n]$ 上で $f(x)<0$ であるから、$\sup A=c<c+1/n\in A$ より矛盾である。もし $f(c)>0$ ならば仮定から $a<c$ であり、十分大きな n を取れば $[c-1/n, c]$ 上で $f(x)>0$ であるから、$A<c-1/n<c=\sup A$ よりやはり矛盾である。したがって $f(a)<0=f(c)<f(b)$ より $a<c<b$ かつ $f(c)=0=\eta$ である。 終り.

定理 2.1.25 (Weierstrass[付録 B.1 を参照]**)** 閉区間 I 上の連続関数は I で最大最小を取る。

逆関数にも連続性は遺伝するのだが、証明は実数の性質に依存し、特に自明とは言い難い。

定理 2.1.26 (逆関数の連続性[付録 B.4 を参照]**)** I 上の連続関数 f が狭義単調ならば、f の逆関数 f^{-1} が区間 $E=f(I)$ 上で存在し、やはり連続かつ狭義単調である。

例 2.1.27 ベキ乗 $f(x)=x^m$ $(m\geqq 2)$ は $I=[0,\infty)$ 上連続で $f(I)=[0,\infty)$ を満たすから、ベキ乗根 $g(x)=\sqrt[m]{x}$ も連続である。したがって $\lim_{x\to c}\sqrt[m]{x}=\sqrt[m]{c}$ $(c>0)$ かつ $\lim_{x\to 0+}\sqrt[m]{x}=0$ である。

ところで、$\sqrt[m]{x}$ を $x^{1/m}$ と表すこともある。一般に正の有理数 $r=\frac{n}{m}>0$ $(n\in\mathbb{N}_0, m\in\mathbb{N}_1)$ に対して、有理数ベキ $x^r=\sqrt[m]{x^n}$ は連続であり、その逆関数も有理数ベキ $x^{1/r}=\sqrt[n]{x^m}$ である。

2.2　微分法と積分法

2.2.1　微分法

開区間 I 上の関数 $y=f(x)$ が点 $c\in I$ で **微分可能** であるとは、x を c から Δx だけ変化させたときの y の変化量 $\Delta y=f(c+\Delta x)-f(c)$ が $\lim\limits_{\Delta x\to 0}\frac{\Delta y}{\Delta x}=m$ を満たすことであり、m を **微分係数** と呼び、$\frac{df}{dx}(c)$, $\frac{d}{dx}f(c)$, $\left[\frac{d}{dx}f(x)\right]_{x=c}$ または $f'(c)$ で表す。関数 $y=f(x)$ と線形関数 $y=f(c)+m\cdot(x-c)$ との **誤差** が $R_f^c(h)=f(c+h)-f(c)-m\cdot h$ で与えられ、次を満たす：

$$f'(c)=m \overset{\text{とは}}{\iff} \lim_{x\to c}\left|\frac{f(x)-f(c)}{x-c}-m\right|=0 \overset{\text{同値}}{\iff} \lim_{x\to c}\frac{|R_f^c(x-c)|}{|x-c|}=0 \qquad (2.2.1)$$

注 2.2.1　直線 $y=f(c)+m\cdot(x-c)$ は、点 $(c,f(c))$ での $y=f(x)$ の **接線** を与える。

定理 2.2.2 (微分可能)　開区間 I 上の関数 f が点 $c\in I$ において微分可能かつ $f'(c)=m$ であるためには、$h=0$ の近くで誤差 $R_f^c(h)$ が次のように表されることが必要十分である：

$$R_f^c(x-c)=r_f^c(x-c)\cdot|x-c| \quad \text{ただし} \quad \lim_{h\to 0}r_f^c(h)=0 \text{ かつ } r_f^c(0)=0$$

証明: $f'(c)=m$ ならば上の $R_f^c(h)$ を取り $r_f^c(c)=0$ と $r_f^c(h)=\frac{R_f^c(h)}{|h|}$ （$0<|h|$ は十分小）により $r_f^c(h)$ を定めると、$R_f^c(x-c)=r_f^c(x-c)\cdot|x-c|$, $\lim\limits_{h\to 0}r_f^c(h)=0$ を得る。逆は明らか。　終り.

(1) $[a,c)$ 上の関数 f に対し $\lim\limits_{x\to a+0}\frac{f(x)-f(a)}{x-a}$ が収束するとき、その極限値を f の点 $x=a$ における **右側微分係数** と呼び、$f'(a+0)$ で表す。

(2) $(c,b]$ 上の関数 f に対し $\lim\limits_{x\to b-0}\frac{f(b)-f(x)}{b-x}=\lim\limits_{x\to b-0}\frac{f(x)-f(b)}{x-b}$ が収束するとき、その極限値を f の点 $x=b$ における **左側微分係数** と呼び、$f'(b-0)$ で表す。

さて、区間 I のすべての点において微分可能な関数 $y=f(x)$ を I 上 **微分可能** という。

定理 2.2.3 (微分可能性と連続性)　区間 I 上の関数 f に対して次が成立する。

(1) f が点 $c\in I$ において微分可能ならば f は点 c で連続である。

(2) f が区間 I 上微分可能ならば f は I 上連続である。

証明: (2) は (1) から明らか。(1) は f の点 c における微分可能性を用いればよい：

$$\lim_{x\to c}\{f(x)-f(c)\} = \lim_{x\to c}\left\{\frac{f(x)-f(c)}{x-c}\cdot(x-c)\right\} = f'(c)\cdot 0 = 0.$$ 終り.

微分係数 $f'(x)$ を値とする関数を f の **導関数** と呼び、$\frac{df}{dx}$, $\frac{d}{dx}f$, f', $\frac{dy}{dx}$ または y' で表し、$dy = f'(x)\,dx$ と表す。導関数が連続な関数を C^1 **級** または **連続微分可能** と言う。

> **定理 2.2.4 (基本性質)** (1) 常に $g(x)\neq 0$ ならば $\frac{d}{dx}\left(\frac{f(x)}{g(x)}\right)=\frac{f'(x)\cdot g(x)-f(x)\cdot g'(x)}{\{g(x)\}^2}$
>
> (2) $\frac{d}{dx}(k\cdot f(x)\pm\ell\cdot g(x))=k\cdot f'(x)\pm\ell\cdot g'(x)$　　(3) $\frac{d}{dx}(f(x)\cdot g(x))=f'(x)\cdot g(x)+f(x)\cdot g'(x)$

証明: (2) は読者に任せる。また (1), (3) は同様であるので (1) を証明する。

$$\frac{1}{h}\left\{\frac{f(x+h)}{g(x+h)}-\frac{f(x)}{g(x)}\right\} = \frac{f(x+h)\cdot g(x)-f(x)\cdot g(x+h)}{hg(x+h)\cdot g(x)}$$
$$= \left\{\frac{f(x+h)-f(x)}{h}\cdot g(x) - f(x)\cdot\frac{g(x+h)-g(x)}{h}\right\}\cdot\frac{1}{g(x+h)g(x)}$$

から $h\longrightarrow 0$ の極限を取れば、求める式を得る。 終り.

> **定理 2.2.5 (連鎖律)** 開区間 I 上の関数 $y=f(x)$ の変数 x が開区間 E 上の関数 $x=g(t)$ で媒介変数表示され、$g(E)\subset I$ を満たすとき以下が成立する。
>
> (1) g が $t=a$ において微分可能で f が $x=b$ $(b=g(a))$ で微分可能ならば、合成関数 $\phi=f\circ g$ も $t=a$ において微分可能で $\phi'(a)=f'(b)\cdot g'(a)=f'(g(a))\cdot f'(a)$ を満たす。
>
> (2) f, g が微分可能関数ならば、合成関数 $\phi=g\circ f$ も微分可能関数で $\phi'(t)=f'(x)\cdot g'(t)=f'(g(t))\cdot g'(t)$ を満たす。すなわち、$\frac{dy}{dt}=\frac{dy}{dx}\cdot\frac{dx}{dt}$ が成立する。

証明: (2) は (1) に従うから、(1) を証明する：g, f の微分可能性から次を得る。

$$g(t)-g(a)=g'(a)\cdot(t-a)+r_g^a(t)\cdot|t-a|,\quad f(x)-f(b)=f'(b)\cdot(x-b)+r_f^b(x)\cdot|x-b|$$

まず右上の式の x に $g(t)$ を代入して次の等式を得る：

$$\phi(t)-\phi(a) = f(g(t))-f(g(a)) = f'(g(a))\cdot(g(t)-g(a))+r_f^{g(a)}(g(t))\cdot|g(t)-g(a)|$$
$$= f'(g(a))\cdot(g'(a)\cdot(t-a)+r_g^a(g(t))\cdot|t-a|)+r_f^b(g(t))\cdot|g(t)-g(a)|$$

次に $r_\phi^a(t) = f'(g(a))\cdot r_g^a(t)+r_f^b(g(t))\frac{|g(t)-g(a)|}{|t-a|}$ $(t\neq a)$ と置けば $\phi(t)-\phi(a)=f'(g(a))\cdot g'(a)\cdot(t-a) + r_\phi^a(t)\cdot|t-a|$ であるので、$\lim_{t\to a}r_g^a(t)=0$, $\lim_{t\to a}g(t)=g(a)$ と定理 2.1.22 より次が成立する。

$$\lim_{t\to a}r_\phi^a(t) = \lim_{t\to a}\left\{f'(g(a))\cdot r_g^a(t)+r_f^b(g(t))\frac{|g(t)-g(a)|}{|t-a|}\right\} = \lim_{t\to a}r_f^b(g(t))\cdot|g'(a)| = 0$$

最後に $r^a_\phi(0)=0$ として $h=0$ まで r^a_ϕ の定義を延長して (1) を得る。 終り.

さて、1変数関数に1価の逆関数があるのは、その関数が狭義単調の場合である。

定理 2.2.6 (逆関数定理 [付録 B.4 を参照]**)** I 上の連続関数 $y=f(x)$ に対して次が成立する。

(1) $f(x)$ が $x=a$ の近くで微分可能かつ $f'(x)\neq 0$ ならば、$b=f(a)$ の十分近くで連続な逆関数 $x=g(y)$ がただ一つ存在し、$y=b$ で微分可能で $g'(b)=\frac{1}{f'(a)}$ を満たす。

(2) $f(x)$ が I 上区分的に微分可能で $f'\neq 0$ ならば、$E=f(I)$ 上連続かつ区分的に微分可能な逆関数 $x=g(y)$ がただ一つ存在し、各小区間で $g'(y)=\frac{1}{f'(g(y))}$ が成立する。

関数と微分係数の関係について、次の補題は基本的である。

補題 2.2.7 (a,b) 上で微分可能な関数 $F(x)$ が点 $c\in(a,b)$ において最大値あるいは最小値を取るならば、そこで $F'(c)=0$ が成立する。

証明: 簡単のため $F(c)$ が最大値とすると、仮定から次を得るから $F'(c)=0$ である。

$$F'(c)=F'(c+0)=\lim_{h\to+0}\frac{F(c+h)-F(c)}{h}\leqq 0,\quad F'(c)=F'(c-0)=\lim_{h\to+0}\frac{F(c-h)-F(c)}{-h}\geqq 0$$ 終り.

定理 2.2.8 (Rolle) $[a,b]$ 上の連続関数 $F(x)$ が (a,b) 上で微分可能とする。このとき、$F(a)=F(b)$ ならば $F'(c)=0$ となる点 c が (a,b) の中に存在する。

証明: $F(a)=F(b)=\alpha$ とする。$F(x)$ が恒等的に α に等しいならば、$c=\frac{a+b}{2}$ と取ればよい。そうでないときは、定理 2.1.25 より $|F(x)-\alpha|$ は $[a,b]$ で 最大値 $|F(c)-\alpha|>0$ を取るから、$a<c<b$ である。さらに補題 2.2.7 より $f'(c)=0$ を得る。 終り.

定理 2.2.9 (平均値) $[a,b]$ 上の連続関数 $f(x)$ が (a,b) 上で微分可能であるならば、等式 $f(b)=f(a)+f'(c)\cdot(b-a)$ を満たす点 c が (a,b) の中に存在する。

証明: 仮定から $F(x)=(f(x)-f(a))\cdot(b-a)-(f(b)-f(a))\cdot(x-a)$ も連続かつ (a,b) 上で $F'(x)=f'(x)\cdot(b-a)-(f(b)-f(a))$ を満たす。明らかに $F(a)=F(b)=0$ であり、Rolle の定理より $F'(c)=0$ を満たす $c\in(a,b)$ が取れ、$f(b)=f(a)+f'(c)\cdot(b-a)$ を得る。 終り.

定理 2.2.10 (単調性) $[a,b]$ 上の 連続 関数 F が **区分的に（またはほぼ全域で）微分可能** で、そこで $F'(x) \geqq 0$（または >0）ならば、F は $[a,b]$ 上で（狭義）単調増加である。

略証: ここでは F が区分的に（$\{a=c_0<c_1<\cdots<c_n=b\}$ を除いて）微分可能な場合を考察する。もし F が $[c_{i-1},c_i]$ 上（狭義）単調増加でないなら、$F(c)>F(d)$（または $F(c) \geqq F(d)$）となる $(c,d) \subset (c_I,c_{I+1})$ がある。すると定理 2.2.9 より $0>$（または $0 \geqq$）$\frac{F(d)-F(c)}{d-c} = F'(\xi)$ となる $\xi \in (c,d)$ があることになり、仮定に反するから F は $[a,b]$ 上（狭義）単調増加である。 終り.

注 2.2.11 連続関数 F が **ほぼ全域で微分可能** な場合は、F が x で微分可能なとき $f(x)=F'(x)$、不可能なとき $f(x)=1$ として $[a,b]$ 上の関数 f を定めると、後出の定理 2.2.22 より f は可積分で $\displaystyle\int_a^x f(t)\,dt = F(x)-F(a)$ を満たす。このとき常に $f \geqq 0$ より F は単調増加であり、微分可能な点で $F'>0$ ならば常に $f(x)>0$ で、付録の定理 B.9.7 より F は狭義単調増加である。

定理 2.2.12 (正則性 [付録 B.11 を参照]) $[a,b]$ 上の連続関数 $F(x)$, $G(x)$ が $[a,b]$ 上 **区分的に（またはほぼ全域で）微分可能** かつ $F'=G'$ ならば $F(x) \equiv G(x)+(F(a)-G(a))$ である。

略証: 定理 2.2.10 より $F(x)-G(x)$ は単調増加かつ単調減少より定数である。 終り.

定義 2.2.13 (**原始関数**) $[a,b]$ 上の連続関数 $F(x)$ が関数 $f(x)$ の **原始関数** とは、$F(x)$ が $[a,b]$ 上 **区分的に（またはほぼ全域で）微分可能** かつ $F'=f$ を満たすことである。

2.2.2 積分法

$I=[a,b]$ 上の正値関数を **gauge** と呼び、その全体を $G(I)$ で表す。以下、$\delta \in G(I)$ とする：

$[c,d] \subset I$ が x の **δ-守備範囲** に入る $\overset{\text{とは}}{\iff}$ **(1)** $c \leqq x \leqq d$ かつ **(2)** $0<d-c \leqq \delta(x)$

I の **分割** Δ : $a=a_0<\cdots<a_i<a_{i+1}<\cdots<a_{m+1}=b$ と I の **点列** $\Xi=\{\xi_i\}_{0\leq i\leq m}$ の組 (Δ,Ξ) が δ に従う **守備配置** であるとは、各小区間 $\Delta_i=[a_i,a_{i+1}]$ **が** ξ_i **の δ-守備範囲に入る** こととする。

$\delta \in G(I)$ に対してこれに従う守備配置 (Δ,Ξ) の全体を $P(\delta)$ で表し、$|\Delta_i|=a_{i+1}-a_i$ と置く。

定理 2.2.14 (Cousin [付録 B.1 を参照]) 与えられた $\delta \in G(I)$ に従う守備配置 (Δ,Ξ) がとれる。

f を I 上の関数とする。$\delta(x)$ は定数でも良いが、f の変動が激しい点で小さくとって良い。$S_{\Delta,\Xi}(f)=\sum_{i=0}^{m} f(\xi_i)\cdot|\Delta_i|$ を $(\Delta,\Xi)\in P(\delta)$ で定まる f の **gauge 和**と呼び、その下限と上限を各々 $\underline{S}_I^{\delta}(f)=\inf_{(\Delta,\Xi)\in P(\delta)} S_{\Delta,\Xi}(f)$ と $\overline{S}_I^{\delta}(f)=\sup_{(\Delta,\Xi)\in P(\delta)} S_{\Delta,\Xi}(f)$ で表す。以下、$\delta(x)\leqq\delta_n(x)\equiv\frac{b-a}{n+1}$ とする。

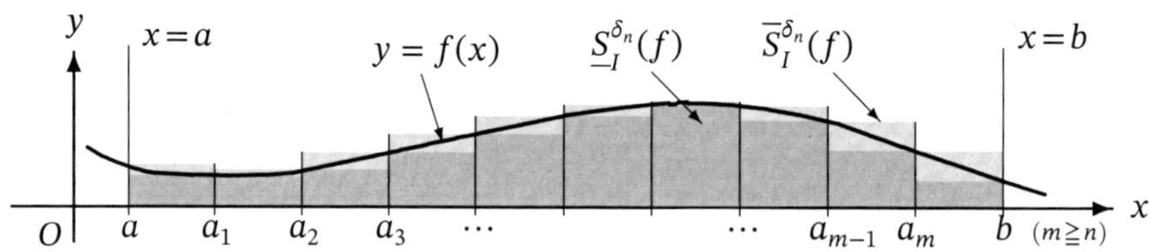

（図は連続関数 $f(x)$ と **定数 gauge** $\delta_n(x)\equiv\frac{b-a}{n+1}$ に対する $\underline{S}_I^{\delta_n}(f)$ と $\overline{S}_I^{\delta_n}(f)$ のイメージ）

$$\underline{S}_I^{\delta_n}(f) \leqq \underline{S}_I^{\delta}(f) \leqq ((\Delta,\Xi)\in P(\delta) \text{ で定まる } f \text{ の gauge 和}) \leqq \overline{S}_I^{\delta}(f) \leqq \overline{S}_I^{\delta_n}(f)$$

次に、gauge 和の極限を考える。$\underline{S}_I(f)=\sup_{\delta\in G(I)}\underline{S}_I^{\delta}(f)$, $\overline{S}_I(f)=\inf_{\delta\in G(I)}\overline{S}_I^{\delta}(f)$ と定め、定数 gauge に限定した極限を $\underline{S}_I^{\text{定数}}(f)=\lim_{n\to\infty}\underline{S}_I^{\delta_n}(f)$, $\overline{S}_I^{\text{定数}}(f)=\lim_{n\to\infty}\overline{S}_I^{\delta_n}(f)$ で表すと、次が成立する。

$$\underline{S}_I^{\text{定数}}(f) \leqq \underline{S}_I(f) \leqq (f \text{ の gauge 和の極限}) \leqq \overline{S}_I(f) \leqq \overline{S}_I^{\text{定数}}(f)$$

定義 2.2.15 (積分) $\underline{S}_I(f)=\overline{S}_I(f)$ のとき、関数 $f(x)$ は $[a,b]$ 上（**gauge**）**可積分**（**積分可能**）であると言い、共通の値を $\int_a^b f(t)\,dt$ で表し、f の（gauge）**積分** と呼ぶ。ここで、a と b を各々定積分の下端と上端と呼び、$a=b$ のときは積分の値は 0 と定める。

注 2.2.16　定数 gauge に限定しても $\underline{S}_I^{\text{定数}}(f)=\overline{S}_I^{\text{定数}}(f)$ が成立するとき、f は **Riemann 可積分**であると言い、この積分を **Riemann 積分** と呼ぶ。Riemann 可積分ならば gauge 可積分である。

定理 2.2.17 (基本性質) a から b まで可積分な関数 $f(x)$, $g(x)$ と実数 λ, c, d に対して

(1) $\int_a^b \lambda\,dt=\lambda\cdot(b-a)$ が成立する。

(2) $\int_a^b (c\cdot f(t)+d\cdot g(t))\,dt=c\cdot\int_a^b f(t)\,dt+d\cdot\int_a^b g(t)\,dt$ が成立する。

(3) $[a,b]$ 上で $f(x)\leqq g(x)$ ならば $\int_a^b f(t)\,dt\leqq\int_a^b g(t)\,dt$ が成立する。

(4) $f(x)$ の絶対値 $|f(x)|$ が可積分ならば $\left|\int_a^b f(t)\,dt\right|\leqq\int_a^b |f(t)|\,dt$ が成立する。

証明: (1) $h(x) \equiv \lambda$ と置く。定数 gauge $\delta_n(x) \equiv \frac{b-a}{n}$ に従う組 $(\Delta, \Xi) \in P(\delta_n)$ を取ると、取り方によらずに $S_{\Delta,\Xi}(h) = \lambda\cdot(b-a)$ であるから h は Riemann 可積分（従って gauge 可積分）であり、$\int_a^b \lambda\,dt = \int_a^b h(t)\,dt = \lim_{n\to\infty} \lambda\cdot(b-a) = \lambda\cdot(b-a)$ が成立する。

(2) f, g を $I=[a,b]$ 上の関数とし、n を自然数とする。f に対して $|\overline{S}_I^{\delta'}(f) - \underline{S}_I^{\delta'}(f)| \leqq \frac{1}{n}$ を満たす $\delta' \in G(I)$ を、また g に対して $|\overline{S}_I^{\delta''}(g) - \underline{S}_I^{\delta''}(g)| \leqq \frac{1}{n}$ を満たす $\delta'' \in G(I)$ を選ぶ。$\delta(x) = \min\{\delta'(x), \delta''(x)\} > 0,\ x \in I$ に従う守備配置 (Δ, Ξ) は $\left|S_{\Delta,\Xi}(f) - \int_a^b f(t)\,dt\right| \leqq \frac{1}{n}$ と $\left|S_{\Delta,\Xi}(g) - \int_a^b g(t)\,dt\right| \leqq \frac{1}{n}$ を満たし、定義から $S_{\Delta,\Xi}(c\cdot f + d\cdot g) = c\cdot S_{\Delta,\Xi}(f) + d\cdot S_{\Delta,\Xi}(g)$ となるので、三角不等式を用いて $\left|S_{\Delta,\Xi}(c\cdot f + d\cdot g) - c\cdot\int_a^b f(t)\,dt - d\cdot\int_a^b g(t)\,dt\right| \leqq \frac{|c|+|d|}{n}$ から $|\overline{S}_I(c\cdot f + d\cdot g) - \underline{S}_I(c\cdot f + d\cdot g)| \leqq |\overline{S}_I^{\delta}(c\cdot f + d\cdot g) - \underline{S}_I^{\delta}(c\cdot f + d\cdot g)| \leqq \frac{2(|c|+|d|)}{n} \xrightarrow{n\to\infty} 0$ を得る。したがって $c\cdot f + d\cdot g$ も gauge 可積分で、積分値は $c\cdot\int_a^b f(t)\,dt + d\cdot\int_a^b g(t)\,dt$ に一致する。

(3) 勝手な $\delta \in G(I)$ に対して、δ に従う守備配置 (Δ, Ξ) は $S_{\Delta,\Xi}(f) \leqq S_{\Delta,\Xi}(g)$ を満たすから $\underline{S}_I^{\delta}(f) \leqq \underline{S}_I^{\delta}(g)$ となる。したがって $\int_a^b f(t)\,dt = \sup_{\delta\in G(I)} \underline{S}_I^{\delta}(f) \leqq \sup_{\delta\in G(I)} \underline{S}_I^{\delta}(g) = \int_a^b g(t)\,dt$ を得る。

(4) $[a,b]$ 上で $-|f(x)| \leqq f(x) \leqq |f(x)|$ であるので、(3) より $-\int_a^b |f(t)|\,dt \leqq \int_a^b f(t)\,dt \leqq \int_a^b |f(t)|\,dt$ が成立するから、求める不等式を得る。 終り.

定理 2.2.18 (区間分割[付録 B.12 を参照]) $[a,b]$ 上の関数 $f(x)$ に対して次は同値である。

(1) $f(x)$ は $[a,b]$ 上で可積分である。 (2) $f(x)$ は $[a,c]$ 上と $[c,b]$ 上で可積分である。

ただし $a<c<b$ であり、またこのとき $\int_a^b f(t)\,dt = \int_a^c f(t)\,dt + \int_c^b f(t)\,dt$ が成立する。

定積分を定義から求めることは難しいが、連続な有界関数であれば次のように算出できる。

定理 2.2.19 (区分求積法) $[a,b]$ 上ほぼ全域で連続な有界関数 $f(x)$ は、a から b まで Riemann 可積分であり、$\int_a^b f(t)\,dt = \lim_{n\to\infty} \sum_{k=1}^{n} \frac{b-a}{n} f(a + \frac{k}{n}(b-a))$ を満たす。

略証: 定数 gauge $\delta_n(x) = \frac{b-a}{n} > 0$ に対して $\overline{S}_n(f) = \overline{S}_I^{\delta_n}(f)$, $\underline{S}_n(f) = \underline{S}_I^{\delta_n}(f)$ と定める。

不連続点全体を $C = \{c_k\}_{k\geqq 1}$ とし、$r > 0$ に対して $x \in I \setminus C$ では $[x-r, x+r]$ での f の上限と下限の差を $d_r^f(x)$ とし、$x = c_k$ では $d_r^f(c_k) = 2^k r$ と置く。$\ell \geqq 1$ を任意に

固定する。まず $\lim_{r\to 0} d_r^f(x) = 0$ より $r_\ell(x) = \sup\left\{r>0 \,\middle|\, d_r^f(x) \leqq \frac{1}{\ell}\right\}$ と置くと $r_\ell(c_k) = \frac{1}{2^k \ell}$ で、$\{(x-r_\ell(x), x+r_\ell(x))\}_{x\in I}$ の和集合は I である。次に定理 B.1.3 より $\epsilon_\ell(x) = \sup\{\epsilon > 0 \mid (x-\epsilon, x+\epsilon) \subset (y-r_\ell(y), y+r_\ell(y))$ を満たす $y\in I$ がある$\}$ の全体 $\{\epsilon_\ell(x)\}_{x\in I}$ の下界は正なので、定理 0.2.9 より $\frac{1}{n_\ell} < \inf_{x\in I} \epsilon_\ell(x)$ を満たす n_ℓ を取る。最後に $M = \sup_{x\in[a,b]} |f(x)|$ と置けば $|\overline{S}_{n_\ell}(f) - \underline{S}_{n_\ell}(f)| \leqq \frac{1}{\ell}|b-a| + 2M\cdot\sum_{k\geqq 1} \frac{2}{2^k \ell} = \frac{1}{\ell}(|b-a|+4M) \xrightarrow{\ell\to\infty} 0$ を得る。

そこで $a_k = \xi_k = a + \frac{k}{n}(b-a)$ と置けば $\int_a^b f(t)\,dt = \lim_{n\to\infty} \sum_{k=1}^{n} \frac{b-a}{n} f(a+\frac{k}{n}(b-a))$ を得る。　終り.

演習 2.2.20　次の極限を連続関数の定積分の形に変形することで極限値を求めなさい。

(1) $\lim_{n\to\infty} \sum_{k=1}^{n} \frac{k}{n^2}$　(2) $\lim_{n\to\infty} \sum_{k=1}^{n} \frac{1}{k}$　(3) $\lim_{n\to\infty} \sum_{k=0}^{n-1} \frac{1}{\sqrt{n^2-k^2}}$　(4) $\lim_{n\to\infty} \sum_{k=1}^{n} \frac{n}{n^2+k^2}$

定理 2.2.21　$f(x)$ が $[a,b]$ 上連続のとき $\frac{1}{b-a}\int_a^b f(t)\,dt = f(c)$ となる $c\in(a,b)$ が取れる。

証明: f を I 上連続かつ $a,b\in I$ とすると $\int_a^b f(t)\,dt$ が確定する。そこで $[a,b]$ 上での f の上限，下限を各々 M, m とすると、$m \leqq f(t) \leqq M$ ($t\in[a,b]$) より $m \leqq \frac{1}{b-a}\int_a^b f(t)\,dt \leqq M$ となり、定理 2.1.24 から $f(c) = \frac{1}{b-a}\int_a^b f(t)\,dt$ を満たす $c \in (a,b)$ が存在する。　終り.

さらに次の定理は積分が微分の逆の操作であることを示すものである。

定理 2.2.22 (基本定理 I)　$F(x)$ が $I=[a,b]$ 上連続かつ **ほぼ全域で微分可能** で $F'(x)$ が I 上の関数 $f(x)$ に一致するならば、$\int_a^b f(x)\,dx = F(b) - F(a)$ が成立する。

略証: 簡単のため、$F(x)$ が I 上全域で微分可能で導関数が $f(x)$ であるとする。微分の定義から、I の各点 x で $\frac{F(y)-F(x)}{y-x} \xrightarrow{y\to x} f(x)$ が成立するから、自然数 $n \geqq 1$ に対して $|y-x|$ が十分小さければ $\left|\frac{F(y)-F(x)}{y-x} - f(x)\right| \leqq \frac{1}{n}$ となる。そこで次の式で gauge $\delta \in G(I)$ を定める。

$$\delta(x) = \sup\left\{h \,\middle|\, |y-x| \leqq h \implies |F(y)-F(x) - f(x)\cdot(y-x)| \leqq \frac{|y-x|}{n}\right\}$$

さらに $z \leqq x \leqq y$ かつ $|y-z| \leqq \delta(x)$ とすると $|(F(y)-F(z)) - f(x)\cdot(y-z)| \leqq |(F(y)-F(x)) - f(x)\cdot(y-x)| + |(F(z)-F(x)) - f(x)\cdot(z-x)| \leqq \frac{|y-x|+|z-x|}{n} = \frac{y-x+x-z}{n} = \frac{y-z}{n}$ を得るから、上の gauge δ に従う組 $(\Delta, \Xi) \in P(\delta)$ に対して、次が成立する。

$$\left|S^\delta_{\Delta,\Xi}(f) - (F(b)-F(a))\right| = \left|\sum_{i=0}^{m}\{f(\xi_i)\cdot(a_{i+1}-a_i) - (F(a_{i+1}-F(a_i)))\}\right| \quad (a_i \leqq \xi_i \leqq a_{i+1})$$

$$\leqq \sum_{i=0}^{m} \left| f(\xi_i)\cdot(a_{i+1}-a_i) - (F(a_{i+1})-F(a_i)) \right| \leqq \sum_{i=0}^{m} \frac{a_{i+1}-a_i}{n} = \frac{b-a}{n} \xrightarrow{n\to\infty} 0$$

したがって f の gauge 積分は収束し、$\displaystyle\int_a^b f(t)\,dt = F(b)-F(a)$ が成立する。 終り.

$f(x)$ が可積分のとき、$F_a(x)=\displaystyle\int_a^x f(t)\,dt$ を **点 a を基とする $f(x)$ の不定積分** と呼ぶ。

定理 2.2.22 より $f(x)$ が原始関数 $F(x)$ をもてば可積分で、$F(x)=F_a(x)+F(a)$ を満たす。

定理 2.2.23 (連続性[付録 B.12 を参照]) 可積分関数の点 a を基とする不定積分は連続である。

定理 2.2.24 (基本定理 II) 区間 I 上の可積分関数 $f(x)$ に対して、次が成立する。

(1) $f(x)$ が点 $c\in I$ で連続ならば $F_a(x)$ は c で微分可能で $F_a'(c)=f(c)$ を満たす。

(2) I 上の関数 $f(x)$ が I 上で区分的に（またはほぼ全域で）連続[2.3]ならば、$F_a(x)$ は $f(x)$ の区間 I 上区分的に（またはほぼ全域で）微分可能で $F_a'(x)=f(x)$ を満たす。

証明: (2) は (1) に従うので (1) を示す。任意に $h\neq 0$ を取って $I_h=[c-|h|,c+|h|]$ とし、$M_h=\sup\limits_{x\in I_h}|f(x)-f(c)|$ と置くと $\lim\limits_{h\to 0}M_h=0$ であり、I_h 上 $-M_h\leqq f(x)-f(c)\leqq M_h$ なので $\left|\displaystyle\int_c^{c+h} f(x)\,dx - h\cdot f(c)\right| \leqq |h|\cdot M_h$ を得る。一方 $F_a(c+h)-F_a(c)=\displaystyle\int_c^{c+h} f(x)\,dx$ より $\left|\frac{F_a(c+h)-F_a(c)}{h}-f(c)\right|\leqq M_h \xrightarrow{h\to 0} 0$ となるから $F_a'(c)=\lim\limits_{h\to 0}\frac{F_a(c+h)-F_a(c)}{h}=f(c)$ である。 終り.

系 2.2.24.1 (原始関数) 区間 I 内の任意の閉区間上で有界であり、かつ I 上区分的に（またはほぼ全域で）連続な関数は I 上の原始関数をもつ。

定義 2.2.25 (**広義積分**) $f(x)$ が (a,b) 内のいかなる閉区間上でも可積分であるとき、$f(x)$ の広義積分を次で定める。特に右辺が極限値をもつとき、$f(x)$ を **広義積分可能**と言う。

$$\int_a^b f(x)\,dx = \lim_{\substack{s\to a+\\ t\to b-}} \int_s^t f(x)\,dx = [F(x)]_{x=a}^{x=b},\quad \text{ただし}\quad [F(x)]_{x=a}^{x=b} = \lim_{x\to b-}F(x) - \lim_{x\to a+}F(x)$$

さて $f(x)\geqq 0$ ならば $\displaystyle\int_a^b f(x)\,dx = \sup_{a<s<t<b}\int_s^t f(x)\,dx$ より次が得られる。詳細は読者に任せる。

2.3 仮定を「可積分」に弱めると、結論の微分可能性は「ほとんど全域で微分可能」にまで弱まる！（付録 B.12 を参照）

定理 2.2.26 (収束条件) $g(x) \geqq 0$ が (a,b) 内のいかなる閉区間上でも可積分であるとする。

(1) 次の二条件が成立するならば $\int_a^b f(x)\,dx$ は収束する。

a) (a,b) 上で $0 \leqq f(x) \leqq g(x)$　　b) $\int_a^b g(x)\,dx$ は収束する。

(2) 次の二条件が成立するならば $\int_a^b f(x)\,dx$ は発散する。

a) (a,b) 上で $0 \leqq g(x) \leqq f(x)$　　b) $\int_a^b g(x)\,dx$ は発散する。

微分法の公式から次の二つの定理が得られる。

定理 2.2.27 (部分積分) $f(x)$, $g(x)$ は (a,b) 上の原始関数 $F(x)$, $G(x)$ をもつとする。さらに $f(x)\cdot G(x)$ が原始関数をもつならば[2.4]、次が成立する。

$$\int_a^b f(x)\cdot G(x)\,dx = [F(x)\cdot G(x)]_{x=a}^{x=b} - \int_a^b F(x)\cdot g(x)\,dx$$

証明:　仮定から $H'(x) = f(x)\cdot G(x)$ とすると $(F(x)\cdot G(x) - H(x))' = F(x)\cdot g(x)$ より $F(x)\cdot G(x) - H(x)$ が $F(x)\cdot g(x)$ の原始関数で、広義積分の定義から求める式を得る。　終り.

定理 2.2.28 (置換積分) (a,b) から (c,d) への関数 $x=\varphi(t)$, $x=\phi(t)$ が微分可能で、ϕ に微分可能な逆関数 $t=\psi(x)$ があるとき、(c,d) 上の関数 $y=f(x)$ に対して次が成立する。

(1) $f(x)$ が原始関数をもつならば[2.4] $\int_{\varphi(a)}^{\varphi(b)} f(x)\,dx = \int_a^b f(\varphi(t))\cdot\varphi'(t)\,dt$ が成立する。

(2) $f(\phi(t))$ が原始関数をもつならば[2.4] $\int_a^b f(\phi(t))\,dt = \int_{\phi(a)}^{\phi(b)} f(x)\cdot\psi'(x)\,dx$ が成立する。

証明: (1)　$F'(x) = f(x)$ とすると、$\frac{d}{dt}F(\varphi(t)) = f(\varphi(t))\cdot\varphi'(t)$ より $F(\varphi(t))$ が $f(\varphi(t))\cdot\varphi'(t)$ の原始関数なので、$\int_a^b f(\varphi(t))\cdot\varphi'(t)\,dt = [F(\varphi(t))]_{t=a}^{t=b} = [F(x)]_{x=\varphi(a)}^{x=\varphi(b)} = \int_{\varphi(a)}^{\varphi(b)} f(x)\,dx$ を得る。

(2)　$G'(t) = f(\phi(t))$ とすると、$\frac{d}{dx}G(\psi(x)) = f(x)\cdot\psi'(x)$ より $G(\psi(x))$ が $f(x)\cdot\psi'(x)$ の原始関数なので、$\int_{\phi(a)}^{\phi(b)} f(x)\cdot\psi'(x)\,dx = [G(\psi(x))]_{x=\phi(a)}^{x=\phi(b)} = [G(t)]_{t=a}^{t=b} = \int_a^b f(\phi(t))\,dt$ を得る。　終り.

演習 2.2.29　次の積分の値を求めなさい。(1) $\int_0^1 u\,du$　(2) $\int_0^1 \frac{1}{y^3}\,dy$　(3) $\int_0^1 x(1+x^2)^4\,dx$

2.4　これらの条件は、関数 $f(x)$ が (a,b) 上ほぼ全域で連続ならば自動的に満たされる。

2.3　初等関数

2.3.1　ベキ乗根

x の整数ベキ x^n（n は整数）を $x^0=1$，$x^{-n}=\frac{1}{x^n}$，$x\neq 0$（$n\geqq 1$）で定める。**ベキ乗** $y=x^m$（m は序数）は導関数が正より $[0,\infty)$ 上で狭義単調増加で、定理 2.2.9 より値域が $[0,\infty)$ なので、定理 2.2.6 より逆関数（**ベキ乗根**）$y=\sqrt[m]{x}$ が $[0,\infty)$ 上の微分可能関数となる。そこで有理数 $r=\frac{n}{m}$（n は整数，m は序数）に対して $x^r=(\sqrt[m]{x})^n$，$x>0$ と定め、$0^r=0$ $(r>0)$ とする。

例題 2.3.1　変数を x とする次の関数に対して、$x>0$ の範囲における導関数を求めなさい。

(1) $\sqrt[n]{x}$　(n は序数)　　(2) $x^r=\sqrt[q]{x^p}$,　$r=\frac{p}{q}$　(p は 整数で q は序数)

例えば極限を用いて有理数ベキを実数ベキに拡張することも可能であるが、その方法を採用した場合、微分可能性などの数理的な性質を導くのは容易とは言えない作業となってしまう。

2.3.2　指数関数と対数関数

本項では、まず **Napier / Euler の数を底とする対数関数** あるいは **自然対数** を導入する。

定義 2.3.2 (**自然対数の積分表示**)　$\log x=\int_1^x \frac{dt}{t}$　$(0<x<\infty)$

命題 2.3.3　(1) $\log\frac{1}{x}=-\log x$　(2) $\log xy=\log x+\log y$　(3) $\log x<\log y$　$(x<y)$
(4) $\log\exp r=r$　$(r\geqq 0)$　(5) $\lim_{x\to\infty}\log x=\infty$　(6) $\lim_{x\to+0}\log x=-\infty$　(7) $(\log x)'=\frac{1}{x}$

命題 2.3.3 は積分の一般的性質から得られるので証明は省略する。

定義 2.3.4 (**a を底とする対数関数**)　$\log_a x=\frac{\log x}{\log a}$　$(0<a\neq 1)$

演習 2.3.5　(1) $(\log_a x)'$（$0<a\neq 1$）を求めなさい。また以下の積分を計算しなさい。

(2) $\int_1^2 \log x\,dx$　(3) $\int_0^1 \frac{1}{\sqrt{x}}\,dx$　(4) $\int_0^1 \frac{1}{x}\,dx$　(5) $\int_1^2 x\log x\,dx$　(6) $\int_1^\infty \frac{1}{x}\,dx$

$y=\log x$ は命題 2.3.3 (4) より狭義単調増加で $x>0$ で微分可能より値域を $\mathbb{R}$ とするから、命題 2.3.3 (5), (6) と定理 2.1.26 よりその逆関数 $y=e^x$ (**Napier / Euler の数を底とする 指数**

関数）が実数全体で定まり微分可能となる。また、定理 2.1.5 と命題 2.3.3 から次を得る。

> **命題 2.3.6** (1) $e^{-x}=\frac{1}{e^x}$　(2) $e^xe^y=e^{x+y}$　(3) $0<e^x<e^y$ $(x<y)$
> (4) $e^r=\exp r$　$(r\geqq 0)$　(5) $\lim_{x\to\infty}e^x=\infty$　(6) $\lim_{x\to-\infty}e^x=0$　(7) $(e^x)'=e^x$

したがって命題 2.3.6 (1), (4) と命題 1.2.5 から次を得る。

> **系 2.3.6.1 (指数関数と連続複利)** 実数 x に対して、$e^x=\exp x$ が成立する。

演習 2.3.7 次を示しなさい。 (1) $\log 1=0$　(2) $\log e=1$　(3) $e^0=1$　(4) $e^1=e$

> 定義 2.3.8 **(実数ベキと指数関数)** $x>0$ の実数 α 乗を $x^\alpha=e^{\alpha\log x}$ で定義する。また正数 $a\neq 1$ を底とする指数関数を $a^x=e^{x\log a}$ で定義する。a^x は、$a>1$ のとき狭義単調増加で $0<a<1$ のとき狭義単調減少であり、値域は正数全体で逆関数は $\log_a x$ で与えられる。

上の定義から特に、$1^x=1$（$x\in\mathbb{R}$）および $x^0=1$ かつ $x^{\frac{1}{n}}=\sqrt[n]{x}$（$n\geqq 1,\ x>0$）である。

例 2.3.9 **(対数微分法)** 微分可能な関数 $y=x^x$（$x>0$）の導関数 y' の満たす式を求める。対数を取った式 $\log y=x\log x$ の両辺を x で微分して式 $\frac{1}{y}y'=\log x+x\frac{1}{x}=\log x+1$ を得る。したがって $y'=y(\log x+1)=x^x(\log x+1)$ である。このような y' の算出法を **対数微分法** と呼ぶ。

演習 2.3.10 x を変数とする次の関数の導関数を求めなさい。ただし、a は実数の定数である。
(1) $y=x^a$　(2) $y=a^x$　$(a>0)$　(3) $y=2^{2x}+3\cdot 2^x+1$　(4) $y=\sqrt[3]{\dfrac{x^2}{2x+1}}$

2.3.3 双曲線関数

双曲線関数 とは、実数全体で定義された連続関数、**双曲（線）正弦関数** $\sinh x=\frac{e^x-e^{-x}}{2}$, **双曲（線）余弦関数** $\cosh x=\frac{e^x+e^{-x}}{2}$、それに **双曲（線）正接関数** $\tanh x=\frac{e^x-e^{-x}}{e^x+e^{-x}}$ 等である。

例 2.3.11 **(双曲角)** 点 $A(1,0)$ と双曲線弧 $C:x^2-y^2=1$（$x\leqq 1$）上の点 $B(x,y)$ に対して、線分 OA, 線分 OB, 弧 $\overset{\frown}{AB}$ で囲まれる図形（**双曲的扇形**）の面積 S と $m=\frac{y}{x}$ は次を満たす。

$$\int_1^x\frac{du}{\sqrt{u^2-1}}=2S,\quad \int_0^y\frac{dv}{\sqrt{v^2+1}}=\int_0^m\frac{dt}{1-t^2}=\theta$$
（θ は **双曲角** と呼ばれ、$|\theta|=2S$ である）

さて、$\theta=\int_0^m\frac{dt}{1-t^2}=\frac{1}{2}\log\left(\frac{1+m}{1-m}\right)$ より $m=\frac{e^\theta-e^{-\theta}}{e^\theta+e^{-\theta}}=\tanh\theta$ かつ $x^2=\frac{1}{1-m^2}=\frac{(e^\theta+e^{-\theta})^2}{4}=\cosh^2\theta$

および、$x \geqq 1$ より $x=\cosh\theta$ と $y=mx=\tanh\theta\cdot\cosh\theta=\sinh\theta$ を得る。したがって $|\theta|=\mathrm{Arcosh}\,x=\displaystyle\int_1^x \frac{du}{\sqrt{u^2-1}}$ $(x\geqq 1)$ は $x=\cosh(\pm|\theta|)$ を満たし、$\theta=\mathrm{arsinh}\,y=\displaystyle\int_0^y \frac{dv}{\sqrt{v^2+1}}$ と $\theta=\mathrm{artanh}\,m=\displaystyle\int_0^m \frac{dt}{1-t^2}$ $(-1<m<1)$ は、$y=\sinh\theta$ と $m=\tanh\theta$ の逆関数である。これら

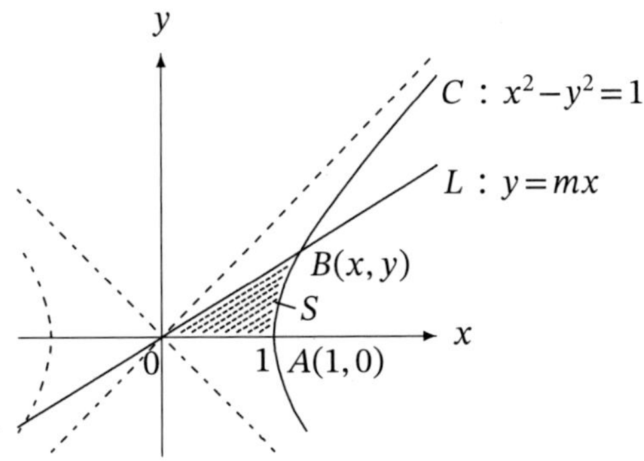

$\mathrm{arsinh}\,y$ と $\mathrm{artanh}\,m$ は、２価の関数となる $\mathrm{arcosh}\,x=\pm\mathrm{Arcosh}\,x$ とともに **逆双曲（線）正弦関数、逆双曲（線）正接関数、逆双曲（線）余弦関数** と呼ばれ、**逆双曲線関数** と総称される。

演習 2.3.12 次を求めなさい。(1) $(\cosh x)'$　(2) $(\sinh x)'$　(3) $\cosh^2 x-\sinh^2 x$

2.3.4 三角関数・逆三角関数

例 2.3.13 (**円角** [付録 B.5 を参照]) 点 $A(1,0)$ と円弧 $C:x^2+y^2=1$ に対して、C 上の点 $B(x,y)$ を

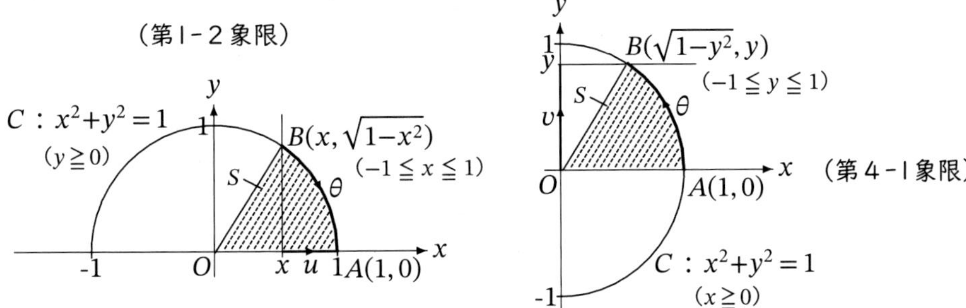

上の左の図で示される第Ⅰ-２象限または上の右の図で示される第４-Ⅰ象限に取る。このとき、いずれにしても扇形 OAB の中心角 θ ラジアンおよび扇形 OAB の面積 S は次の積分で与えられる。ただし $-1\leqq x\leqq 1$（第Ⅰ-２象限），$-1\leqq y\leqq 1$，$-\infty<m=\frac{y}{x}<\infty$（第４-Ⅰ象限）である。

$$\int_x^1 \frac{du}{\sqrt{1-u^2}}=\theta=2S \text{（第Ⅰ-２象限）}\qquad \int_0^y \frac{dv}{\sqrt{1-v^2}}=\int_0^m \frac{dt}{1+t^2}=\theta,\ |\theta|=2S \text{（第４-Ⅰ象限）}$$

定義 2.3.14 (**逆正弦関数の主値**) 単位円 $x^2+y^2=1$ 上の点 $(1,0)$ から点 $(\sqrt{1-y^2},y)$ $(-1\leqq y\leqq 1)$ までの弧の中心角 $\theta=\mathrm{Arcsin}\,(y)$ $(-\frac{\pi}{2}\leqq\theta\leqq\frac{\pi}{2})$ が次で与えられる：

$$\mathrm{Arcsin}\,(y):=\int_0^y \frac{dv}{\sqrt{1-v^2}},\quad -1<y<1,\quad \mathrm{Arcsin}\,(\pm 1)=\pm\frac{\pi}{2}.$$

このとき、定理 B.5.3 より $\mathrm{Arcsin}\,(y)$ は $y=\pm 1$ でも連続である。

$\theta = \mathrm{Arcsin}\,(y)$ は $(-1,1)$ 上で導関数が正より $[-1,1]$ 上で狭義単調増加かつ連続である。定理 B.5.3 と定理 2.2.9 より値域は $[-\frac{\pi}{2},\frac{\pi}{2}]$ で、定理 2.2.6 より逆関数 $y = \mathrm{Sin}\,\theta$[2.5]（**主域正弦関数**）は $[-\frac{\pi}{2},\frac{\pi}{2}]$ 上で狭義単調増加、連続かつ $(-\frac{\pi}{2},\frac{\pi}{2})$ 上で微分可能で $\mathrm{Sin}\,(\pm\frac{\pi}{2}) = \pm 1$（複合同順）を満たす。次に余弦についても正弦と同様に考察しよう。

定義 2.3.15 (逆余弦関数の主値)　単位円 $x^2+y^2=1$ 上の点 $(x,\sqrt{1-x^2})$ から点 $(1,0)$ $(-1 \leqq x \leqq 1)$ までの弧の中心角 $\theta = \mathrm{Arccos}\,(x)$ $(0 \leqq \theta \leqq \pi)$ が次で与えられる：

$$\mathrm{Arccos}\,(x) := \frac{\pi}{2} - \mathrm{Arcsin}\,(x), \quad -1 \leqq x \leqq 1.$$

$\theta = \mathrm{Arccos}\,(x)$ は $(-1,1)$ 上で微分可能であり、$[-1,1]$ 上で狭義単調減少かつ連続である。またその値域は $[0,\pi]$ で、定理 2.2.6 より逆関数 $x = \mathrm{Cos}\,\theta$[2.5]（**主域余弦関数**）は $[0,\pi]$ 上で狭義単調減少、連続かつ $(0,\pi)$ 上で微分可能で $\mathrm{Cos}\,0 = 1$, $\mathrm{Cos}\,\pi = -1$ を満たす。

演習 2.3.16　次の等式を示しなさい。

(1) $\mathrm{Arccos}\,(x) = \mathrm{Arcsin}\sqrt{1-x^2}, \quad -1 \leqq x \leqq 1$　(2) $\mathrm{Cos}^2\,\theta + \mathrm{Sin}^2\,\theta = 1, \quad 0 \leqq \theta \leqq \frac{\pi}{2}$

(3) $\mathrm{Sin}\,(-\theta) = -\mathrm{Sin}\,\theta, \quad -\frac{\pi}{2} \leqq \theta \leqq \frac{\pi}{2}$　(4) $\mathrm{Cos}\,(\pi-\theta) = -\mathrm{Cos}\,\theta, \quad 0 \leqq \theta \leqq \pi$

(5) $\mathrm{Sin}\,(\frac{\pi}{2}-\theta) = \mathrm{Cos}\,\theta, \quad 0 \leqq \theta \leqq \pi$　(6) $\mathrm{Cos}\,(\frac{\pi}{2}-\theta) = \mathrm{Sin}\,\theta, \quad -\frac{\pi}{2} \leqq \theta \leqq \frac{\pi}{2}$

定義された範囲で $\mathrm{Sin}\,\theta = \sin\theta$ かつ $\mathrm{Cos}\,\theta = \cos\theta$ より、三角関数の周期性[2.6] から次を得る。

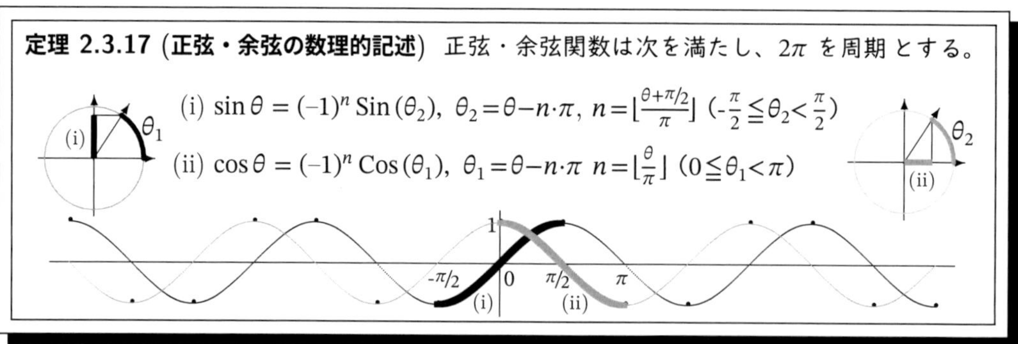

定理 2.3.17 (正弦・余弦の数理的記述)　正弦・余弦関数は次を満たし、2π を周期とする。

(i) $\sin\theta = (-1)^n\,\mathrm{Sin}\,(\theta_2),\ \theta_2 = \theta - n\cdot\pi,\ n = \lfloor \frac{\theta+\pi/2}{\pi} \rfloor\ (-\frac{\pi}{2} \leqq \theta_2 < \frac{\pi}{2})$

(ii) $\cos\theta = (-1)^n\,\mathrm{Cos}\,(\theta_1),\ \theta_1 = \theta - n\cdot\pi\ \ n = \lfloor \frac{\theta}{\pi} \rfloor\ (0 \leqq \theta_1 < \pi)$

演習 2.3.18　定理 2.3.17 による数理的記述から、次の等式を証明しなさい。

(1) $\cos(-\theta) = \cos\theta, \quad \sin(-\theta) = -\sin\theta$　(2) $\cos(\frac{\pi}{2}-\theta) = \sin\theta, \quad \sin(\frac{\pi}{2}-\theta) = \cos\theta$

(3) $\cos(\theta+\frac{\pi}{2}) = -\sin\theta, \quad \sin(\theta+\frac{\pi}{2}) = \cos\theta$　(4) $\cos(\theta+\pi) = -\cos\theta, \quad \sin(\theta+\pi) = -\sin\theta$

2.5　本書ではこれらを真の正弦関数・余弦関数と区別して $\mathrm{Sin}\,\theta$, $\mathrm{Cos}\,\theta$ で表し、**主域正弦関数・主域余弦関数**と呼ぶ。

2.6　$\mathbb{R}$ 上の関数 f が『a を周期とする』とは、恒等式 $f(x+a) \equiv f(x)$（これを周期性と呼ぶ）が成立することである。

定理 2.3.19 (単位円周) 数理的記述から $\cos^2\theta+\sin^2\theta=1$ が示される。

証明: $0\leqq\theta_1=\theta-n\pi<\pi$ とする。まず $\theta_1<\frac{\pi}{2}$ のとき、$\sin\theta=(-1)^n\operatorname{Sin}\theta_1$ かつ $\cos\theta=(-1)^n\operatorname{Cos}\theta_1$ より $\cos^2\theta+\sin^2\theta=\operatorname{Cos}^2\theta_1+\operatorname{Sin}^2\theta_1=1$ を得る。また $\frac{\pi}{2}\leqq\theta_1$ のとき、演習 2.3.18 (1), (2) から $\sin\theta=\cos(\theta-\frac{\pi}{2})$ かつ $\cos\theta=-\sin(\theta-\frac{\pi}{2})$ であり、$0\leqq(\theta-\frac{\pi}{2})-n\pi=\theta_1-\frac{\pi}{2}<\frac{\pi}{2}$ より $\sin\theta=\cos(\theta-\frac{\pi}{2})=(-1)^n\operatorname{Cos}(\theta_1-\frac{\pi}{2})$ かつ $\cos\theta=-\sin(\theta-\frac{\pi}{2})=(-1)^{n+1}\operatorname{Sin}(\theta_1-\frac{\pi}{2})$ となるので、$\cos^2\theta+\sin^2\theta=\operatorname{Sin}^2(\theta_1-\frac{\pi}{2})+\operatorname{Cos}^2(\theta_1-\frac{\pi}{2})=1$ を得る。 終り.

定理 2.3.20 (導関数) 数理的記述から $(\sin\theta)'=\cos\theta$, $(\cos\theta)'=-\sin\theta$ が示される。

証明: 逆関数微分法（定理 2.2.6）を用いて $y=\operatorname{Sin}\theta$, $x=\operatorname{Cos}\theta$ の導関数が求まる：

$$\frac{d\theta}{dy}=\frac{d}{dy}\operatorname{Arcsin}(y)=\frac{1}{\sqrt{1-y^2}} \quad \text{より} \quad \frac{dy}{d\theta}=\frac{1}{\frac{d\theta}{dy}}=\sqrt{1-y^2}=\cos\theta,\quad -\frac{\pi}{2}<\theta<\frac{\pi}{2} \qquad (1)$$

$$\frac{d\theta}{dx}=\frac{d}{dx}\operatorname{Arccos}(x)=-\frac{1}{\sqrt{1-x^2}} \quad \text{より} \quad \frac{dx}{d\theta}=\frac{1}{\frac{d\theta}{dx}}=-\sqrt{1-x^2}=-\sin\theta,\quad 0<\theta<\pi \qquad (2)$$

まず、上の (2) より $\cos\theta$ は $\theta=n\pi$（n は整数）以外で微分可能で $(\cos\theta)'=-\sin\theta$ を満たす。一方、定理 2.3.17 と上の (1) より $\sin\theta$ は $n\pi\in(n\pi-\frac{\pi}{2},n\pi+\frac{\pi}{2})$ 上で $(\sin\theta)'=\cos\theta$ を満たし、定理 2.3.19 よりここで $\cos\theta=(-1)^n\sqrt{1-\sin^2\theta}$ を満たす。右辺は $\theta=n\pi$ の近くで微分可能で、その導関数は $-\frac{(-1)^n\sin\theta\cos\theta}{\sqrt{1-\sin^2\theta}}=-\sin\theta$ である。したがって、$\cos\theta$ は実数全体で微分可能で $(\cos\theta)'=-\sin\theta$ を満たす。また $(\sin\theta)'=\cos\theta$ についても同様である。 終り.

定理 2.3.21 (加法定理) 数理的記述から次の加法定理が示される。

(1) $\sin(x+y)=\sin x\cos y+\cos x\sin y$　　(2) $\cos(x+y)=\cos x\cos y-\sin x\sin y$

証明: a を定数とし $f(x)=\sin(a-x)\cos x+\sin x\cos(a-x)$ と置くと、$f(0)=\sin(a)$ かつ恒等的に $f'(x)=-\cos(a-x)\cos x-\sin(a-x)\sin x+\cos x\cos(a-x)+\sin x\sin(a-x)=0$ であるから、定理 2.2.12（$F(x)=f(x), G(x)\equiv 0$）より恒等式 $f(x)\equiv\sin a$ を得る。この a に $x+y$ を代入して (1) が得られる。同様に $g(x)=\cos x\cos(b-x)-\sin x\sin(b-x)$ と置くと、恒等式 $g(x)\equiv\cos b$ を得るから、この b にやはり $x+y$ を代入して (2) が得られる。 終り.

さて、**正接関数** $\tan\theta=\frac{\sin\theta}{\cos\theta}$ は $\cos\theta$ の零点以外で定義される。ここでは正弦や余弦の場合と同様に、まず逆正接関数の主値を定義し、その逆関数により正接関数を数理的に記述する。

定義 2.3.22 (逆正接関数の主値) 単位円 $x^2+y^2=1$ 上の点 $(1,0)$ から点 $\left(\frac{1}{\sqrt{1+m^2}}, \frac{m}{\sqrt{1+m^2}}\right)$ $(-\infty<m<\infty)$ までの弧の中心角 $\theta=\mathrm{Arctan}\,(m)$ $(-\frac{\pi}{2}<\theta<\frac{\pi}{2})$ が次で与えられる：

$$\mathrm{Arctan}\,(m)=\int_0^m \frac{dt}{1+t^2},\quad -\infty<m<\infty.$$

$\theta=\mathrm{Arctan}\,(m)$ は $(-\infty,\infty)$ 上狭義単調増加、連続かつ微分可能である。定理 B.5.3 から $\lim_{m\to\pm\infty}\mathrm{Arctan}\,(m)=\pm\frac{\pi}{2}$ なので、中間値の定理から値域は $(-\frac{\pi}{2},\frac{\pi}{2})$ であり、逆関数 $m=\mathrm{Tan}\,\theta$ (**主域正接関数**) は $(-\frac{\pi}{2},\frac{\pi}{2})$ 上狭義単調増加かつ微分可能で値域は $(-\infty,\infty)$ である。

定理 2.3.23 (正接の数理的記述) 正接関数は π **を周期**とし、次を満たす。

$$\tan\theta=\mathrm{Tan}\,(\theta-n\pi),\quad n\pi-\frac{\pi}{2}<\theta<n\pi+\frac{\pi}{2}$$

演習 2.3.24 次の関数の導関数を求めなさい。

(1) $\tan x$　(2) $\mathrm{Arccos}\,(\sin x),\ 0<x<\frac{\pi}{2}$　(3) $\mathrm{Arcsin}\,(\cos x),\ 0<x<\frac{\pi}{2}$　(4) $\mathrm{Arctan}\,(x)$

演習 2.3.25 (1) $\mathrm{Arctan}\,(x)=\frac{\pi}{4}$ を解きなさい。　(2) $\mathrm{Arcsin}\,(x)=\frac{\pi}{3}$ を解きなさい。

(3) $\lim_{x\to 0}\frac{\mathrm{Arcsin}\,(x)}{x}$ を求めなさい。　(4) $\lim_{x\to 0}\frac{\mathrm{Arccos}\,(x)-\frac{\pi}{2}}{x}$ を求めなさい。

用語 2.3.26 三角関数の逆関数は **逆三角関数**（逆正弦関数 $\arcsin x=\mathrm{Arcsin}\,x+2n\pi$、逆余弦関数 $\arccos x=\mathrm{Arccos}\,x+2n\pi$、逆正接関数 $\arctan x=\mathrm{Arctan}\,x+n\pi$）と呼ばれる。

定義 2.3.27 (弧長) 一般の曲線 $C: x=f(t),\ y=g(t)$ の $a\leqq t\leqq b$ での長さ L には積分表示 $L=\int_a^b\sqrt{f'(t)^2+g'(t)^2}\,dt$ が存在する。これは媒介変数 t の取り方に依存する。

さて、平面内の点 $P(x,y)$ の **極座標** 表示は $x=r\cos\theta,\ y=r\sin\theta$ の形で、$r=\overline{OP}$ $(r\geqq 0)$ と、x 軸の正の部分と半直線 $\overline{OP}$ とのなす角 θ $(0\leqq\theta\leqq 2\pi)$ により与えられる。

演習 2.3.28 定義 2.3.27 で紹介した平面内の曲線の弧長に対する積分による定義に基づいて、次の曲線の長さ L を求めなさい。ただし $a,\ b$ は正の定数である。

(1) サイクロイド $x=a(t-\sin t),\ y=a(1-\cos t)$ $(0\leqq t\leqq 2\pi)$　(2) 楕円 $\frac{x^2}{a^2}+\frac{y^2}{b^2}=1$

(3) 曲線 $y=\sqrt{x}$ $(0\leqq x\leqq 1)$　(4) 曲線 $r=a(1+\cos\theta)$ $(0\leqq\theta\leqq 2\pi)$

2.4 関数の展開

2.4.1 不定形の極限

平均値の定理はさらに一般化された形が次のように知られている。

定理 2.4.1 (Cauchy) $[a,b]$ 上の連続関数 $f(x)$, $g(x)$ が (a,b) で微分可能のとき、$(f(b)-f(a))\cdot g'(c) = (g(b)-g(a))\cdot f'(c)$ を満たす点 c が開区間 (a,b) の中に存在する。

証明: 仮定から、連続関数 $F(x) = (f(b)-f(x))\cdot(g(b)-g(a)) - (f(b)-f(a))\cdot(g(b)-g(x))$ も (a,b) で微分可能で、$F'(x) = -f'(x)\cdot(g(b)-g(a)) + (f(b)-f(a))\cdot g'(x)$ である。明らかに $F(a)=F(b)=0$ より $F'(c)=0$ となる点 c が (a,b) に存在し、定理を得る。 終り.

系 2.4.1.1 (a,b) 上で $g'(x)\neq 0$ ならば $g(b)\neq g(a)$ であり、$\frac{f(b)-f(a)}{g(b)-g(a)} = \frac{f'(c)}{g'(c)}$ が成立する。したがって特に $g(x)=x$ ならば、通常の平均値の定理と同じ結論となる。

Cauchy の平均値の定理を用いて得られる以下の二つの定理については、証明を付録に載せるにとどめた。まず最初の定理は、極限 $\frac{\lim_{x\to c} f(x)}{\lim_{x\to c} g(x)}$ が $\frac{0}{0}$ の形の『不定形』となる場合に成立する。

定理 2.4.2 (L'Hopital I [付録 B.3 を参照]) 点 c ($a \leqq c \leqq b$) を除き、(a,b) 上で微分可能な関数 $f(x)$, $g(x)$ が $\lim_{x\to c} f(x) = \lim_{x\to c} g(x) = 0$ を満たすとき、$\lim_{x\to c} \frac{f'(x)}{g'(x)}$ が収束すれば $\lim_{x\to c} \frac{f(x)}{g(x)}$ も同じ値に収束する。ただし、$c = a, b$ ならば極限は片側極限として考える。

また次の定理は、極限 $\frac{\lim_{x\to c} f(x)}{\lim_{x\to c} g(x)}$ が $\frac{\infty}{\infty}$ の形の『不定形』となる場合に成立する。

定理 2.4.3 (L'Hopital II [付録 B.3 を参照]) 点 c ($a \leqq c \leqq b$) を除き、(a,b) 上で微分可能な関数 $f(x)$, $g(x)$ が $\lim_{x\to c} |f(x)| = \lim_{x\to c} |g(x)| = \infty$ を満たすとき、$\lim_{x\to c} \frac{f'(x)}{g'(x)}$ が収束すれば $\lim_{x\to c} \frac{f(x)}{g(x)}$ も同じ値に収束する。ただし、$c = a, b$ ならば極限は片側極限として考える。

演習 2.4.4 次を示しなさい。(1) $\lim_{x\to+0} (1+x)^{\frac{1}{x}} = e$ (2) $\lim_{x\to+0} x^x = 1$ (3) $\lim_{x\to\infty} \frac{x^k}{e^x} = 0,\ k \geqq 1$

演習 2.4.5 次を求めなさい。(1) $\lim_{x\to+0} x\log x$ (2) $\lim_{x\to 0} \left(\frac{1}{x} - \frac{1}{\sin x}\right)$ (3) $\lim_{x\to 0} \frac{1-\frac{1}{2}x^2-\cos x}{x^4}$

2.4.2　関数の展開

高次の導関数　一般に区間 I 上の関数 $f(x)$ が r 回続けて微分することができるとき、$f(x)$ は（I 上）r **回微分可能** または D^r **級** であると言う。また r 回の微分で得られた導関数を $f(x)$ の r **次導関数** と呼び、$f^{(r)}(x),\ \frac{d^r}{dx^r}f(x),\ \frac{d^r f}{dx^r}(x),\ \frac{d^r y}{dx^r},\ y^{(r)}$ （$r \geqq 1$）などの記号で表す。

定義 2.4.6　関数 $y = f(x)$ が r 回微分可能で、その r 次導関数が連続のとき、$f(x)$ を r **回連続微分可能** あるいは C^r **級** であると言う。ここで、C^0 **級** は『連続』を意味する。

演習 2.4.7　次の関数の r 次導関数（$r \geqq 0$）を求めなさい。

(1) $y = x^a,\ \ x \geqq 0$　(2) $y = a^x,\ \ 0 < a \neq 1$　(3) $y = \log|x|,\ \ x \neq 0$　(4) $y = \sin x$

(5) $y = \cos x$　(6) $y = \sinh x$　(7) $y = \cosh x$

定理 2.4.8 (Leipnitz)　関数 f, g を r 回微分可能（$r \geqq 1$）とするとき、次が成立する。

$$(f(x)g(x))^{(r)} = f^{(r)}(x)g(x) + \binom{r}{1}f^{(r-1)}(x)g'(x) + \cdots + \binom{r}{r-1}f'(x)g^{(r-1)}(x) + f(x)g^{(r)}(x)$$

定理 2.4.9 (Taylor)　関数 f が開区間 I 上 C^{r-1} 級で、$a, b \in I$ かつ k は序数（$1 \leqq k \leqq r$）とする。f が $I \setminus \{a, b\}$ 上 D^r 級のとき、次を満たす $c = a + \theta_k(b-a),\ \theta_k \in (0,1)$ が取れる。

$$f(b) = f(a) + \frac{f'(a)}{1!}(b-a) + \cdots + \frac{f^{(r-1)}(a)}{(r-1)!}(b-a)^{r-1} + R^{f,k}_{a,b},\quad R^{f,k}_{a,b} = \frac{f^{(r)}(c)(1-\theta_k)^{r-k}}{k(r-1)!}(b-a)^r$$

証明: 関数 $y = g_k(x)$（$1 \leqq k \leqq r$）を次で定め、$F_k(t) = g_k(a + t(b-a))$ と置くと次を得る。

$$\begin{aligned} g_k(x) = &\left(f(x) + \frac{f'(x)}{1!}(b-x) + \cdots + \frac{f^{(r-1)}(x)}{(r-1)!}(b-x)^{r-1} - f(b) \right)(b-a)^k \\ &- \left(f(a) + \frac{f'(a)}{1!}(b-a) + \cdots + \frac{f^{(r-1)}(a)}{(r-1)!}(b-a)^{r-1} - f(b) \right)(b-x)^k \end{aligned}$$

まず $F_k(0) = g_k(a) = 0$ かつ $F_k(1) = g_k(b) = 0$ より、$y = F_k(t)$ に Rolle の定理を適用して、$F'_k(\theta_k) = (b-a)g'_k(c) = 0$（$c := a + \theta_k(b-a)$）となる $\theta_k \in (0,1)$ を取る。$g'_k(c) = 0$ より

$$\begin{aligned} &\left(f'(c) + \left(\frac{f''(c)}{1!}(b-c) - \frac{f'(c)}{0!}\right) + \cdots + \left(\frac{f^{(r)}(c)}{(r-1)!}(b-c)^{r-1} - \frac{f^{(r-1)}(c)}{(r-2)!}(b-c)^{r-2}\right) \right)(b-a)^k \\ &\quad + k\left(f(a) + \frac{f'(a)}{1!}(b-a) + \cdots + \frac{f^{(r-1)}(a)}{(r-1)!}(b-a)^{r-1} - f(b) \right)(b-c)^{k-1} = 0 \end{aligned}$$

を得る。これを整理して両辺を $k(b-c)^{k-1} \neq 0$ で割ると求める式が得られる。　終り.

注 2.4.10 $R_{a,b}^{f,k}$ は、$k=r$ のとき **Lagrange の剰余**、$k=1$ のとき **Cauchy の剰余** と呼ばれる。

有限次の展開 関数 $f(x)$, $g(x)$, $h(x)$ に対して、**Landau の小さい** o が次で与えられる：

$$f(x)=h(x)+o(g(x))\ (x\to a) \overset{\text{とは}}{\iff} \lim_{x\to a}\frac{f(x)-h(x)}{g(x)}=0$$

特に $h(x)=\sum_{k=0}^{n} a_k(x-a)^k$, $g(x)=(x-a)^n$ のとき、上式を $f(x)$ の $x\to a$ での n **次漸近展開**と呼ぶ。定理 2.4.9 の定数 b を変数 x に変えて次の前半を得る。

定理 2.4.11 関数 f が開区間 I 上 C^{r-1} 級、$a\in I$, $1\leqq k\leqq r$ で、$x\in I$ を変数とする。

(Taylor) f が $I\setminus\{a\}$ 上 D^r 級のとき、次を満たす $c=a+\theta_{k,x}(x-a)$, $\theta_{k,x}\in(0,1)$ がある。

$$f(x)=f(a)+\frac{f'(a)}{1!}(x-a)+\cdots+\frac{f^{(r-1)}(a)}{(r-1)!}(x-a)^{r-1}+R_{a,x}^{f,k},\quad R_{a,x}^{f,k}=\frac{f^{(r)}(c)(1-\theta_{k,x})^{r-k}}{k(r-1)!}(x-a)^r$$

(漸近) f が $a\in R$ で D^r 級のとき、次が成立する。

$$f(x)=f(a)+\frac{f'(a)}{1!}(x-a)+\cdots+\frac{f^{(r-1)}(a)}{(r-1)!}(x-a)^{r-1}+\frac{f^{(r)}(a)}{r!}(x-a)^r+o((x-a)^r)\ \ (x\to a)$$

略証: 後半を $r\geqq 1$ に対して証明する：$F(x)=f(a+x)-\left(f(a)+\frac{f'(a)}{1!}x+\cdots+\frac{f^{(r)}(a)}{r!}x^r\right)$ は仮定から C^{r-1} 級かつ原点で D^r 級で、$F^{(i)}(0)=0$ ($i<r$) を満たす。特に $F'(x)$ が原点で D^{r-1} 級より、帰納法の仮定から $\lim_{x\to a}\frac{|F'(x)|}{|x|^{r-1}}=0$ を得る。また平均値定理から $F(x)=F'(\theta x)\cdot x$ ($0<\theta<1$) なので $0\leqq\lim_{x\to 0}\frac{|F(x)|}{|x|^r}=\lim_{x\to 0}\frac{|F'(\theta x)|\theta^{r-1}}{|\theta x|^{r-1}}\leqq\lim_{y\to 0}\frac{|F'(y)|}{|y|^{r-1}}=0$ ($y=\theta x$) となり、$F(x)=o(x^r)$ を得る。終り.

系 2.4.11.1 R 上で恒等的に $f'(x)=0$ ならば $f(x)$ は定数である。

さらに $a=0$ の場合には、剰余項を除いた部分が単純な形の多項式による近似を与える。

定理 2.4.12 関数 f が開区間 I 上 C^{r-1} 級、$0\in I$, $1\leqq k\leqq r$ で、$x\in I$ を変数とする。

(Maclaurin) f が $I\setminus\{0\}$ 上 D^r 級のとき、次を満たす $c=\theta_{k,x}x$, $\theta_{k,x}\in(0,1)$ がある。

$$f(x)=f(0)+\frac{f'(0)}{1!}x+\cdots+\frac{f^{(r-1)}(0)}{(r-1)!}x^{r-1}+R_{0,x}^{f,k},\quad R_{0,x}^{f,k}=\frac{f^{(r)}(\theta_k x)(1-\theta_k)^{r-k}}{k(r-1)!}x^r$$

(原点で漸近) f が点 0 で D^r 級のとき、次が成立する。

$$f(x)=f(0)+\frac{f'(0)}{1!}x+\cdots+\frac{f^{(r-1)}(0)}{(r-1)!}x^{r-1}+\frac{f^{(r)}(0)}{r!}x^r+o(x^r)\ \ (x\to 0)$$

例 2.4.13　原点での高階微分係数を計算して次を得る。

(1) $\frac{1}{1-x} = 1 + x + x^2 + o(x^2)\ \ (x \to 0)$　(2) $\sin(x) = x - \frac{1}{6}x^3 + \frac{1}{120}x^5 + o(x^6)\ \ (x \to 0)$

(3) $\cos(x) = 1 - \frac{1}{2}x^2 + \frac{1}{12}x^4 + o(x^5)\ \ (x \to 0)$　(4) $e^x = 1 + x + \frac{1}{2}x^2 + \frac{1}{6}x^3 + o(x^3)\ \ (x \to 0)$

(5) $\log(1+x) = x - \frac{1}{2}x^2 + \frac{1}{3}x^3 + o(x^4)\ \ (x \to 0)$

演習 2.4.14　原点での 5 次漸近展開を求めなさい。

(1) $\dfrac{1}{1-x}$　(2) e^x　(3) $\log(1+x)$　(4) $\tan x$　(5) $\sinh x$　(6) $\cosh x$　(7) $\tanh x$

命題 2.4.15 (Landau の記号の算法)　a, b が 0 でない実数のとき、次が成立する。

(1) $x^m \cdot o(x^n) = o(x^{m+n})\ \ (x \to 0)$　(2) $o(x^m) \cdot o(x^n) = o(x^{m+n})\ \ (x \to 0)$

(3) $m \leqq n \implies a \cdot o(x^m) + b \cdot o(x^n) = o(x^m)\ \ (x \to 0)$　(4) $x^{m+1} = o(x^m)\ \ (x \to 0)$

例 2.4.16　$\lim_{x\to 0}\frac{e^x-(1-x)^{-1}}{x^2}$ を決定する：分子の $x \to 0$ での 2 次漸近展開が $e^x-(1-x)^{-1} = 1 + x + \frac{1}{2}x^2 - 1 - x - x^2 + o(x^2) = -\frac{1}{2}x^2 + o(x^2)$ であるので $\lim_{x\to 0}\frac{e^x-(1-x)^{-1}}{x^2} = -\frac{1}{2}$ を得る。

ベキ級数展開　関数 $y = f(x)$ が無限回微分可能（C^∞ **級**）なとき、次の等式の成立が期待される。

$$f(x) \underset{?}{=} f(a) + f'(a)(x-a) + \frac{f''(a)}{2}(x-a)^2 + \frac{f^{(3)}(a)}{6}(x-a)^3 + \cdots \tag{2.4.1}$$

ここで、(2.4.1) の右辺の無限級数 $\sum_{n=0}^{\infty}\frac{f^{(n)}(a)}{n!}(x-a)^n$ を **ベキ級数** と呼ぶ。

定義 2.4.17 (C^ω 級)　次の二つの条件が成立するとき、(2.4.1) の右辺のベキ級数を点 a を中心とした $f(x)$ の **ベキ級数展開** と呼び、$f(x)$ を点 a で **解析的**（C^ω **級**）であると言う。

(1) ベキ級数の収束半径は正である。　(2) ベキ級数と $f(x)$ は収束域内で一致する。

注 2.4.18　$f(x)$ の点 a を中心としたベキ級数展開における右辺のベキ級数は、$f(x)$ の **Taylor 級数**（$a=0$ のときは $f(x)$ の **Maclaurin 級数**）とも呼ばれる。

例 2.4.19　(1) 関数 $f(x) = \frac{1}{1-x}$ は $f^{(n)}(x) = \frac{n!}{(1-x)^{n+1}}$ および $f^{(n)}(0) = n!$ を満たすので、自然数 $m \geqq n$ に対して $f(x)$ の m 次の項を Cauchy の剰余として作られる Maclaurin 展開は $\sum_{n=0}^{m-1} x^n + \frac{(1-\theta_1)^{m-2}}{(1-\theta_1 x)^{m-2}}\frac{mx^m}{(1-\theta_1 x)^2}$ となる。特に $0 < r < 1$ ならば、$|x| \leqq r$ に対する剰余項は

$\left|\frac{(1-\theta_1)^{m-2}}{(1-\theta_1 x)^{m-2}} \frac{mx^m}{(1-\theta_1 x)^2}\right| < \frac{mr^m}{(1-r)^2} \xrightarrow{m\to\infty} 0$ を満たし、$|x| \leqq r$ の範囲で $\sum_{n=0}^{\infty} (-1)^n x^n$ は収束して $f(x)$ に一致する。$r<1$ より $|x|<1$ の範囲で $\sum_{n=0}^{\infty} (-1)^n x^n$ は収束して $f(x)$ に一致する。

(2) 関数 $f(x) = \sin x$ は $f^{(2n)}(0) = (-1)^n \sin 0 = 0$ かつ $f^{(2n+1)}(x) = (-1)^n \cos x$ および $f^{(2n+1)}(0) = (-1)^n \cos 0 = (-1)^n$ を満たすので、自然数 $m \geqq n$ に対して $f(x)$ の $2m+1$ 次の項を Lagrange の剰余として作られる Maclaurin 展開は $\sum_{n=0}^{m-1} \frac{(-1)^n}{(2n+1)!} x^{2n+1} + \frac{(-1)^m \cos(\theta x)}{(2m+1)!} x^{2m+1}$ となる。特に $r>0$ ならば、$|x|<r$ に対して剰余項は $\left|\frac{(-1)^m \cos(\theta x)}{(2m+1)!} x^{2m+1}\right| < \frac{1}{(2m+1)!} r^{2m+1} \xrightarrow{m\to\infty} 0$ を満たし、$|x|<r$ の範囲で $\sum_{n=0}^{\infty} \frac{(-1)^n}{(2n+1)!} x^{2n+1}$ は収束して $f(x)$ に一致する。$r>0$ は任意なので、数直線全体で $f(x)$ の Maclaurin 級数は収束し、$f(x)$ に一致する。

演習 2.4.20 次の関数の Maclaurin 級数展開を求め、収束半径を答えなさい。

(1) $\cos x$ (2) $\tan x$ (3) $\log(1+x)$ (4) $\sinh x$ (5) $\cosh x$ (6) $\tanh x$

定義域の各点の近傍でベキ級数に展開できる関数を解析的であると言う。

例 2.4.21 (1) 高々 m 次の多項式 $P(x)$ $(m \geq 0)$ により関数 $f(x) = P(x)$ を定めると、$f(x)$ は実数全体で解析的である：実数 a に対して $(x-a)$ を一つの変数とみれば $P(x) = P((x-a)+a)$ の展開は $P(x) = \sum_{i=0}^{m} a_i (x-a)^i$ で与えられる。そこで、$n>m$ のとき $a_n = 0$ として数列 $\{a_n\}$ を定めれば、$f^{(n)}(a) = n! a_n,\ n \geqq 0$ を得るから $f(x)$ の Taylor 級数は $\sum_{i=0}^{m} a_i (x-a)^i$ となり、$x = a$ の近傍（実際には実数全体）で $f(x)$ に一致する。

(2) e^x は実数全体で解析的である：$f(x) = e^x$ の Maclaurin 級数は $\sum_{n=0}^{\infty} \frac{1}{n!} x^n = \mathrm{Exp}\, x$ となり、例 2.4.19 (2) と同様の考察により、実数全体での $f(x) = \mathrm{Exp}\, x$ の成立が分かる。さらに実数 a に対して $f^{(n)}(a) = e^a$ より、$x=a$ での Taylor 級数は $\sum_{n=0}^{\infty} \frac{e^a}{n!} (x-a)^n = e^a \sum_{n=0}^{\infty} \frac{1}{n!} (x-a)^n = e^a \mathrm{Exp}\,(x-a) = e^a e^{x-a} = e^x$ となり、実数全体で $f(x)$ に一致する。

演習 2.4.22 次の事実を証明しなさい。

(1) $\sin x$ は実数全体で解析的である。 (2) $\cos x$ は実数全体で解析的である。

(3) $\log|x|$ は $x \neq 0$ で解析的である。 (4) 有理関数は分母の零点以外で解析的である。

(5) $x \leqq 0$ で値 0、$x>0$ で値 $e^{-\frac{1}{x}}$ を取る関数は $x=0$ で C^∞ 級であるが解析的ではない。

注 2.4.23 $e^x = \mathrm{Exp}\, x = \sum_{n=0}^{\infty} \frac{1}{n!} x^n$ に形式的に $x = \boldsymbol{i}\theta$ を代入すると $e^{\boldsymbol{i}\theta} = \cos\theta + \boldsymbol{i} \sin\theta$ を得る。

2.4.3　極大・極小

関数 $f(x)$ の $x=a$ での値が $x=a$ の近傍での最大値（または最小値）となるとき、a で $f(x)$ は **極大**（または **極小**）と呼ぶ。より正確には、次のように定める。

a に十分近い $x \neq a$ が必ず $f(x) < f(a)$ を満たすとき $f(a)$ を**極大値**と呼び、必ず $f(x) > f(a)$ であるとき $f(a)$ を**極小値**と呼ぶ。また極大値・極小値を併せて **極値** と呼ぶ。

さて、Rolle の定理と同様な証明により、次を得る。

定理 2.4.24 (極値) 微分可能な関数 $f(x)$ が $x=a$ で極値を取れば $f'(a)=0$ である。

次の定理は極値の判定に際して有用である。

定理 2.4.25 (極大極小) 関数 $f(x)$ が開区間 I 上で C^m 級で、$a \in I$ で次を満たすとする：

$$f'(a) = f^{(2)}(a) = \cdots = f^{(m-1)}(a) = 0, \quad f^{(m)}(a) \neq 0, \quad m \geqq 1$$

(1) m が奇数ならば $x=a$ において極値を取らない。

(2) m が偶数ならば $x=a$ において極値を取り、$m=2n$ とすると次が成立する。

a) $f^{(2n)}(a) > 0$ ならば $f(a)$ を極小値とする。

b) $f^{(2n)}(a) < 0$ ならば $f(a)$ を極大値とする。

略証: 仮定から、f の m 次の項を Lagrange の剰余とする Taylor 展開は

$$f(x) = f(a) + \frac{f^{(m)}(a+\theta(x-a))}{m!}(x-a)^m, \ x \in I$$

と表せる。さらにこのとき、$f^{(m)}(x)$ の連続性から、x が a に十分近いならば $f^{(m)}(a+\theta(x-a))$ と $f^{(m)}(a)$ の符号は一致すると考えてよい。

$(m=2n+1)$ $\frac{f^{(m)}(a+\theta(x-a))}{m!}(x-a)^m$ は正にも負にもなるから、$f(a)$ は極値でない。

$(m=2n)$ $f^{(m)}(a) > 0$ ならば $\frac{f^{(2n)}(a+\theta(x-a))}{(2n)!}(x-a)^{2n} > 0$ $(x \neq a)$ より $f(a)$ は極小値であり、$f^{(m)}(a) < 0$ ならば $\frac{f^{(2n)}(a+\theta(x-a))}{(2n)!}(x-a)^{2n} < 0$ $(x \neq a)$ より $f(a)$ は極大値である。　終り.

演習 2.4.26 次の関数の極値を求めなさい。ただし、a, b は異なる実数である。

(1) $f(x) = \frac{1}{1+x^2}$　(2) $f(x) = x^3 + 3x^2 + 12x + 6$　(3) $f(x) = e^{-x}\sin x$

(4) $f(x) = \cos x^2$　(5) $f(x) = \frac{\log x}{x}, \quad x > 0$　(6) $f(x) = (x-a)^2(x-b)^3$

2.5 不定積分

2.5.1 不定積分の基本公式

開区間上の関数 $f(x)$ に原始関数 $F(x)$ があるとき、言い換えれば $f(x)$ に対して区分的に微分可能かつ $F'(x) = f(x)$ を満たす関数 $F(x)$ が存在するとき、$f(x)$ の原始関数の全体 は『$F(x) +$ (定数)』の形の関数の全体となる。これを微分の 逆操作 と捉え、次の記号で表す。

$$\int f(x)\,dx = F(x) + C$$

(※) 上の定数 C は **積分定数** と呼ばれる定数で、任意に与えることができる。また、積分定数 C は連続な原始関数が存在する各(開)小区間毎に一つずつ定まる。

この操作を **逆微分(微分の逆操作)としての不定積分** と呼ぶことがある。

定理 2.5.1 (基本性質) $x=\varphi(t)$ と $x=\phi(t)$ が D^1 級で、ψ を ϕ の D^1 級逆関数とする。

(1) $\displaystyle\int \{\lambda\cdot f(x)+\mu\cdot g(x)\}\,dx = \lambda\cdot\int f(x)\,dx + \mu\cdot\int g(x)\,dx$

(2) $\displaystyle\int f(x)\,dx = \int f(\varphi(t))\cdot\varphi'(t)\,dt$　　(3) $\displaystyle\int f(\phi(t))\,dt = \int f(x)\cdot\psi'(x)\,dx$

(4) $\displaystyle\int f'(x)\cdot g(x)\,dx = f(x)\cdot g(x) - \int f(x)\cdot g'(x)\,dx$

ただし、(2) では $f(x)$ が、(3) では $f(\phi(t))$ または $f(x)\cdot\psi'(x)$ が原始関数をもつとする。

系 2.5.1.1 (1) $\displaystyle\int f'(x)\cdot f(x)^{\alpha}\,dx = \frac{f(x)^{\alpha+1}}{\alpha+1},\ \alpha \neq -1,$　(2) $\displaystyle\int \frac{f'(x)}{f(x)}\,dx = \log|f(x)|$

2.5.2 有理関数の不定積分

実数係数の n 次多項式 $g(x) = a_0 + a_1x + \cdots + a_{n-1}x^{n-1} + a_nx^n$ ($a_n\neq 0,\ n\geqq 1$) は、代数学の基本定理(序章 0.3 節 を参照)により次の形に(実数の範囲で)**因数分解** される。

$$g(x) = a_n(x-b_1)^{m_1}\cdots(x-b_r)^{m_r}(x^2+c_1x+d_1)^{\ell_1}\cdots(x^2+c_sx+d_s)^{\ell_s} \tag{2.5.1}$$

ただし $m_1 + \cdots + m_r + 2\ell_1 + \cdots + 2\ell_s = n$ であり、方程式 $x^2 + a_jx + b_j = 0$ の判別式は $a_j^2-4b_j < 0, (1\leqq j\leqq s)$ で、2 次式 $x^2+a_jx+b_j$ は実数の範囲では因数分解できない。

上の事実を用いて不定積分を導出するために、次の定理が有用である。

定理 2.5.2 (部分分数分解) 多項式 $g(x)$ が (2.5.1) の形に因数分解されるとき、多項式 $f(x)$, $g(x)$ から作られる有理関数 $\dfrac{f(x)}{g(x)}$ は、次に掲げる特別な形の有理関数の和となる。ただし、$A_{i,k}$ $(1\leqq i\leqq r,\ 1\leqq k\leqq m_i)$, $B_{j,k}$, $C_{j,k}$ $(1\leqq j\leqq s,\ 1\leqq k\leqq \ell_j)$ は実定数である。

(1) 多項式　(2) $\dfrac{A_{i,k}}{(x-b_i)^k}$　(3) $\dfrac{B_{j,k}x+C_{j,k}}{(x^2+c_jx+d_j)^k}$　$(c_j^2-4d_j<0)$

略証: $f(x)$ の $g(x)$ による除算の商を $q(x)$、余りを $r(x)$ とすると、$f(x)=q(x)\cdot g(x)+r(x)$ ($q(x)$ の次数は $n-1$ 以下) であるから、$\frac{f(x)}{g(x)}=q(x)+\frac{r(x)}{g(x)}$ が成立し、(1) の部分は多項式 $q(x)$ で与えられる。次に、$g_{i,k}(x)=\frac{g(x)}{(x-b_i)^k}$, $1\leqq k\leqq m_i$ $(1\leqq i\leqq r)$, $g_{r+j,k}(x)=\frac{g(x)}{(x^2+c_jx+d_j)^k}$, $1\leqq k\leqq \ell_j$ $(1\leqq j\leqq s)$ と置くと、これらは次数 $n-1$ 以下の多項式である。次に、$m_1+\cdots+m_r+2(\ell_1+\cdots+\ell_s)=n$ 個の (添え字付き) 変数 $\{y_{i,k}\}_{1\leqq k\leqq m_i}$ $(1\leqq i\leqq r)$, $\{z_{j,k},\ w_{j,k}\}_{1\leqq k\leqq \ell_s}$ $(1\leqq j\leqq s)$ に関する方程式 $r(x)=\sum_{i,k}y_{i,k}\cdot g_{i,k}(x)+\sum_{j,k}(z_{j,k}\cdot x+w_{j,k})\cdot g_{r+j,k}(x)$ を解く：一般に多項式 $p(x)$ の x^m の係数を a_m とすると $p^{(m)}(0)=m!\cdot a_m$ であるので、次の n 式連立 n 元一次方程式を解けばよい。

$$
\begin{aligned}
r(0) &= \sum_{i,k} g_{i,k}(0)\cdot y_{i,k}+\sum_{j,k} g_{r+j,k}(0)\cdot w_{j,k}\\
r'(0) &= \sum_{i,k} g'_{i,k}(0)\cdot y_{i,k}+\sum_{j,k} g'_{r+j,k}(0)\cdot w_{j,k}+\sum_{j,k} g_{r+j,k}(0)\cdot z_{j,k}\\
r''(0) &= \sum_{i,k} g''_{i,k}(0)\cdot y_{i,k}+\sum_{j,k} g''_{r+j,k}(0)\cdot w_{j,k}+\sum_{j,k} g'_{r+j,k}(0)\cdot z_{j,k}\\
&\ \ \vdots\\
r^{(n-1)}(0) &= \sum_{i,k} g^{(n-1)}_{i,k}(0)\cdot y_{i,k}+\sum_{j,k} g^{(n-1)}_{r+j,k}(0)\cdot w_{j,k}+\sum_{j,k} g^{(n-2)}_{r+j,k}(0)\cdot z_{j,k}
\end{aligned}
$$

ここでは証明しないが、これらは常にただ一組の解をもつことが線形代数を用いて知られており、その解を $y_{i,k}=A_{i,k}$, $z_{j,k}=B_{j,k}$, $w_{j,k}=C_{j,k}$ とすると、$r(x)=\sum\limits_{i,k}A_{i,k}\cdot g_{i,k}(x)+\sum\limits_{j,k}(B_{j,k}x+C_{j,k})\cdot g_{r+j,k}(x)$ すなわち $\frac{r(x)}{g(x)}=\sum\limits_{i,k}\frac{A_{i,k}}{(x-b_i)^k}+\sum\limits_{j,k}\frac{B_{j,k}x+C_{j,k}}{(x^2+c_jx+d_j)^k}$ と表されることが分かる。　終り.

例 2.5.3 有理関数 $\frac{2x+1}{(x-1)^2(x-3)}$ に対して、方程式 $2x+1=A_{1,1}(x-1)(x-3)+A_{1,2}(x-3)+A_{2,1}(x-1)^2$ を解く：$x=0$ を代入して $1=3A_{1,1}-3A_{1,2}+A_{2,1}$、微分してから $x=0$ を代入して $2=-4A_{1,1}+A_{1,2}-2A_{2,1}$、二回微分してから $x=0$ を代入して $0=A_{1,1}+A_{2,1}$ を得る。これらを解けば $A_{1,1}=-\frac{7}{4}$, $A_{1,2}=-\frac{3}{2}$, $A_{2,1}=\frac{7}{4}$ となり、$\frac{2x+1}{(x-1)^2(x-3)}=-\frac{7}{4(x-1)}-\frac{3}{2(x-1)^2}+\frac{7}{4(x-3)}$ を得る。

定理 2.5.2 の部分分数分解で現れる個々の有理式の積分に対して次の公式が知られている。

定理 2.5.4 (有理式の積分) (1) $\displaystyle\int \frac{dx}{(x-b)^k} = \begin{cases} \log|x-b| + C, & k=1 \\ -\dfrac{1}{(k-1)(x-b)^{k-1}} + C, & k>1 \end{cases}$

(2) $c^2-4d<0$ のとき $\displaystyle\int \frac{2x+c}{(x^2+cx+d)^k}\,dx = \begin{cases} \log(x^2+cx+d) + C, & k=1 \\ -\dfrac{1}{(k-1)(x^2+cx+d)^{k-1}} + C, & k>1 \end{cases}$

(3) $c^2-4d<0$ のとき $t = x+\frac{c}{2}$, $A = \frac{\sqrt{4d-c^2}}{2}$ と置くと $\displaystyle\int \frac{dx}{(x^2+cx+d)^k} = \int \frac{dt}{(t^2+A^2)^k} =$ $I_k(t) + C$ が成立する。ここで、t の関数列 $\{I_k(t)\}_{k\geqq 1}$ は次の漸化式で決まる。

a) $I_1(t) = \dfrac{1}{A}\,\mathrm{Arctan}\,\dfrac{t}{A}$ b) $I_{k+1}(t) = \dfrac{1}{2kA^2}\left\{(2k-1)\cdot I_k(t) + \dfrac{t}{(t^2+A^2)^k}\right\}$

略証: (1), (2) $\displaystyle\int \frac{g'(t)}{g(t)^k}\,dt = \begin{cases} \log|g(t)| + C, & k=1 \\ -\dfrac{1}{(k-1)g(t)^{k-1}} + C, & k>1 \end{cases}$ より直ちに得られる。

(3) ここでは、煩雑さを避けるため積分定数 C を省いて記述する。b) を示す：

$$\begin{aligned} I_k(t) &= \int 1\cdot\frac{1}{(t^2+A^2)^k}\,dt = t\cdot\frac{1}{(t^2+A^2)^k} - \int \frac{t\cdot(-2kt)}{(t^2+A^2)^{k+1}}\,dt \quad (\text{部分積分}) \\ &= \frac{t}{(t^2+A^2)^k} + 2k\cdot\int \frac{t^2}{(t^2+A^2)^{k+1}}\,dt \\ &= \frac{t}{(t^2+A^2)^k} + 2k\cdot\int \frac{(t^2+A^2)}{(t^2+A^2)^{k+1}}\,dt - \int \frac{2kA^2}{(t^2+A^2)^{k+1}}\,dt \\ &= \frac{t}{(t^2+A^2)^k} + 2k\cdot I_k(t) - 2kA^2\cdot I_{k+1}(t) \end{aligned}$$

より $2kA^2\cdot I_{k+1}(t) = \dfrac{t}{(t^2+A^2)^k} + (2k-1)\cdot I_k(t)$ を得る。また a) は Arctan の定義から明らか。終り.

2.5.3 無理関数の不定積分

有理関数でない関数を一般に **無理関数** と呼ぶ。無理関数の原始関数は初等関数で表すことは多くの場合に不可能であるが、以下に述べるいくつかの特別な形の場合は、これが可能となる。

この節では以後、記号 $R(X,Y)$ により、二つの未知変数 X, Y を変数とする多項式 $f(X,Y)$ と $g(X,Y) \neq 0$ の分数として表示される関数（すなわち $R(X,Y) = \frac{f(X,Y)}{g(X,Y)}$）を表す：

[$R\left(x, \sqrt[n]{\dfrac{ax+b}{cx+d}}\right)$, $ad-bc\neq 0$ の積分] $t = \sqrt[n]{\dfrac{a\cdot x+b}{c\cdot x+d}}$ と置くと $x = \dfrac{d\cdot t^n-b}{a-c\cdot t^n}$ であり $\dfrac{dx}{dt} = \dfrac{n\cdot(ad-bc)\cdot t^{n-1}}{(a-c\cdot t^n)^2}$ となるから、次を得る。

$$\int R\left(x,\sqrt[n]{\frac{a\cdot x+b}{c\cdot x+d}}\right)dx=\int R\left(\frac{d\cdot t^n-b}{a-c\cdot t^n},t\right)\frac{n\cdot(ad-bc)\cdot t^{n-1}}{(a-c\cdot t^n)^2}\,dt$$

[$R\left(x,\sqrt{a\cdot x^2+b\cdot x+c}\right)$, $a>0,\ b^2-4ac\neq 0$ の積分]　$a\cdot x^2+b\cdot x+c$ が負になって積分が意味をもたないのは $b^2-4ac>0$ のときで、$a\cdot X^2+b\cdot X+c$ の二実根 α,β $(\alpha<\beta)$ の間の開区間 (α,β) に限る。積分が意味をもつときに $\sqrt{a}\cdot(t-x)=\sqrt{a\cdot x^2+b\cdot x+c}$ により t を定めると、$x=\dfrac{a\cdot t^2-c}{2a\cdot t+b}$, $\sqrt{a\cdot x^2+b\cdot x+c}=\dfrac{\sqrt{a}(a\cdot t^2+b\cdot t+c)}{2a\cdot t+b}$ かつ $\dfrac{dx}{dt}=\dfrac{2a(a\cdot t^2+b\cdot t+c)}{(2a\cdot t+b)^2}$ となるから、次を得る。

$$\int R\left(x,\sqrt{a\cdot x^2+b\cdot x+c}\right)dx=\int R\left(\frac{a\cdot t^2-c}{2a\cdot t+b},\frac{\sqrt{a}(a\cdot t^2+b\cdot t+c)}{2a\cdot t+b}\right)\frac{2a(a\cdot t^2+b\cdot t+c)}{(2a\cdot t+b)^2}\,dt$$

[$R\left(x,\sqrt{a\cdot x^2+b\cdot x+c}\right)$, $a<0,\ b^2-4ac\neq 0$ の積分]　$a\cdot x^2+b\cdot x+c$ が 0 以上になって積分が意味をもつのは $b^2-4ac>0$ のときで、$a\cdot X^2+b\cdot X+c$ の二実根 α,β $(\alpha<\beta)$ の間の閉区間 $[\alpha,\beta]$ に限る。積分が意味をもつときに $t=\sqrt{\dfrac{a(\alpha-x)}{\beta-x}}$ $(x\neq\beta)$ と置くと、$x=\dfrac{\beta\cdot t^2-\alpha\cdot a}{t^2-a}$, $\sqrt{a\cdot x^2+b\cdot x+c}=\dfrac{a(\alpha-\beta)\cdot t}{t^2-a}$ かつ $\dfrac{dx}{dt}=\dfrac{2a(\alpha-\beta)\cdot t}{(t^2-a)^2}$ となるから、次を得る。

$$\int R\left(x,\sqrt{a\cdot x^2+b\cdot x+c}\right)dx=\int R\left(\frac{\beta\cdot t^2-\alpha\cdot a}{t^2-a},\frac{a(\alpha-\beta)\cdot t}{t^2-a}\right)\frac{2a(\alpha-\beta)\cdot t}{(t^2-a)^2}\,dt$$

[$R(\cos x,\sin x)$ の積分]　$t=\tan(\frac{x}{2})=\dfrac{\sin x}{1+\cos x}$ と置くと $\cos x=\dfrac{1-t^2}{1+t^2}$, $\sin x=\dfrac{2t}{1+t^2}$, $\tan x=\dfrac{2t}{1-t^2}$, $\cos^2 x=\dfrac{1}{1+t^2}$ であり $\dfrac{dx}{dt}=\dfrac{1}{dt/dx}=2\cos^2(\frac{x}{2})=\dfrac{2}{1+t^2}$ となるから、次を得る。

$$\int R(\cos x,\sin x)\,dx=\int R\left(\frac{1-t^2}{1+t^2},\frac{2t}{1+t^2}\right)\frac{2}{1+t^2}\,dt$$

演習 2.5.5 次の関数の不定積分（原始関数＋積分定数）を求めなさい。

(1) $\sqrt{\dfrac{2+x}{2-x}}$　(2) $\dfrac{1}{\sqrt[3]{x+1}-1}$　(3) $\sqrt{x^2+3x+4}$　(4) $\dfrac{1}{\sqrt{1-x^2}}$　(5) $\dfrac{3x+1}{(x^2+1)^2}$

(6) $\dfrac{2x^3+x}{(x-2)^2(x^2-1)}$　(7) $\sin^3 x\cos^2 x$　(8) $x^2\cos x$　(9) $e^{2x}\cos x$

第3章

多変数微分法

変数が多くなると気になることも増えてきます。

Q．空間内で近いってどういうことでしょうか？
　　A．距離が0に近いことです。

Q．近いかどうかに方向や向きも関係しますか？
　　A．それは関係ないでしょう。

1変数関数のグラフの接線にあたるのは、2変数関数だとグラフに接する平面になりそうです。

Q．グラフの接平面って何でしょうか？
　　A．グラフとぴったり接しています。

Q．近さを使って言い換えられますか？
　　A．グラフの近い部分は平面に見えます。

多変数でも極大極小問題を考察します。その際、行列の眼鏡を掛けると見えてくることがあります。

3.1　多変数関数

3.1.1　平面および空間内の図形

d 次元 Euclid 空間 E には座標系を導入し、d 個の数の組全体 $\mathbb{R}^d$ と見なす。($d = 1, 2, 3$)

(距離) 2 点 P, Q の位置ベクトルを $\mathbb{p}, \mathbb{q}$ とすると P, Q 間の E での距離は $\|\mathbb{q}-\mathbb{p}\|$ である。

(線分) 2 点 P, Q に対して、線分 $\overline{PQ}$ は $\mathbb{x} = \mathbb{p} + t(\mathbb{q}-\mathbb{p}) = (1-t)\mathbb{p} + t\mathbb{q}$ $(0 \leq t \leq 1)$ を位置ベクトル $\mathbb{x}$ とする点 X の全体（$\mathbb{p}$, $\mathbb{q}$ は各々 P, Q の位置ベクトル）である。

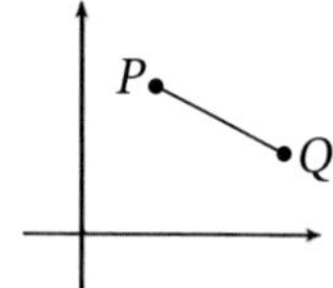

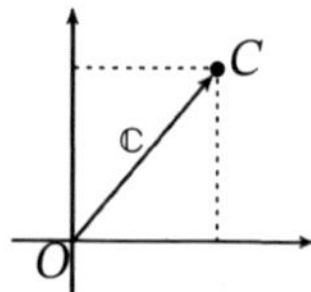

本書では以下、点 $C(c_1, \ldots, c_d)$ とその位置ベクトル $\mathbb{c}=(c_1, \ldots, c_d)$ とを区別しない。

(矩形) 2 点 $\mathbb{a}=(a_i)$, $\mathbb{b}=(b_i)$ に対して、$(\mathbb{a}, \mathbb{b}) \subset I \subset [\mathbb{a}, \mathbb{b}]$ を満たす図形 I を **矩形**[3.1] と呼ぶ。

$$(\mathbb{a}, \mathbb{b}) = (a_1, b_1)\times\cdots\times(a_d, b_d) \ \textbf{(開矩形)}, \quad [\mathbb{a}, \mathbb{b}] = [a_1, b_1]\times\cdots\times[a_d, b_d] \ \textbf{(閉矩形)}$$

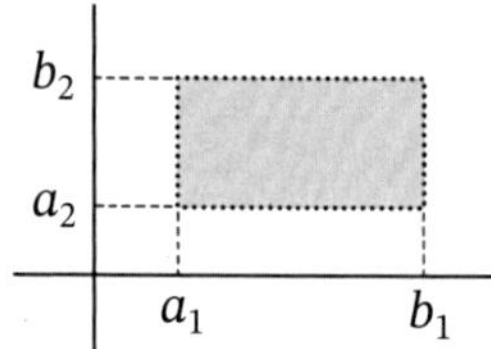

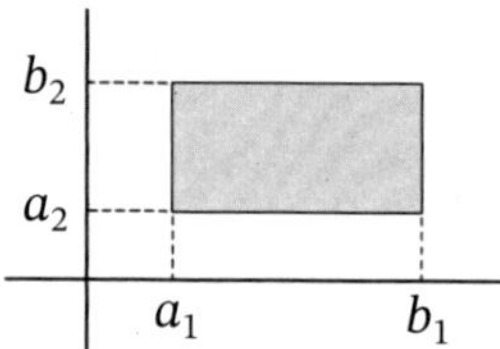

また $[\mathbb{a}, \mathbb{b}) = [a_1, b_1) \times \cdots \times [a_d, b_d)$ は半開矩形と呼ばれる。以下、R を $\mathbb{R}^d$ 内の図形とする。

(有界) R が十分大きな矩形内に描けるとき、R を **有界** であるという。

(近傍) 点 $\mathbb{c}=(c_i)$ の周囲の点からなる次の集合を、点 $\mathbb{c}$ の **近傍** または **r-近傍**（$r > 0$）と呼ぶ。

$$U_r(\mathbb{c}):\ \|\mathbb{x}-\mathbb{c}\| < r \ \textbf{(r-開近傍)}, \quad D_r(\mathbb{c}):\ \|\mathbb{x}-\mathbb{c}\| \leqq r \ \textbf{(r-閉近傍)}$$

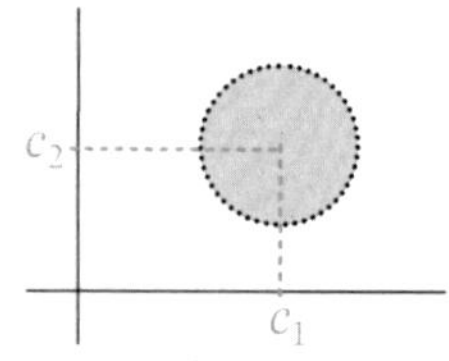

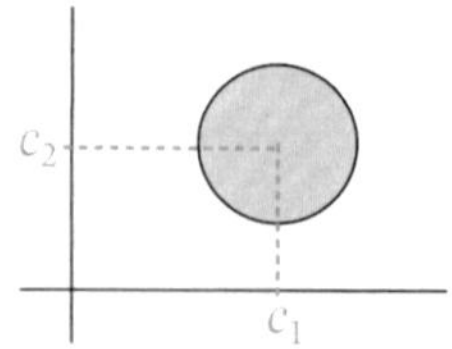

(内と外) 十分小さな近傍ごと R に含まれる点を R の **内点**、内点全体を $\mathrm{Int}\,R$ で表し R の **内部** と呼ぶ。$\mathrm{Int}(\mathrm{Int}\,R) = \mathrm{Int}\,R$ が成立する。また補集合の内点を **外点**、外点の全体を **外部** と呼ぶ。

3.1　積分論などの専門書では区間の直積もまた区間と呼ぶが、本書では「区間」は数直線内の図形に限って使用する。

(境界) 内点でも外点でもない点を **辺境点**、辺境点全体を $\mathrm{Fr}\,R$ で表し R の **辺境** と呼ぶ。さらに R に属す辺境点を R の **境界点** と呼び、境界点全体を ∂R で表し R の **境界** と呼ぶ。

(閉包) 和集合 $\mathrm{Int}\,R \cup \mathrm{Fr}\,R$ を $\mathrm{Cl}\,R$ で表し R の **閉包** と呼ぶ。$\mathrm{Cl}\,(\mathrm{Cl}\,R) = \mathrm{Cl}\,R$ が成立する。

(開と閉) 辺境点を要素にもたない集合を **開集合**、辺境全体を含む集合を **閉集合** と呼ぶ。

(連結) R のどの２点も R 内に描いた折れ線で結べるとき、R を **連結** であると言う。

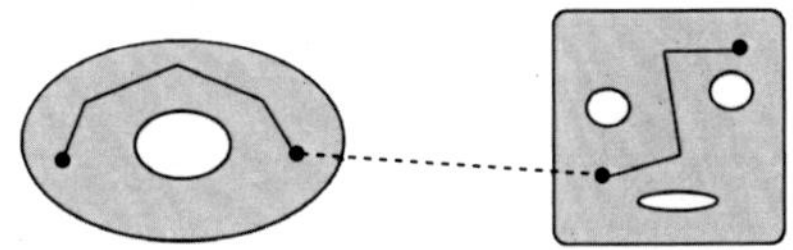

(二つの島の各々は連結だが、これらの島の合併集合は連結でない。)

> 定義 3.1.1 **(領域)** 端点以外が内部に描かれた折れ線によって任意の２点が結べる集合を本書では **前領域** と呼び、前領域が開集合のとき **(開) 領域**、閉集合のとき **閉領域** と呼ぶ。

領域 R の内部に特別な点 A があり、R 内の任意の点 P に対して線分 AP を R の中に描けるとき、R を 点 A を中心とする **星状領域** と呼ぶ。

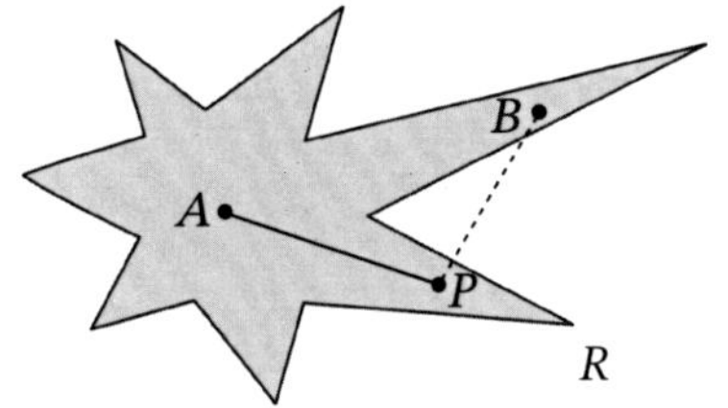

(点 A から R のどの点にも R 内で線分を引けるが、点 B からは引けない。)

3.1.2　多変数関数

Euclid 空間 $\mathbb{R}^d$ ($d=1, 2, 3$) 内の点列 $\{\mathbb{a}_n\}_{n\geqq 1}$ の収束および極限を次のように定義する。

> 定義 3.1.2 **(点列の極限)** $\displaystyle\lim_{n\to\infty} \mathbb{a}_n = \mathbb{v} \iff \lim_{n\to\infty} \|\mathbb{a}_n - \mathbb{v}\| = 0$

ここで点列 $\mathbb{a}_n$ の第 i 成分 $a_{n,i}$ と点 $\mathbb{v}$ の第 i 成分 v_i ($1 \leqq i \leqq d$) に注目すれば次を得る。

$$\lim_{n\to\infty} a_{n,i} = v_i \quad \left(\iff \lim_{n\to\infty} \left|a_{n,i} - v_i\right| = 0 \right)$$

$\mathbb{R}^d$ の領域上の関数を d **変数関数**（または **多変数関数**）と呼び、記号で $f(x_1, \cdots, x_d)$, $f(\mathbb{x})$ あるいは f などで表す。また、多変数関数の d' 個の組 $\mathbb{f} = (f_1, \ldots, f_{d'})$ ($d'=1, 2, 3$) は Euclid

空間からまた別の Euclid 空間への写像を与え、多変数ベクトル関数と呼ばれる。

> **定義 3.1.3 (関数値の極限)** $\mathbb{c} \in \mathrm{Cl}\,R,\ a \in \mathbb{R},\ \mathbb{a} = (a_1, \dots, a_{d'})$ とする。
>
> (1) $\lim_{\mathbb{x}\to\mathbb{c}} f(\mathbb{x}) = a \iff \lim_{n\to\infty} \sup_{0<\|\mathbb{x}-\mathbb{c}\|<1/n} |f(\mathbb{x})-a| = 0$
>
> (2) $\lim_{\mathbb{x}\to\mathbb{c}} \mathbb{f}(\mathbb{x}) = \mathbb{a} \iff \lim_{n\to\infty} \sup_{0<\|\mathbb{x}-\mathbb{c}\|<1/n} \|\mathbb{f}(\mathbb{x})-\mathbb{a}\| = 0 \iff \lim_{\mathbb{x}\to\mathbb{c}} f_i(\mathbb{x}) = a_i\ \ (1 \leqq i \leqq d')$

(約束) 多変数（ベクトル）関数の極限が収束しないとき、**発散** すると言う。

> **定理 3.1.4 (極限の性質)** $f,\ g,\ h$ を多変数関数とする。$\lim_{\mathbb{x}\to\mathbb{c}} f(\mathbb{x}) = a,\ \ \lim_{\mathbb{x}\to\mathbb{c}} g(\mathbb{x}) = b$ であるとき、$\lambda, \mu \in \mathbb{R}$ に対して次が成立する。
>
> (1) $\lim_{\mathbb{x}\to\mathbb{c}} (\lambda\cdot f(\mathbb{x}) \pm \mu\cdot g(\mathbb{x})) = \lambda\cdot a \pm \mu\cdot b$　　(2) $\lim_{\mathbb{x}\to\mathbb{c}} \{f(\mathbb{x})\cdot g(\mathbb{x})\} = a\cdot b$
>
> (3) $b \neq 0$ ならば $\lim_{\mathbb{x}\to\mathbb{c}} \frac{f(\mathbb{x})}{g(\mathbb{x})} = \frac{a}{b}$ である。
>
> (4) 関数 $h(\mathbb{x})$ が $\mathbb{x} = \mathbb{c}$ の十分近く（$\mathbb{x} = \mathbb{c}$ は除く）で常に $f(\mathbb{x}) \leqq h(\mathbb{x}) \leqq g(\mathbb{x})$ を満たすとき、$a = b$ ならば $\lim_{\mathbb{x}\to\mathbb{c}} h(\mathbb{x}) = a = b$ である。

演習 3.1.5　上の定理 3.1.4 を証明しなさい。

演習 3.1.6　次の関数の極限は収束するか答え、収束するときはその極限値を求めなさい。

(1) $\displaystyle\lim_{(x,y)\to(2,1)} xy$　(2) $\displaystyle\lim_{(x,y)\to(0,0)} y\sin\frac{1}{x}$　(3) $\displaystyle\lim_{(x,y)\to(0,0)} \frac{xy}{x^2+y^2}$　(4) $\displaystyle\lim_{(x,y)\to(0,0)} \frac{x^2y}{x^2+y^2}$

3.1.3　多変数の連続性

連続関数　$R\subset\mathbb{R}^d,\ E\subset\mathbb{R}^{d'}$ を領域とし、$f,\ g$ などで R 上の多変数関数を、また $\mathbb{f},\ \mathbb{g}$ で、各々 $R,\ E$ 上の多変数ベクトル関数を表す。以下「多変数」を省略することがある。

> **定義 3.1.7 (連続)** R 上の関数 f やベクトル関数 $\mathbb{f}$ に対する連続性を次のように定める。
>
> (1) $\lim_{\mathbb{x}\to\mathbb{c}} f(\mathbb{x}) = f(\mathbb{c})$ （$\mathbb{c}\in R$）が成立するとき、f は **点 $\mathbb{c}$ において連続** であると言う。
>
> (2) $\lim_{\mathbb{x}\to\mathbb{c}} \mathbb{f}(\mathbb{x}) = \mathbb{f}(\mathbb{c})$ （$\mathbb{c}\in R$）が成立するとき、$\mathbb{f}$ は **点 $\mathbb{c}$ において連続** であると言う。
>
> (3) R 内のすべての点で関数 f （あるいは $\mathbb{f}$）が連続であるとき、f （あるいは $\mathbb{f}$）は **R 上連続** であると言い、また、これを R 上の（ベクトル）**連続関数** と呼ぶ。

注 3.1.8　常に一定の値を取り、変化しない関数（**定値関数**）は連続である。

点 $\mathbb{c}\in R$ での $\mathbb{f}$ の連続性は $\displaystyle\lim_{n\to\infty}\sup_{0<\|\mathbb{x}-\mathbb{c}\|<1/n}\|\mathbb{f}(\mathbb{x})-\mathbb{f}(\mathbb{c})\|=0$ と表され、これは条件 $\displaystyle\lim_{n\to\infty}\sup_{\|\mathbb{x}-\mathbb{c}\|<1/n}\|\mathbb{f}(\mathbb{x})-\mathbb{f}(\mathbb{c})\|=0$ と同値である。後者の条件を $\mathbb{f}(\mathbb{x})\longrightarrow\mathbb{f}(\mathbb{c})$ ($\mathbb{x}\to\mathbb{c}$) で表す。

定理 3.1.9 (合成関数) $R\subset\mathbb{R}^d$ 上の多変数ベクトル関数 $\mathbb{y}=\mathbb{f}(\mathbb{x})$ に対して、$\mathbb{R}^d$ を終域とする領域 $E\subset\mathbb{R}^{d'}$ 上のベクトル関数 $\mathbb{x}=\mathbb{g}(\mathbb{t})$, $\mathbb{t}\in E$ の値域が R に含まれるとする。

(1) $\mathbb{g}$ が点 $\mathbb{c}\in E$ で連続で、$\mathbb{f}$ が点 $\mathbb{d}=\mathbb{g}(\mathbb{c})\in R$ で連続ならば、E 上のベクトル関数である **合成関数** $K=\mathbb{f}\circ\mathbb{g}$ ($K(\mathbb{t})=\mathbb{f}(\mathbb{x})$, $\mathbb{x}=\mathbb{g}(\mathbb{t})$) も点 $\mathbb{c}\in E$ で連続である。

(2) $\mathbb{f}$ が R 上連続で $\mathbb{g}$ が E 上連続ならば $\mathbb{f}\circ\mathbb{g}$ は E 上連続である。

証明: (1) を示す。$\mathbb{g}$ の連続性から $\mathbb{x}=\mathbb{g}(t)\longrightarrow\mathbb{g}(c)=\mathbb{d}$ ($t\longrightarrow c$) であり、さらに $\mathbb{f}$ の連続性から $\mathbb{f}\circ\mathbb{g}(t)=\mathbb{f}(\mathbb{x})\longrightarrow\mathbb{f}(\mathbb{d})=\mathbb{f}\circ\mathbb{g}(c)$ ($\mathbb{x}\longrightarrow\mathbb{d}$) を得る。(2) は (1) より明らか。　終り.

定理 3.1.10 (1点で連続) f, g が点 $\mathbb{c}$ において連続のとき、実数 a, b に対して

(1) $h(\mathbb{x})=a{\cdot}f(\mathbb{x})+b{\cdot}g(\mathbb{x})$ で定まる関数 $h=a{\cdot}f+b{\cdot}g$ も点 $\mathbb{c}$ で連続である。

(2) $k(\mathbb{x})=f(\mathbb{x}){\cdot}g(\mathbb{x})$ で定まる関数 $k=f{\cdot}g$ も点 $\mathbb{c}$ で連続である。

(3) $g(\mathbb{c})\neq 0$ のとき、$\ell(\mathbb{x})=f(\mathbb{x})/g(\mathbb{x})$ で定まる関数 $\ell=f/g$ も点 $\mathbb{c}$ で連続である。

演習 3.1.11 上の定理 3.1.10 を証明しなさい。

定理 3.1.12 (連続関数) f, g が R 上で連続のとき、実数 a, b に対して

(1) 定理 3.1.10 の関数 $h=a{\cdot}f+b{\cdot}g$ も R 上で連続である。

(2) 定理 3.1.10 の関数 $k=f{\cdot}g$ も R 上で連続である。

(3) R 上で $g(\mathbb{x})\neq 0$ のとき、定理 3.1.10 の関数 $\ell=f/g$ も R 上連続である。

略証: 定理 3.1.10 から明らかである。　終り.

定理 3.1.13 (中間値) 領域 R 内の2点 $\mathbb{a}$, $\mathbb{b}$ を結ぶ折れ線を C とする。R 上の連続関数 f が $f(\mathbb{a})<f(\mathbb{b})$ であるならば、$f(\mathbb{a})<\eta<f(\mathbb{b})$ を満たす実数 η を f の値に取る点 $\mathbb{p}$ ($f(\mathbb{p})=\eta$) が (両端点 $\mathbb{a}$, $\mathbb{b}$ を除く) C 上に存在する。

証明: 簡単のため、点 $\mathbb{a}$ と点 $\mathbb{b}$ を結ぶ折れ線 C を $C:\mathbb{x}=\gamma(t)$, $t\in[0,1]$ とする。このとき γ は $[0,1]$ 上連続かつ $\gamma(0)=\mathbb{a}$, $\gamma(1)=\mathbb{b}$ を満たし $f\circ\gamma$ は1変数連続関数であるので、定理

2.1.24 より $f\circ\gamma(c)=\eta$ を満たす $c\in(0,1)$ が取れる。そこで $\mathbb{p}=\gamma(c)$ と置けばよい。　終り.

定義 3.1.14 (**有界関数**) （ベクトル）関数が **有界** とは、その像が有界であることとする。

定理 3.1.15 (Weierstrass [付録 B.1 を参照]) 有界閉領域上で連続な関数は、その閉領域内で最大値と最小値を取る。したがって特に、有界閉領域上で連続な関数は有界である。

3.2 微分と偏導関数

3.2.1 多変数の微分

$\mathbb{R}^d$ 内の前領域 R 上の関数 $y=f(\mathbb{x})$ は $\mathbb{R}^{d+1}$ 内にグラフ $\Gamma(f)=\{(\mathbb{x},y)\,|\,y=f(\mathbb{x})\}$ を定める。さて、$\mathbb{R}^{d+1}$ 内で $\Gamma(f)$ の点 $\hat{\mathbb{c}}=(\mathbb{c},f(\mathbb{c}))$ を通る超平面 α とは次の式で表される図形である。

$$\alpha\ :\ y=\mathbb{m}\cdot(\mathbb{x}-\mathbb{c})+f(\mathbb{c})\quad (\mathbb{m}\text{ は }d\text{ 次元ベクトルで}\cdot\text{は内積を表す})$$

上の超平面 α が $\Gamma(f)$ 上の点 $\hat{\mathbb{c}}$ で $\Gamma(f)$ に接するとき、すなわち点 $\mathbb{c}$ の近くで $f(\mathbb{x})$ と $\mathbb{m}\cdot(\mathbb{x}-\mathbb{c})+f(\mathbb{c})$ との誤差が無視できるとき、傾きを表すベクトル $\mathbb{m}$ を f の微分係数と考える。

定義 3.2.1 (**全微分**) R 上の関数 f が点 $\mathbb{c}\in R$ において **微分可能** かつ **微分係数** が d 次元ベクトル $\mathbb{m}$ であるとは、$\mathbb{h}=\mathbb{0}$ の近くで次が成立することである。

$$f(\mathbb{x})=f(\mathbb{c})+\mathbb{m}\cdot(\mathbb{x}-\mathbb{c})+o(\|\mathbb{x}-\mathbb{c}\|)\quad(\mathbb{x}\to\mathbb{c})$$

すなわち、**誤差** $R_f^{\mathbb{c}}(\mathbb{h})=f(\mathbb{c}+\mathbb{h})-f(\mathbb{c})-\mathbb{m}\cdot\mathbb{h}$ が $\lim_{\mathbb{h}\to\mathbb{0}}\frac{1}{\|\mathbb{h}\|}R_f^{\mathbb{c}}(\mathbb{h})=0$ を満たすことである。

このベクトル $\mathbb{m}$ を $\frac{df}{d\mathbb{x}}(\mathbb{c})$[3.2], $\frac{d}{d\mathbb{x}}f(\mathbb{c})$[3.2], $\left[\frac{d}{d\mathbb{x}}f(\mathbb{x})\right]_{\mathbb{x}=\mathbb{c}}$[3.2], $f'(\mathbb{c})$ あるいは $D(f)(\mathbb{c})$ で表す。

注 3.2.2 f が $\mathbb{c}$ で微分可能なとき、$y=f(\mathbb{c})+f'(\mathbb{c})\cdot(\mathbb{x}-\mathbb{c})$ を $\Gamma(f)$ の点 $\hat{\mathbb{c}}$ での **接平面** と呼ぶ。

次に、変数 $\mathbb{y}={}^t(y_1,\dots,y_{d'})$（列ベクトル）が媒介変数 $\mathbb{x}\in R$ により $y_i=f_i(\mathbb{x})$ と表示される場合を考える。この場合はベクトル関数 $\mathbb{f}={}^t(f_1,\dots,f_d)$ により $\mathbb{y}=\mathbb{f}(\mathbb{x})$ と表示されていると考えてもよい。各々の f_i の微分は定義 3.2.1 により定められ、$R_{\mathbb{f}}^{\mathbb{c}}(\mathbb{h})={}^t(R_{f_1}^{\mathbb{c}}(\mathbb{h}),\dots,R_{f_{d'}}^{\mathbb{c}}(\mathbb{h}))$ と置けば、ベクトル関数 $\mathbb{f}={}^t(f_1,\dots,f_{d'})$ の微分可能の条件は $\lim_{\mathbb{h}\to\mathbb{0}}\frac{1}{\|\mathbb{h}\|}R_{\mathbb{f}}^{\mathbb{c}}(\mathbb{h})=\mathbb{0}$ で与えられる。

3.2　これらの記号は **多くの教科書では採用されておらず、本書のみの便法** であることに注意してほしい。

定義 3.2.3 (全微分)　R 上のベクトル関数 $\mathbb{f}$ が点 $\mathbb{c}\in R$ において **微分可能** かつ **微分係数** が $d'\times d$-行列 A であるとは、**誤差** $\mathbb{R}_{\mathbb{f}}^{\mathbb{c}}(\mathbb{h})=\mathbb{f}(\mathbb{c}+\mathbb{h})-\mathbb{f}(\mathbb{c})-A\mathbb{h}$ が次を満たすことである：

$$\mathbb{f}(\mathbb{x})=\mathbb{f}(\mathbb{c})+A(\mathbb{x}-\mathbb{c})+\mathbb{R}_{\mathbb{f}}^{\mathbb{c}}(\mathbb{x}-\mathbb{c}),\quad \lim_{\mathbb{h}\to\mathbb{0}}\frac{1}{\|\mathbb{h}\|}\mathbb{R}_{\mathbb{f}}^{\mathbb{c}}(\mathbb{h})=\mathbb{0}$$

この行列 A を $\frac{d\mathbb{f}}{d\mathbb{x}}(\mathbb{c})^{3.2}$, $\frac{d}{d\mathbb{x}}\mathbb{f}(\mathbb{c})^{3.2}$, $\left[\frac{d}{d\mathbb{x}}\mathbb{f}(\mathbb{x})\right]_{\mathbb{x}=\mathbb{c}}^{3.2}$, $\mathbb{f}'(\mathbb{c})$ あるいは $D(\mathbb{f})(\mathbb{c})$ で表す。また、$\mathbb{g}(\mathbb{x})=\mathbb{f}(\mathbb{c})+A(\mathbb{x}-\mathbb{c})$ で定まるベクトル関数 $\mathbb{g}$ を $\mathbb{f}$ を近似する **affine 線形**[3.3] **関数** と呼ぶ。

Q．さて、$f'(\mathbb{c})$ や $\mathbb{f}'(\mathbb{c})$ はどうやったら求めることができるのか？

3.2.2　導関数

関数 f に対して $\mathbb{x}=(c_1,\dots,x_j,\dots,c_d)$（$1\leqq j\leqq d$）とすれば、$\|\mathbb{x}-\mathbb{c}\|=|x_j-c_j|$ より $\frac{|R_f^{\mathbb{c}}(\mathbb{x}-\mathbb{c})|}{\|\mathbb{x}-\mathbb{c}\|}=\left|\frac{f(c_1,\dots,x_j,\dots,c_d)-f(c_1,\dots,c_j,\dots,c_d)}{x_j-c_j}-m_j\right|$（$x_j\neq c_j$）を得る。したがって全微分可能性は次を意味する：

$$\lim_{x_j\to c_j}\frac{f(c_1,\dots,x_j,\dots,c_d)-f(c_1,\dots,c_j,\dots,c_d)}{x_j-c_j}=m_j,\quad 1\leqq j\leqq d$$

すなわち f を近似する affine 線形関数の (x_j-c_j) の係数 m_j は、f の x_j 以外の変数をあたかも定数のようにみなし、x_j のみを変数と考えた **1変数関数としての微分** で算出される。

定義 3.2.4 (偏微分)　関数 $y=f(\mathbb{x})$ に対して、x_j だけを変数とする1変数関数を取る：

$$f_j:x_j\mapsto f(c_1,\dots,c_{j-1},x_j,c_{j+1},\dots,c_d),\quad 1\leqq j\leqq d$$

f_j が $x_j=c_j$ において微分可能であるとき、f は点 $\mathbb{c}$ において x_j について **偏微分可能** であると言い、微分係数 $f_j'(c_j)$ を点 $\mathbb{c}$ における f の x_j についての **偏微分係数** とよぶ。

開領域 R 上の関数 $y=f(\mathbb{x})$（$\mathbb{x}=(x_1,\dots,x_d)$）が x_j について偏微分可能なとき、偏微分係数を与える関数を記号で $\frac{\partial y}{\partial x_j}$, $\frac{\partial f}{\partial x_j}$, $\frac{\partial}{\partial x_j}f$ あるいは f_{x_j} などで表し、x_j に関する**偏導関数** と呼ぶ。

定理 3.2.5 (微分係数)　ベクトル関数 $\mathbb{f}=(f_1,\dots,f_{d'})$ が点 $\mathbb{c}$ において微分可能ならば、$\mathbb{c}$ において f_i は x_j について偏微分可能で $(f_i)_{x_j}(\mathbb{c})$ は微分係数 A の (i,j) 成分 A_{ij} である。

3.3　任意の $\mathbb{a},\mathbb{b}\in\mathbb{R}^n$ と $t\in\mathbb{R}$ に対して $\mathbb{g}(t\cdot\mathbb{a}+(1-t)\cdot\mathbb{b})=t\cdot\mathbb{g}(\mathbb{a})+(1-t)\cdot\mathbb{g}(\mathbb{b})$ を満たすベクトル関数 $\mathbb{g}$ のことを言う。

証明: 微分の定義式の $\mathbb{h}$ として第 j 成分だけが h で他の成分が 0 であるベクトル $\mathbb{h}_j$ を取れば、$\mathbb{f}(\mathbb{c}+\mathbb{h}_j)=\mathbb{f}(\mathbb{c})+h\cdot A_j+\mathbb{R}^{\mathbb{c}}_{\mathbb{f}}(\mathbb{h}_j)$（$A_j$ は A の第 j 列）を得る。$R^{\mathbb{c}}_{f_i}(h)$ を $\mathbb{R}^{\mathbb{c}}_{\mathbb{f}}(\mathbb{h}_j)$ の第 i 成分とすれば、$f_i(\mathbb{c}+\mathbb{h}_j)=f_i(\mathbb{c})+h\cdot A_{ij}+R^{\mathbb{c}}_{f_i}(h)$, $R^{\mathbb{c}}_{f_i}(h)=o(h)$ より $(f_i)_{x_j}(\mathbb{c})=A_{ij}$ を得る。　終り.

開領域 R 上のベクトル関数 $\mathbb{f}(\mathbb{x})$（$\mathbb{x}\in R$）が R のすべての点で微分可能であるとき、$\mathbb{f}(\mathbb{x})$ を R **上で微分可能** であると言う。その **導関数** は行列に値を取る関数 $(\frac{\partial f_i}{\partial x_j})=((f_i)_{x_j})$ であり、$\frac{d\mathbb{f}}{d\mathbb{x}}$, $\mathbb{f}'$ あるいは $D(\mathbb{f})$ で表す。また、この関数行列を **Jacobi 行列**[3.4] と呼ぶ。

定理 3.2.6 (連続微分) R 上のベクトル関数 $\mathbb{f}=(f_1,\dots,f_{d'})$ の各成分関数 f_i が点 $\mathbb{c}\in R$ の近くですべての x_j に関して連続な偏導関数 $(f_i)_{x_j}$ をもてば、$\mathbb{f}$ は $\mathbb{c}$ で微分可能である。

略証: 簡単のため $d=2$, $\mathbb{c}=(a,b)$ の場合のみ示す。平均値の定理と Schwartz の不等式を用いて、$|R^{\mathbb{c}}_f(h,k)|=|f(a+h,b+k)-\{f(\mathbb{c})+f_x(\mathbb{c})\cdot h+f_y(\mathbb{c})\cdot k\}|$ を上から評価する。

$$\begin{aligned}|R^{\mathbb{c}}_f(h,k)|&=|f(a+h,b+k)-f(a,b+k)-f_x(\mathbb{c})\cdot h+f(a,b+k)-f(\mathbb{c})-f_y(\mathbb{c})\cdot k|\\&=|(f_x(a+\theta h,b+k)-f_x(\mathbb{c}))\cdot h+(f_y(a,b+\lambda k)-f_y(\mathbb{c}))\cdot k|\quad(0<\theta,\lambda<1)\\&\leqq\|(f_x(a+\theta h,b+k)-f_x(\mathbb{c}),f_y(a,b+\lambda k)-f_y(\mathbb{c}))\|\cdot\|(h,k)\|\end{aligned}$$

f_{x_1}, f_{x_2} の連続性から $\lim\limits_{(h,k)\to(0,0)}\frac{|R^{\mathbb{c}}_f(h,k)|}{\|(h,k)\|}=0$ と $f'(\mathbb{c})=(f_{x_1}(\mathbb{c}),f_{x_2}(\mathbb{c}))$ を得る。　終り.

定理 3.2.7 (微分可能関数の連続性) 領域 R 上のベクトル関数 $\mathbb{f}(\mathbb{x})$ に対して次が成立する。

(1) 関数 $\mathbb{f}$ が点 $\mathbb{c}\in R$ で微分可能ならば $\mathbb{f}$ は点 $\mathbb{c}$ で連続である。

(2) 関数 $\mathbb{f}$ が R 上で微分可能ならば $\mathbb{f}$ は R 上連続である。

略証: まず (1) を示す。Schwartz の不等式を行列 A とベクトル $\mathbb{v}$ の積 $A\mathbb{v}$ に適用して $\|A\mathbb{v}\|\leqq\|A\|\cdot\|\mathbb{v}\|$ が得られる。ただし、行列 A のノルム $\|A\|$ はすべての成分の平方の和の平方根とする。これを三角不等式とともに点 $\mathbb{c}$ での $\mathbb{f}$ の微分の定義式に適用すれば、次を得る：

$$\begin{aligned}\lim_{\mathbb{x}\to\mathbb{c}}\|\mathbb{f}(\mathbb{x})-\mathbb{f}(\mathbb{c})\|&=\lim_{\mathbb{x}\to\mathbb{c}}\{\|\mathbb{f}'(\mathbb{c})(\mathbb{x}-\mathbb{c})+R^{\mathbb{c}}_{\mathbb{f}}(\mathbb{x}-\mathbb{c})\|\}\leqq\lim_{\mathbb{x}\to\mathbb{c}}\{\|\mathbb{f}'(\mathbb{c})(\mathbb{x}-\mathbb{c})\|+\|R^{\mathbb{c}}_{\mathbb{f}}(\mathbb{x}-\mathbb{c})\|\}\\&\leqq\lim_{\mathbb{x}\to\mathbb{c}}\left\{\|\mathbb{f}'(\mathbb{c})\|\cdot\|\mathbb{x}-\mathbb{c}\|+\frac{\|R^{\mathbb{c}}_{\mathbb{f}}(\mathbb{x}-\mathbb{c})\|}{\|\mathbb{x}-\mathbb{c}\|}\|\mathbb{x}-\mathbb{c}\|\right\}=\|\mathbb{f}'(\mathbb{c})\|\cdot 0+0\cdot 0=0\end{aligned}$$

また (2) は (1) から明らか。　終り.

3.4　ただし、テキストによっては本書の関数行列の転置行列を Jacobi 行列と呼ぶことがある。

3.2.3 導関数の性質

関数 f が点 $\mathbb{x}=\mathbb{c}$ で微分可能であれば、$\mathbb{x}$ の各成分 x_i の微小な変化 Δx_i に対応する $y=f(\mathbb{x})$ の微小な変化 $\Delta y=\Delta f(\mathbb{c})=f(\mathbb{c}+\Delta\mathbb{x})-f(\mathbb{c})$ $(\Delta\mathbb{x}=(\Delta x_1,\cdots,\Delta x_d))$ は微分の定義式から $\Delta y=\Delta f(\mathbb{c})=f_{x_1}(\mathbb{c})\Delta x_1+\cdots+f_{x_d}(\mathbb{c})\Delta x_d+R(\Delta\mathbb{x})$ と表される。これを次のように表す：

$$dy=df(\mathbb{c})=f_{x_1}(\mathbb{c})\,dx_1+\cdots+f_{x_d}(\mathbb{c})\,dx_d$$

定理 3.2.8 (導関数の性質) 微分可能関数 $f(\mathbb{x})$, $g(\mathbb{x})$ と $a,\ b\in\mathbb{R}$ に対し次が成立する。

(1) $\dfrac{d}{d\mathbb{x}}(a\cdot f(\mathbb{x})\pm b\cdot g(\mathbb{x}))=a\cdot\dfrac{df}{d\mathbb{x}}(\mathbb{x})\pm b\cdot\dfrac{dg}{d\mathbb{x}}(\mathbb{x}).$

(2) $\dfrac{d}{d\mathbb{x}}(f(\mathbb{x})\cdot g(\mathbb{x}))=g(\mathbb{x})\cdot\dfrac{df}{d\mathbb{x}}(\mathbb{x})+f(\mathbb{x})\cdot\dfrac{dg}{d\mathbb{x}}(\mathbb{x}).$

(3) 常に $g(\mathbb{x})\neq 0$ ならば $\dfrac{d}{d\mathbb{x}}\left(\dfrac{f(\mathbb{x})}{g(\mathbb{x})}\right)=\dfrac{1}{\{g(\mathbb{x})\}^2}\left(g(\mathbb{x})\cdot\dfrac{df}{d\mathbb{x}}(\mathbb{x})-f(\mathbb{x})\cdot\dfrac{dg}{d\mathbb{x}}(\mathbb{x})\right).$

証明: (1) は容易に得られるので省略する。また (2), (3) は同様であるのでここでは (3) の方を証明する。i を任意に $(1\le i\le d)$ 固定し、i 番目の成分に注目する。等式

$$\frac{1}{h}\left\{\frac{f(\mathbb{x}+h\cdot\mathbb{e}_i)}{g(\mathbb{x}+h\cdot\mathbb{e}_i)}-\frac{f(\mathbb{x})}{g(\mathbb{x})}\right\}=\frac{g(\mathbb{x})\cdot f(\mathbb{x}+h\cdot\mathbb{e}_i)-f(\mathbb{x})\cdot g(\mathbb{x}+h\cdot\mathbb{e}_i)}{h\cdot g(\mathbb{x}+h\cdot\mathbb{e}_i)\cdot g(x)}$$

$$=\frac{1}{g(\mathbb{x}+h\cdot\mathbb{e}_i)\cdot g(\mathbb{x})}\left\{g(\mathbb{x})\cdot\frac{f(\mathbb{x}+h\cdot\mathbb{e}_i)-f(\mathbb{x})}{h}-f(\mathbb{x})\cdot\frac{g(\mathbb{x}+h\cdot\mathbb{e}_i)-g(\mathbb{x})}{h}\right\}$$

から $h\to 0$ の極限を取れば、$\frac{\partial}{\partial x_i}\left(\frac{f(\mathbb{x})}{g(\mathbb{x})}\right)=\frac{1}{\{g(\mathbb{x})\}^2}\left(g(\mathbb{x})\cdot\frac{\partial f}{\partial x_i}(\mathbb{x})-f(\mathbb{x})\cdot\frac{\partial g}{\partial x_i}(\mathbb{x})\right)$ を得る。したがってどの成分についても右辺と左辺が一致することが確かめられた。　終り.

定理 3.2.9 (連鎖律) 前領域 $R\subset\mathbb{R}^d$ 上の多変数関数 $y=f(\mathbb{x})$ と区間 I 上のベクトルの関数 $\mathbb{x}=\mathbb{g}(t)$ $(t\in I)$, $1\le i\le d$ が $\mathbb{g}(t)=(g_1(t),\cdots,g_d(t))\in R$ $(t\in I)$ と表されるとき

(1) $\mathbb{g}=(g_1,\dots,g_d)$ が点 $c\in I$ で微分可能で、f が点 $\mathbb{d}=\mathbb{g}(c)\in R$ で微分可能ならば、**合成関数** $f\circ\mathbb{g}$ も点 $c\in I$ で微分可能で次式が成立する。

$$\frac{d(f\circ\mathbb{g})}{dt}(c)=\frac{\partial f}{\partial x_1}(\mathbb{d})\cdot\frac{dg_1}{dt}(c)+\cdots+\frac{\partial f}{\partial x_d}(\mathbb{d})\cdot\frac{dg_d}{dt}(c),\quad \mathbb{d}=\mathbb{g}(c)$$

(2) $\mathbb{g}=(g_1,\dots,g_d)$ と f が微分可能ならば $f\circ\mathbb{g}$ も微分可能で次式が成立する。

$$\frac{dy}{dt}=\frac{d(f\circ\mathbb{g})}{dt}(t)=\frac{\partial f}{\partial x_1}(\mathbb{x})\cdot\frac{dg_1}{dt}(t)+\cdots+\frac{\partial f}{\partial x_d}(\mathbb{x})\cdot\frac{dg_d}{dt}(t),\quad \mathbb{x}=\mathbb{g}(t)$$

証明: (2) は (1) から明らかなので (1) を示す。まず $\mathbb{d}=\mathbb{g}(c)$ と置き、f の微分可能性から

$$f(\mathbb{d}+\sum_{j=1}^{d} h\mathbb{e}_j)-f(\mathbb{d})=\sum_{j=1}^{d} f_{x_j}(\mathbb{g}(c))\cdot h_j+R_f^{\mathbb{d}}(h_1,\cdots,h_d),$$

を得る。十分小さい $\mathbb{h}=(h_1,\cdots,h_d)\neq\mathbb{0}$ に対して $r_f^{\mathbb{d}}(\mathbb{h})=\frac{R_f^{\mathbb{d}}(\mathbb{h})}{\|\mathbb{h}\|}$ と置き、また $r_f^{\mathbb{d}}(\mathbb{0})=0$ と定めると、これは恒等式 $R_f^{\mathbb{d}}(\mathbb{h})=r_f^{\mathbb{d}}(\mathbb{h})\cdot\|\mathbb{h}\|$ を満たし、さらに $\lim_{\mathbb{h}\to 0} r_f^{\mathbb{d}}(\mathbb{h})=0$ が成立する。

その一方で、$\mathbb{g}$ の微分可能性から $g_j(c+k)-g_j(c)=g_j'(c)\cdot k+r_{g_j}^{c}(k)\cdot k$ である。したがって

$$\begin{aligned}f(\mathbb{g}(c+k))-f(\mathbb{g}(c))&=f(\mathbb{d}+\mathbb{g}(c+k)-\mathbb{g}(c))-f(\mathbb{d})\\&=\sum_{j=1}^{d} f_{x_j}(\mathbb{d})\cdot(g_j(c+k)-g_j(c))+r_f^{\mathbb{d}}(\mathbb{g}(c+k)-\mathbb{g}(c))\cdot k\\&=\sum_{j=1}^{d} f_{x_j}(\mathbb{d})\cdot g_j'(c)\cdot k+\sum_{j=1}^{d} f_{x_j}(\mathbb{d})\cdot r_{g_j}^{c}(k)\cdot k+r_f^{\mathbb{d}}(\mathbb{g}(c+k)-\mathbb{g}(c))\cdot k\end{aligned}$$

を得る。そこで $r_{f\mathbb{g}}^{c}(k)=\sum_{j=1}^{d} f_{x_j}(\mathbb{d})\cdot r_{g_j}^{c}(k)+r_f^{\mathbb{d}}(\mathbb{g}(c+k)-\mathbb{g}(c))$ と置き、三角不等式を用いて

$$\lim_{k\to 0}|r_{g_j}^{c}(k)|=0,\quad \left|R_f^{\mathbb{d}}(\mathbb{g}(c+k)-\mathbb{g}(c))\right|=\left|r_f^{\mathbb{d}}(\mathbb{g}(c+k)-\mathbb{g}(c))\right|\cdot\left\|\frac{\mathbb{g}(c+k)-\mathbb{g}(c)}{k}\right\|$$

$$\lim_{k\to 0}\left|r_f^{\mathbb{d}}(\mathbb{g}(c+k)-\mathbb{g}(c))\right|=0,\quad \left\|\frac{\mathbb{g}(c+k)-\mathbb{g}(c)}{k}\right\|\leqq\|\mathbb{g}'(c)\|+\sqrt{\sum_{j=1}^{d}|r_{g_j}^{c}(k)|^2}\xrightarrow[k\to 0]{}\|\mathbb{g}'(c)\|$$

を得る。さらに $f(\mathbb{g}(c+k))=f(\mathbb{g}(c))+\sum_{j=1}^{d} f_{x_j}(\mathbb{g}(c))\cdot g_j'(c)\cdot k+r_{f\mathbb{g}}^{c}(k)\cdot k$ かつ $\lim_{k\to 0} r_{f\mathbb{g}}^{c}(k)=0$ であるから $\frac{d(f\circ\mathbb{g})}{dt}(c)=\sum_{j=1}^{d}\frac{\partial f}{\partial x_j}(\mathbb{d})\cdot\frac{dg_j}{dt}(c)=\frac{\partial f}{\partial x_1}(\mathbb{d})\cdot\frac{dg_1}{dt}(c)+\cdots+\frac{\partial f}{\partial x_d}(\mathbb{d})\cdot\frac{dg_d}{dt}(c)$ が成立する。　終り.

注 3.2.10　ベクトル関数 $\mathbb{g}=(g_1,\ldots,g_{d'})$ が t 以外の変数 $\mathbb{u}=(u_1,\ldots,u_d)$ がある場合は、1 変数の微分と異なることを示すために微分の記号 $\frac{d}{dt}$ を偏微分の記号 $\frac{\partial}{\partial t}$ に換えて同様の公式を得る：

$$\frac{\partial y}{\partial t}=\frac{\partial(f\circ\mathbb{g})}{\partial t}(t,\mathbb{u})=\frac{\partial f}{\partial x_1}(\mathbb{x})\cdot\frac{\partial g_1}{\partial t}(t,\mathbb{u})+\cdots+\frac{\partial f}{\partial x_d}(\mathbb{x})\cdot\frac{\partial g_d}{\partial t}(t,\mathbb{u}),\quad \mathbb{x}=\mathbb{g}(t,\mathbb{u})$$

$x_1\cdots x_d$-空間の開集合 O 上で定義され、$u_1\cdots u_d$-空間のベクトルに値を取る関数 $\mathbb{u}=\mathbb{f}(\mathbb{x})$ は、d 変数関数 $u_i=f_i(\mathbb{x})$, $\mathbb{x}=(x_1,\cdots,x_d)\in O$（$1\leqq i\leqq d$）の d 個の組である。

定義 3.2.11 (**関数行列式**)　d 次正方行列 $\mathbb{f}'=D(\mathbb{f})=\left[\frac{\partial u_i}{\partial x_j}\right]=\frac{d(u_1,\ldots,u_d)}{d(x_1,\ldots,x_d)}=\frac{d\mathbb{f}}{d\mathbb{x}}$ の行列式 $J(\mathbb{f})=\det D(\mathbb{f})=\det\left[\frac{\partial u_i}{\partial x_j}\right]=\frac{\partial(u_1,\ldots,u_d)}{\partial(x_1,\ldots,x_d)}=\frac{\partial\mathbb{f}}{\partial\mathbb{x}}$ を **Jacobian**（**Jacobi 行列式**）と呼ぶ。

命題 3.2.12 $x_1 \cdots x_d$-空間から $u_1 \cdots u_d$-空間への微分可能ベクトル関数 $\mathbb{f}$ と $t_1 \cdots t_d$-空間から $x_1 \cdots x_d$-空間への微分可能ベクトル関数 $\mathbb{g}$ に対して、次が成立する。

$$D(\mathbb{f}\circ\mathbb{g})(\mathbb{t}) = D(\mathbb{f})(\mathbb{x})\cdot D(\mathbb{g})(\mathbb{t}), \quad J(\mathbb{f}\circ\mathbb{g})(\mathbb{t}) = J(\mathbb{f})(\mathbb{x})\cdot J(\mathbb{g})(\mathbb{t}), \quad \mathbb{x} = \mathbb{g}(\mathbb{t})$$

略証: 定理 3.2.9 の式 (2) はベクトルの内積の等式なので、縦に並べれば Jacobi 行列の積の等式に書き直せる。また Jacobi 行列式の等式はこれから直ちに得られる。　終り.

さて、平面内の点 $P(x,y)$ の **極座標表示** $x = r\cos\theta,\ y = r\sin\theta$ の右辺は各々 $g_1(r,\theta) = r\cos\theta,\ g_2(r,\theta) = r\sin\theta$ という、二つの微分可能な 2 変数関数の組と考えることができる。

演習 3.2.13 微分可能な関数 $z = f(x,y)$ と極座標表示 $x = r\cos\theta,\ y = r\sin\theta$ に関して

(1) 関数 $z = g(r,\theta) = f(r\cos\theta, r\sin\theta)$ の偏導関数 $z_r,\ z_\theta$ を $z_x,\ z_y$ を用いて表しなさい。

(2) Jacobi 行列式 $\frac{\partial(x,y)}{\partial(r,\theta)}$ を $r,\ \theta$ の式で表しなさい。

3.2.4 高次の偏導関数

前領域 R 上の関数 $f(\mathbb{x})$ が $\mathbb{x}$ の成分変数のいかなる r 個の並び $x_{i_1}, \dots, x_{i_r}$ に対しても、順に各々の変数に関して繰り返し全部で r 回の偏微分ができるとき、$f(\mathbb{x})$ を r **回偏微分可能** と言い、繰り返し r 回の偏微分を行った関数を $f(\mathbb{x})$ の r **次偏導関数** と呼んで、次の記号で表す。

$$\frac{\partial^r}{\partial x_{i_r} \cdots \partial x_{i_1}} f(\mathbb{x}), \quad \frac{\partial^r f}{\partial x_{i_r} \cdots \partial x_{i_1}}(\mathbb{x}), \quad f_{x_{i_1} \cdots x_{i_r}}(\mathbb{x}), \quad \frac{\partial^r y}{\partial x_{i_r} \cdots \partial x_{i_1}}, \quad y_{x_{i_1} \cdots x_{i_r}}$$

また、同じ変数 x による r 次偏導関数は $\frac{\partial^r y}{\partial x^r}$ のようにまとめて記述される。

用語 3.2.14 $\triangle z = \frac{\partial^2 z}{\partial {x_1}^2} + \cdots + \frac{\partial^2 z}{\partial {x_d}^2}$ （相対論では $\Box z = \frac{\partial^2 z}{\partial {x_1}^2} + \frac{\partial^2 z}{\partial {x_2}^2} + \frac{\partial^2 z}{\partial {x_3}^2} - \frac{\partial^2 z}{c^2 \partial t^2}$ も使われる）を z の **Laplacian** と呼び、$\triangle z = 0$ を満たす関数 $z = f(x_1, \dots, x_d)$ を **調和関数** と呼ぶ。

例 3.2.15 xy 平面上の点 $P(x,y)$ を、$x = r\cos\theta,\ y = r\sin\theta$ （$r \geqq 0,\ 0 \leqq \theta \leqq 2\pi$）と **極座標** で表すとき、2 変数関数 $z = f(x,y)$ が C^2 級ならば、次の等式が成立する：

$$\frac{\partial^2 z}{\partial r^2} + \frac{1}{r^2}\cdot\frac{\partial^2 z}{\partial \theta^2} + \frac{1}{r}\cdot\frac{\partial z}{\partial r} = \frac{\partial^2 z}{\partial x^2} + \frac{\partial^2 z}{\partial y^2} \equiv \triangle z, \quad r > 0.$$

関数 $y = f(\mathbb{x})$ が r 回偏微分可能で、そのすべての r 次偏導関数が連続のとき、$f(\mathbb{x})$ を r **回連続微分可能**、あるいは C^r **級** であると言う。ここで、C^0 **級** は『連続』を意味する。

定理 3.2.16 (偏微分の順序交換) 開領域 R 上の C^n 級関数 $f(\mathbb{x})$ の n 次偏導関数は偏微分の順序によらない。特に 2 変数関数 $f(x,y)$ が C^2 級ならば $f_{yx}(x,y) = f_{xy}(x,y)$ である。

略証: 簡単のため 2 変数の場合を証明するが、より多くの変数があっても本質的には変わらない：$f(x,y)$ が R 上 C^1 級で f_{xy} が $\mathbb{c}=(c,d)\in R$ の近傍で存在して連続とする。まず $\phi(x,y)=f(x,y+k)-f(x,y)$ と置くと、$\Delta=f(c+h,d+k)-f(c+h,d)-f(c,d+k)+f(\mathbb{c})=\phi(c+h,d)-\phi(\mathbb{c})$ は平均値の定理から適当な θ, λ $(0<\theta,\ \lambda<1)$ を選べば等式

$$\frac{\Delta}{hk}=\frac{\phi_x(c+\theta h,d)}{k}=\frac{f_x(c+\theta h,d+k)-f_x(c+\theta h,d)}{k}=f_{xy}(c+\theta h,d+\lambda k)$$

が成立し、f_{xy} の連続性から $\displaystyle\lim_{(h,k)\to(0,0)}\frac{\Delta}{hk}=f_{xy}(\mathbb{c})$ を得る。x と y の役割を交換すれば、同様に f_{yx} の連続性から $\displaystyle\lim_{(h,k)\to(0,0)}\frac{\Delta}{hk}=f_{yx}(\mathbb{c})$ を得る。したがって $f_{yx}(\mathbb{c})=f_{xy}(\mathbb{c})$ である。　終り.

定義 3.2.17 (D^r **級関数**) C^{r-1} 級かつすべての $r-1$ 次偏導関数が微分可能で、さらに定理 3.2.16 の結論が成り立つ関数を D^r **級** であると言う。特に C^r 級ならば D^r 級である。

前領域 $R\subset\mathbb{R}^d$ の内点 $\mathbb{c}=(c_1,\cdots,c_d)$ から R 内をベクトル $\mathbb{v}=(v_1,\cdots,v_d)$ の定速度で進む動点 $\mathbb{x}=\gamma_{\mathbb{v}}(t)$ $(\gamma_{\mathbb{v}}(t)=\mathbb{c}+t\mathbb{v},\ t\in[0,1])$ の第 i 成分 $x_i=c_i+t\cdot v_i$ は $\dfrac{dx_i}{dt}=v_i$ を満たし、R 内で C^r 級 $(r\geqq 1)$ の関数 $y=f(\mathbb{x})$ は $\dfrac{dy}{dt}=(f\circ\gamma_{\mathbb{v}})'(t)=\displaystyle\sum_{i=1}^{d}v_i\frac{\partial}{\partial x_i}f(\gamma_{\mathbb{v}}(t))$ を満たす。ここで、$\partial_{\mathbb{v}}:=\displaystyle\sum_{i=1}^{d}v_i\frac{\partial}{\partial x_i}$ を $\mathbb{v}$ 方向の f の **方向微分** と呼び、$\partial_{\mathbb{v}}$ の k 回の繰返しを $\partial_{\mathbb{v}}^k$ で表す：

$$\frac{d^ky}{dt^k}=(f\circ\gamma_{\mathbb{v}})^{(k)}(t)=\partial_{\mathbb{v}}^k(f)(\gamma_{\mathbb{v}}(t)),\quad \partial_{\mathbb{v}}^k(f)=\sum_{1\leqq i_1,\dots,i_k\leqq d}v_{i_1}\cdots v_{i_k}\cdot f_{x_{i_1}\cdots x_{i_k}}\quad(0\leqq k\leqq r)$$

さらに定理 3.2.16 より $\displaystyle\partial_{\mathbb{v}}^k(f)=\sum_{a_1+\cdots+a_\ell=k}\frac{k!}{a_1!\cdots a_\ell!}\sum_{1\leqq i_1<\cdots<i_\ell\leqq d}v_{i_1}^{a_1}\cdots v_{i_\ell}^{a_\ell}\cdot f_{\underbrace{x_{i_1}\cdots x_{i_1}}_{a_1}\cdots\underbrace{x_{i_\ell}\cdots x_{i_\ell}}_{a_\ell}}$ である。

演習 3.2.18 C^4 級関数 $f(x,y)$ と $\mathbb{v}=(u,v)$ に対して、$\partial_{\mathbb{v}}^2(f)$, $\partial_{\mathbb{v}}^3(f)$, $\partial_{\mathbb{v}}^4(f)$ を展開しなさい。

次に Taylor の定理を述べる。以下、$R\subset\mathbb{R}^d$ を点 $\mathbb{c}$ を中心とする星状領域とする。

定理 3.2.19 (Taylor) 関数 f が R 上 C^{r-1} 級で、$\mathbb{d}\in R$ かつ k は序数 $(1\leqq k\leqq r)$ とし、C : $\mathbb{x}=\gamma(t)$, $\gamma(t)=(1-t)\mathbb{c}+t\mathbb{d}$ $(0\leqq t\leqq 1)$ を中心 $\mathbb{c}$ と $\mathbb{d}$ を結ぶ R 内の線分とする。f が $R\setminus\{\mathbb{c},\mathbb{d}\}$ 上 D^r 級のとき次を満たす $\mathbb{v}=\mathbb{c}+\theta_k(\mathbb{d}-\mathbb{c})$, $\theta_k\in(0,1)$ が取れる。

$$f(\mathbb{d})=f(\mathbb{c})+\frac{\partial_{\mathbb{d}-\mathbb{c}}(f)(\mathbb{c})}{1!}+\cdots+\frac{\partial_{\mathbb{d}-\mathbb{c}}^{r-1}(f)(\mathbb{c})}{(r-1)!}+R_{\mathbb{c},\mathbb{d}}^{f,k},\quad R_{\mathbb{c},\mathbb{d}}^{f,k}=\frac{\partial_{\mathbb{d}-\mathbb{c}}^{r}(f)(\mathbb{v})}{k\cdot(r-1)!}(1-\theta_k)^{r-k}$$

略証: まず区間 $I=[0,1]$ 上の関数 $g(t)$ を $g(t)=f(\gamma(t))$ で定める。仮定から $g(t)$ は 1 変数関数として I 上 D^r 級であるから、定理 2.4.9 (Taylor の定理) より次を得る。

$$\mathrm{g}(1) = \mathrm{g}(0) + \frac{\mathrm{g}'(0)}{1!}(1-0) + \cdots + \frac{\mathrm{g}^{(r-1)}(0)}{(r-1)!}(1-0)^{r-1} + \frac{\mathrm{g}^{(r)}(\theta)}{k(r-1)!}(1-\theta)^{r-k}(1-0)^k$$

これを整理して $\gamma(\theta) = \mathbb{c}+\theta(\mathbb{d}-\mathbb{c})$ に注意すれば、直ちに次の式を得る：

$$f(\mathbb{d}) = f(\mathbb{c}) + \frac{\partial_{\mathbb{d}-\mathbb{c}}(f)(\mathbb{c})}{1!} + \cdots + \frac{\partial^{r-1}_{\mathbb{d}-\mathbb{c}}(f)(\mathbb{c})}{(r-1)!} + \frac{\partial^{r}_{\mathbb{d}-\mathbb{c}}(f)(\mathbb{c}+\theta(\mathbb{d}-\mathbb{c}))}{k(r-1)!}(1-\theta)^{r-k}$$

終り.

注 3.2.20 $R^{f,k}_{\mathbb{c},\mathbb{d}}$ は、$k=r$ のとき **Lagrange の剰余**、$k=1$ のとき **Cauchy の剰余** と呼ばれる。

定理 3.2.21 関数 f が R 上 C^{r-1} 級かつ $\mathbb{c}\in R$ で、$1\leqq k\leqq r$ とする。

(Taylor) f が $R\setminus\{\mathbb{c}\}$ 上 D^r 級のとき、次を満たす $\mathbb{v}=\mathbb{c}+\theta_{k,\mathbb{x}}(\mathbb{x}-\mathbb{c})$, $\theta_{k,\mathbb{x}}\in(0,1)$ がある。

$$f(\mathbb{x}) = f(\mathbb{c}) + \frac{\partial_{\mathbb{x}-\mathbb{c}}(f)(\mathbb{c})}{1!} + \cdots + \frac{\partial^{r-1}_{\mathbb{x}-\mathbb{c}}(f)(\mathbb{c})}{(r-1)!} + R^{f,k}_{\mathbb{c},\mathbb{x}}, \quad R^{f,k}_{\mathbb{c},\mathbb{x}} = \frac{\partial^{r}_{\mathbb{x}-\mathbb{c}}(f)(\mathbb{v})}{k(r-1)!}(1-\theta_{k,\mathbb{x}})^{r-k}$$

(漸近) f が点 $\mathbb{c}$ で D^r 級のとき、次が成立する。

$$f(\mathbb{x}) = f(\mathbb{c}) + \frac{\partial_{\mathbb{x}-\mathbb{c}}(f)(\mathbb{c})}{1!} + \cdots + \frac{\partial^{r-1}_{\mathbb{x}-\mathbb{c}}(f)(\mathbb{c})}{(r-1)!} + \frac{\partial^{r}_{\mathbb{x}-\mathbb{c}}(f)(\mathbb{c})}{r!} + o(\|\mathbb{x}-\mathbb{c}\|^r) \quad (\mathbb{x}\to\mathbb{c})$$

証明: 後半を帰納法で示す：$r = 1$ の場合は省略する。$r \geqq 2$ の場合、$F(\mathbb{x}) := f(\mathbb{c}+\mathbb{x})-(f(\mathbb{c})+\frac{\partial_{\mathbb{x}}(f)(\mathbb{c})}{1!}+\cdots+\frac{\partial^r_{\mathbb{x}}(f)(\mathbb{c})}{r!})$ も原点で D^r 級で $F_{x_{i_1}x_{i_2}\cdots x_{i_k}}(\mathbb{0}) = 0\ (1\leqq k\leqq r)$ を満たす。特に $F_{x_i}(\mathbb{x})$ $(1\leqq i\leqq d)$ が原点で D^{r-1} 級より、帰納法の仮定から $\left(\lim_{\mathbb{x}\to\mathbb{0}}\frac{\|F'(\mathbb{x})\|}{\|\mathbb{x}\|^{r-1}}\right)^2 = \lim_{\mathbb{x}\to\mathbb{0}}\sum_{i=1}^{d}\left(\frac{F_{x_i}(\mathbb{x})}{\|\mathbb{x}\|^{r-1}}\right)^2 = 0$ となり $\lim_{\mathbb{x}\to\mathbb{0}}\frac{\|F'(\mathbb{x})\|}{\|\mathbb{x}\|^{r-1}} = 0$ を得る。また 1 次 Taylor 展開から $F(\mathbb{x}) = \partial_{\mathbb{x}}(f)(\theta\mathbb{x}) = F'(\theta\mathbb{x})\cdot\mathbb{x}$（内積, $0<\theta<1$）であり、$0 \leqq \lim_{\mathbb{x}\to\mathbb{0}}\frac{|F(\mathbb{x})|}{\|\mathbb{x}\|^r} = \lim_{\mathbb{x}\to\mathbb{0}}\frac{|F'(\theta\mathbb{x})\cdot\mathbb{x}|}{\|\mathbb{x}\|^r} \leqq \lim_{\mathbb{x}\to\mathbb{0}}\frac{\|F'(\theta\mathbb{x})\|\cdot\|\mathbb{x}\|}{\|\mathbb{x}\|^r} = \lim_{\mathbb{x}\to\mathbb{0}}\frac{\|F'(\theta\mathbb{x})\|\theta^{r-1}}{\|\theta\mathbb{x}\|^{r-1}} \leqq \lim_{\mathbb{y}\to\mathbb{0}}\frac{\|F'(\mathbb{y})\|}{\|\mathbb{y}\|^{r-1}} = 0$ $(\mathbb{y}=\theta\mathbb{x})$ より $\lim_{\mathbb{x}\to\mathbb{0}}\frac{F(\mathbb{x})}{\|\mathbb{x}\|^r} = 0$ を得るから、$F(\mathbb{x}) = o(\|\mathbb{x}\|^r)$ が成立する。 終り.

系 3.2.21.1 R 上で恒等的に $f'(\mathbb{x}) = \mathbb{0}$ ならば $f(\mathbb{x})$ は定数である。

次に R を原点を中心とする星状領域とする。次の定理は上の定理の特別な場合である。

定理 3.2.22 関数 f が R 上 C^{r-1} 級かつ $\mathbb{c}\in R$ で、$1\leqq k\leqq r$ とする。

(Maclaurin) f が $R\setminus\{\mathbb{0}\}$ 上 D^r 級のとき、次を満たす $\mathbb{v}=\theta_{k,x}\mathbb{x}$, $\theta_{k,x}\in(0,1)$ がある。

$$f(\mathbb{x}) = f(\mathbb{0}) + \frac{\partial_{\mathbb{x}}(f)(\mathbb{0})}{1!} + \cdots + \frac{\partial^{r-1}_{\mathbb{x}}(f)(\mathbb{0})}{(r-1)!} + R^{f,k}_{\mathbb{0},\mathbb{x}}, \quad R^{f,k}_{\mathbb{0},\mathbb{x}} = \frac{\partial^{r}_{\mathbb{x}}(f)(\mathbb{v})}{k(r-1)!}(1-\theta_{k,\mathbb{x}})^{r-k}$$

(原点で漸近) f が原点で D^r 級のとき、次が成立する。

$$f(\mathbb{x}) = f(\mathbb{0}) + \frac{\partial_{\mathbb{x}}(f)(\mathbb{0})}{1!} + \cdots + \frac{\partial^{r-1}_{\mathbb{x}}(f)(\mathbb{0})}{(r-1)!} + \frac{\partial^{r}_{\mathbb{x}}(f)(\mathbb{0})}{r!} + o(\|\mathbb{x}\|^r) \quad (\mathbb{x}\to\mathbb{0})$$

例 3.2.23　$f(\mathbb{x}) = (1+x)(1+y)$ $(\mathbb{x} = (x, y))$ とすると、$f(\mathbb{0}) = 1$, $\partial_{\mathbb{x}}(f)(\mathbb{0}) = x\partial_x f(\mathbb{0}) + y\partial_y f(\mathbb{0}) = x + y$, $x^2\partial_x^2 f(\mathbb{0}) + 2xy\partial_x\partial_x f(\mathbb{0}) + y^2\partial_y^2 f(\mathbb{0}) = 2xy$ および $\partial_{\mathbb{x}}^3(f) = 0$ より、f の 3 次の項を Lagrange の剰余とした Maclaurin 展開は $f(\mathbb{x}) = 1 + \frac{x+y}{1!} + \frac{2xy}{2!} = 1 + x + y + xy$ である。

演習 3.2.24　次の関数の 3 次の項を Lagrange の剰余とした Maclaurin 展開を求めなさい。

(1) $f(x, y) = \log(1+x+y)$　　(2) $f(x, y) = e^{x-y}$　　(3) $f(x, y) = \sin y \cos x$

3.3　極値問題

3.3.1　多変数の極値問題

多変数関数 $f(\mathbb{x})$ の値が点 $\mathbb{c}$ の近傍で $\mathbb{c}$ を除いて常に不等式 $f(\mathbb{x}) < f(\mathbb{c})$ を満たすとき $f(\mathbb{c})$ を $f(\mathbb{x})$ の **極大値** と呼び、常に不等式 $f(\mathbb{c}) < f(\mathbb{x})$ を満たすとき $f(\mathbb{c})$ を $f(\mathbb{x})$ の **極小値** と呼ぶ。また極大値・極小値を併せて **極値** と呼ぶ。開領域 $R \subset \mathbb{R}^d$ 上で微分可能な関数が R の一点で極値を取れば、Roll の定理と同様な考察から、$\mathbb{c}$ での偏微分係数はすべて 0 となる：

定理 3.3.1 (極値)　d 変数関数 $f(\mathbb{x})$ が開領域 $R \subset \mathbb{R}^d$ において微分可能で、R の一点 $\mathbb{c}$ において極値を取るならば $f'(\mathbb{c}) = (f_{x_1}(\mathbb{c}), \cdots, f_{x_d}(\mathbb{c})) = 0$ である。

多変数の場合も 1 変数関数の極値と同様、2 次偏導関数を用いた条件がやはり有効である。

定義 3.3.2 (**ヘッセ行列式**)　C^2 級の d 変数関数 $f(\mathbb{x})$ に対して、行列 $\left[f_{x_i x_j}(\mathbb{x})\right]$ を **Hessian Matrix**（**ヘッセ行列**）と呼び、その行列式 $H(\mathbb{x}) = \det\left[f_{x_i x_j}(\mathbb{x})\right]$ を **Hessian**（**ヘッセ行列式**）と呼ぶ。$d=2$ ならば $f_{xy}=f_{yx}$ より $H(\mathbb{x}) = f_{xx}(\mathbb{x})f_{yy}(\mathbb{x}) - f_{xy}(\mathbb{x})^2$ である。

実際 2 変数の C^2 級関数に対するヘッセ行列は対称行列であるので、直交軸を固有ベクトルの方向に取ると、各々に固有値が付随する。二つの固有値両方が正ならば下に凸 (図 1) 、両方が

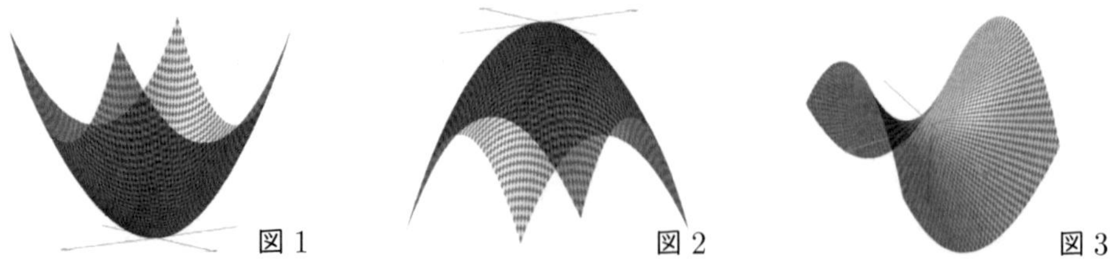

図 1　　図 2　　図 3

負ならば上に凸 (図 2) となるが、二つの固有値の符号が異なれば馬の鞍の形 (図 3) となる。

定理 3.3.3 (極大極小) 前領域 $R \subset \mathbb{R}^2$ 上の C^2 級関数 $f(\mathbb{x})$ が点 $\mathbb{c} \in R$ において $f'(\mathbb{c}) = (f_x(\mathbb{c}), f_y(\mathbb{c})) = \mathbb{0}$ を満たすとする。このとき、さらにヘッセ行列式 $H(\mathbb{c}) = f_{xx}(\mathbb{c})\cdot f_{yy}(\mathbb{c}) - \{f_{xy}(\mathbb{c})\}^2$ に対して次が成立する。以下、$H = H(\mathbb{c})$ と略記する。

(1) $H < 0$ ならば、点 $\mathbb{x} = \mathbb{c}$ において極値を取らない。

(2) $H > 0$ ならば、点 $\mathbb{x} = \mathbb{c}$ において極値を取り、さらに次が分かる。

a) $f_{xx}(\mathbb{c}) > 0$ ならば $f(\mathbb{c})$ を極小値とする。

b) $f_{xx}(\mathbb{c}) < 0$ ならば $f(\mathbb{c})$ を極大値とする。

(3) $H = 0$ ならば、この方法では点 $\mathbf{x} = \mathbf{c}$ において極値を取るか判定できない。

略証: 点 $\mathbf{c} = (a, b)$ を中心として、関数 $f(\mathbb{x})$ を 2 次 Taylor 展開する。

$$f(\mathbb{c}+\Delta\mathbb{x}) = f(\mathbb{c}) + \frac{\partial_{\Delta\mathbb{x}}(f)(\mathbb{c})}{1!} + \frac{\partial^2_{\Delta\mathbb{x}}(f)(\mathbb{c}+\theta\Delta\mathbb{x})}{2!}, \quad \Delta\mathbb{x} = (h, k).$$

このとき、仮定から $\partial_{\Delta x}(f)(\mathbb{c}) = 0$ であり、(f の２次偏導関数の連続性から）次を得る。

$$f(\mathbb{c}+\Delta\mathbb{x}) - f(\mathbb{c}) = \frac{h^2 f_{xx}(\mathbb{c}+\theta\Delta\mathbb{x}) + 2hk\, f_{xy}(\mathbb{c}+\theta\Delta\mathbb{x}) + k^2 f_{yy}(\mathbb{c}+\theta\Delta\mathbb{x})}{2}$$

したがって、$h^2+k^2 > 0$ のときに右辺が常に正の値を取ることが点 $\mathbb{x} = \mathbb{c}$ で f が極小値を取ることに同値であり、同様に常に負の値を取ることが極大値を取ることに同値である。ここで右辺は $k = 0$ のとき $\frac{h^2 f_{xx}(\mathbb{c}+\theta\Delta\mathbb{x})}{2}$ であり、$k \neq 0$ のとき $t = \frac{h}{k}$ と置けば次が成立する：

$$f(\mathbb{c}+\Delta\mathbb{x}) - f(\mathbb{c}) = \frac{k^2}{2} g(t), \quad g(t) = t^2 f_{xx}(\mathbb{c}+\theta\Delta\mathbb{x}) + 2t\, f_{xy}(\mathbb{c}+\theta\Delta\mathbb{x}) + f_{yy}(\mathbb{c}+\theta\Delta\mathbb{x})$$

ここで、2 次形式 $g(t)$ を標準形（序章 0.4 節 を参照）に変形すれば $H(x, y)$ と $f_{xx}(x, y) + f_{yy}(x, y)$ の正負で極大極小を判定できることが分かるが、ここではより具体的な証明を試みる：$H(\mathbb{x}) = f_{xx}(\mathbb{x}) f_{yy}(\mathbb{x}) - f_{xy}(\mathbb{x})^2$ なので、$g(t)=0$ の判別式は $-H(\mathbb{c}+\theta\Delta\mathbb{x})$ である。

まず $H<0$ ならば、(f の２次偏導関数の連続性から $\Delta\mathbb{x}$ が十分小さいとき) $H(\mathbb{c}+\theta\Delta\mathbb{x}) < 0$ が成立する。また、$g(t)=0$ の判別式は $-H(\mathbb{c}+\theta\Delta\mathbb{x}) > 0$ であるので、$f(\mathbb{c}+\Delta\mathbb{x}) - f(\mathbb{c})$ は $t = \frac{h}{k}$ の値により正にも負にもなり得るから f は点 $\mathbb{x} = \mathbb{c}$ で極値を取らない。次に $H>0$ ならば、$f_{xx}(\mathbb{c}) f_{yy}(\mathbb{c}) > f_{xy}(\mathbb{c})^2 \geqq 0$ より $f_{xx}(\mathbb{c}) \neq 0$ であり、($\Delta\mathbb{x}$ が十分小さいとき) $H(\mathbb{c}+\theta\Delta\mathbb{x}) > 0$, $f_{xx}(\mathbb{c}+\theta\Delta\mathbb{x}) \neq 0$ かつ $f_{xx}(\mathbb{c}+\theta\Delta\mathbb{x})$ と $f_{xx}(\mathbb{c})$ の符号は一致するとしてよい。したがって、$f_{xx}(\mathbb{c}) > 0$ ならば、$h^2+k^2 > 0$ のとき $\frac{h^2 f_{xx}(\mathbb{c}+\theta\Delta\mathbb{x})}{2}$ ($k = 0$) も $\frac{k^2}{2} g(\frac{h}{k})$ ($k \neq 0$) も h, k によらず正なので f は極小となり、$f_{xx}(\mathbb{c}) < 0$ ならば同様に f は極大となる。

最後に $H = 0$ ならば $g(t)=0$ の判別式は $-H = 0$ であり、$H(\mathbb{c}+\theta\Delta\mathbb{x})$ の正負はこれだけでは

決められず、したがってこの方法では、f が極値を取るかどうかを判定できない。　　終り.

演習 3.3.4　次の関数の極値を求め、極大か極小かを判定しなさい。

(1) $f(x,y)=x^2-y^2$　(2) $f(x,y)=x^3+y^3-3xy$　(3) $f(x,y)=e^{-(x^2+y^2)}\sin x$

3.3.2　陰関数定理

逆関数のグラフは元の関数のグラフを原点を通る直線 $y=x$ で対称に写したものであり、例えば、$y=x^2$ の逆関数を式で表せば $y^2=x$ という形の２価の関数となる。この両辺を微分して $2yy'=1$ を得る一方、$x=0$ では $y=0$ よりこれを満たす y' は存在しない。

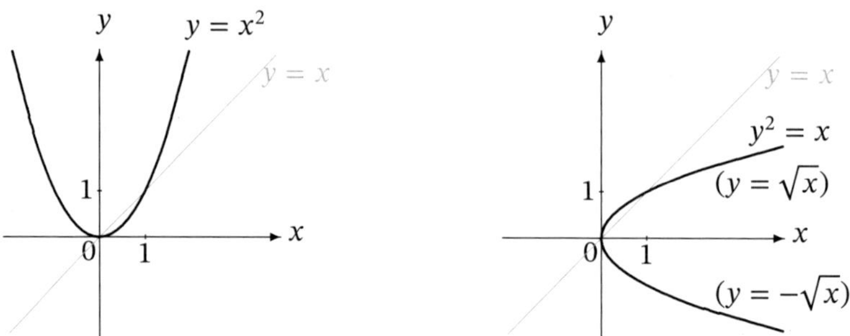

関数 $y^2=x$ は二つに枝分かれし、$y\geqq 0$ では開区間 $(0,\infty)$ で微分可能な関数 $y=\sqrt{x}$ が、また $y\leqq 0$ では開区間 $(0,\infty)$ で微分可能な関数 $y=-\sqrt{x}$ が、各々 $x\geqq 0$ で定まる。

注 3.3.5　$y=f(x)$ という関数の形に明示的に表されず、単に x, y の関係式 $F(x,y)=0$ の形で表現される関数を **陰関数** と呼び、明示的に関数の形が表されているものを **陽関数** と呼ぶ。ただし、多くの場合に陰関数は多価関数となり、１価関数としては局所的にしか定まらない。

二つの変数 x, y の関係式 $F(x,y)=0$ において、左辺 $F(x,y)$ が C^1 級関数であると仮定する。もし関数 $y=f(x)$ が $x=a$ の近傍で $F(x,f(x))=0$ を満たせば、$b=f(a)$ と置くと $F_x(a,b)+F_y(a,b)f'(a)=0$ より、$F_y(a,b)\neq 0$ であるかぎり、$f'(a)=-\frac{F_x(a,b)}{F_y(a,b)}$ を得る。

定理 3.3.6 (陰関数定理 [付録 B.6 を参照])　C^1 級 $d+1$ 変数関数 $F(\mathbb{x},y)$, $\mathbb{x}=(x_1,\dots,x_d)$（変数 y は右端以外の位置にあってもよい）が $F(\mathbb{a},b)=0$ と $F_y(\mathbb{a},b)\neq 0$ を満たすとき、次の三つの条件を満たす開領域 $O\subset\mathbb{R}^d$ 上の C^1 級 d 変数関数 $y=f(\mathbb{x})$ がただ一つ定まる。

(1) $\mathbb{a}\in O$ かつ $f(\mathbb{a})=b$　(2) $F(\mathbb{x},f(\mathbb{x}))=0,\ \mathbb{x}\in O$　(3) $f_{x_i}(\mathbb{x})=-\dfrac{F_{x_i}(\mathbb{x},f(\mathbb{x}))}{F_y(\mathbb{x},f(\mathbb{x}))}$

注 3.3.7　もし $F(x,y)$ が C^r 級であったとすると、$f(x)$ も C^r 級となる。

3.3.3 条件付き極値問題

C^1 級 $d+1$ 変数関数 $F(\hat{\mathbb{x}})$ に対して、$F(\hat{\mathbb{a}})=0$ と $(F_{x_1}(\hat{\mathbb{a}}),\dots,F_{x_{d+1}}(\hat{\mathbb{a}}))=\mathbb{0}$ を満たす点 $\hat{\mathbb{a}}$ を図形 $F(\hat{\mathbb{x}})=0$ の **特異点** と呼び、図形 $F(\hat{\mathbb{x}})=0$ 上の特異点でない点を **正則点** と呼ぶ。

定理 3.3.6 の仮定が成立するとき、図形 $F(\mathbb{x},y)=0$ の点 $(\mathbb{a},b)$, $\mathbb{a}=(a_1,\dots,a_d)$ での接平面は

$$F_y(\mathbb{a},b)\cdot(y-b)+\sum_{i=1}^{d}F_{x_i}(\mathbb{a},b)\cdot(x_i-a_i)=0$$

で与えられる。したがって一般に図形 S : $F(\hat{\mathbb{x}})=0$ の正則点 $\hat{\mathbb{a}}$ での **接平面** は次の形である：

$$\sum_{i=1}^{d+1}F_{x_i}(\hat{\mathbb{a}})\cdot(x_i-a_i)=0 \quad (\hat{\mathbb{a}}\ \text{は図形}\ S\ \text{の正則点}) \tag{3.3.1}$$

正則点における上の式は、F の偏微分係数ベクトル $(F_{x_1}(\hat{\mathbb{a}}),\dots,F_{x_{d+1}}(\hat{\mathbb{a}}))$ が接平面の法線方向を向く零でないベクトル、いわゆる **法線ベクトル** であることを意味する。

さて、$d+1$ 個の変数 $\hat{\mathbb{x}}=(x_1,\dots,x_{d+1})$ の関数 $G(\hat{\mathbb{x}})$ に対して、条件 $F(\hat{\mathbb{x}})=0$ の下での $G(\hat{\mathbb{x}})$ の極値問題、特にその最大最小問題を考察する：正則点 $\hat{\mathbb{a}}$ で極値 α を取るとすると、

図形 S : $F(\hat{\mathbb{x}})=0$ と図形 T : $G(\hat{\mathbb{x}})=\alpha$ は点 $\hat{\mathbb{a}}$ で接する。

実際 $\hat{\mathbb{a}}$ の取り方から S と T は点 $\hat{\mathbb{a}}$ を共有する。$\hat{\mathbb{a}}$ が S,T の正則点とすると、$\hat{\mathbb{a}}$ で接しないならば $\hat{\mathbb{a}}$ のどんな近くにも α より大きな値や小さな値を取る S の点があり、α は極値でないことになる。したがって接点 $\hat{\mathbb{a}}$ での S, T の接平面の法線ベクトルは平行でなければならず、$(G_{x_1}(\hat{\mathbb{a}}),\dots,G_{x_{d+1}}(\hat{\mathbb{a}}))=\lambda\cdot(F_{x_1}(\hat{\mathbb{a}}),\dots,F_{x_{d+1}}(\hat{\mathbb{a}}))$ が成立するような定数 $\lambda\neq 0$ が存在する。

定義 3.3.8 (**Lagrange 関数**) 関数 $G(\hat{\mathbb{x}})$ と図形 S : $F(\hat{\mathbb{x}})=0$ に対する **Lagrange 関数** とは、未定乗数 λ (**Lagrange 乗数**) を用いて定まる、次の $d+2$ 変数の関数 $L(\lambda,\hat{\mathbb{x}})$ のことである：

$$L(\lambda,\hat{\mathbb{x}})=G(\hat{\mathbb{x}})-\lambda\cdot F(\hat{\mathbb{x}})$$

定理 3.3.9 (**Lagrange I**) $d+1$ 変数関数 $F(\hat{\mathbb{x}})$, $G(\hat{\mathbb{x}})$ が C^1 級で、点 $\hat{\mathbb{a}}$ は図形 $F(\hat{\mathbb{x}})=0$ の特異点でないとする。条件 $F(\hat{\mathbb{x}})=0$ の下で、$G(\hat{\mathbb{x}})$ が点 $\hat{\mathbb{a}}$ で極値を取るならば、Lagrange 関数 $L(\lambda,\hat{\mathbb{x}})$ に対して、下の二つの条件が成立するような λ_0 が存在する。

(1) $L_\lambda(\lambda_0,\hat{\mathbb{a}})=F(\hat{\mathbb{a}})=0$ (2) $L_{x_i}(\lambda_0,\hat{\mathbb{a}})=0$ $(1\leqq i\leqq d)$

証明: 定理 3.3.6 より、番号 i を $d+1$ と取り換えて $\hat{\mathbb{x}}=(\mathbb{x},y)$, $\hat{\mathbb{a}}=(\mathbb{a},b)$ とすると、開領域 $O\subset\mathbb{R}^d$ と次の三つの条件を満たす O 上の C^1 級 d 変数関数 $y=f(\mathbb{x})$ が存在する：

(1) $\mathbb{a} \in O$ かつ $f(\mathbb{a}) = b$　(2) $F(\mathbb{x}, f(\mathbb{x})) = 0, \quad \mathbb{x} \in O$　(3) $f_{x_i}(\mathbb{x}) = -\dfrac{F_{x_i}(\mathbb{x}, f(\mathbb{x}))}{F_y(\mathbb{x}, f(\mathbb{x}))}$

ここでさらに、仮定から $G(\mathbb{x}, f(\mathbb{x}))$ は $\mathbb{x} = \mathbb{a}$ において極値を取るから、

$$0 = G_{x_i}(\mathbb{a}, f(\mathbb{a})) + G_y(\mathbb{a}, f(\mathbb{a}))f_{x_i}(\mathbb{a}) = G_{x_i}(\mathbb{a}, b) - G_y(\mathbb{a}, b)\frac{F_{x_i}(\mathbb{a}, b)}{F_y(\mathbb{a}, b)}$$

となり、$\lambda_0 = \frac{G_y(\mathbb{a},b)}{F_y(\mathbb{a},b)}$ と置くと、$F(\mathbb{a}, b) = 0$, $G_{x_i}(\mathbb{a}, b) = \lambda_0 F_{x_i}(\mathbb{a}, b)$, $G_y(\mathbb{a}, b) = \lambda_0 F_y(\mathbb{a}, b)$ を得る。すなわち、図形 $S : F(\hat{\mathbb{x}}) = 0$ と図形 $T : G(\hat{\mathbb{x}}) = \alpha$ は点 $\hat{\mathbb{a}}$ で接するから、Lagrange 関数 $L(\lambda, \mathbb{x}, y)$ は $(\lambda, \mathbb{x}, y) = (\lambda_0, \mathbb{a}, b)$ のとき、条件 $L_\lambda(\lambda_0, \mathbb{a}, b) = 0$, $L_{x_i}(\lambda_0, \mathbb{a}, b) = 0$ $(1 \leqq i \leqq d)$, $L_y(\lambda_0, \mathbb{a}, b) = 0$ を満たし、したがって条件 (1), (2) が成立する。　終り.

演習 3.3.10　(1) 単位円 $x^2 + y^2 = 1$ と点 $(1, 1)$ との距離を求めなさい。
(2) 楕円 $\dfrac{x^2}{4} + \dfrac{y^2}{9} = 1$ 上での $z = x^2 - y^2$ の極値をすべて求めなさい。

3.3.4　縁付きヘッセ行列式

Lagrange の未定乗数法は、極値を取るための必要条件を求めるものであった。しかし、そこから極値の決定まで至るのは多くの場合に困難な作業となる。この項では、$d = 1$ の場合に、条件付き極値問題に対して、極値を取るための十分条件を与える。そのために、まず $d = 1$ の場合の Lagrange 関数 $L(\lambda, x, y) = G(x, y) - \lambda \cdot F(x, y)$ の **ヘッセ行列式（Hessian）** を導入する。

$$H(\lambda, x, y) = \begin{vmatrix} L_{\lambda\lambda} & L_{\lambda x} & L_{\lambda y} \\ L_{x\lambda} & L_{xx} & L_{xy} \\ L_{y\lambda} & L_{yx} & L_{yy} \end{vmatrix} = \begin{vmatrix} 0 & -F_x & -F_y \\ -F_x & L_{xx} & L_{xy} \\ -F_y & L_{xy} & L_{yy} \end{vmatrix} = 2F_xF_yL_{xy} - (F_y^2 L_{xx} + F_x^2 L_{yy})$$

Lagrange 関数のヘッセ行列式を **縁付きヘッセ行列式** と呼ぶことがある。

定理 3.3.11 (Lagrenge II)　C^2 級 2 変数関数 $F(x, y)$ が点 (a, b) において $F_x(a, b) \neq 0$ または $F_y(a, b) \neq 0$ を満たし、また C^2 級 2 変数関数 $G(x, y)$ から作られた Lagrange 関数 $L(\lambda, x, y) = G(x, y) - \lambda \cdot F(x, y)$ が点 $(\lambda, x, y) = (\lambda_0, a, b)$ において定理 3.3.9 の条件 (1), (2), (3) を満たすとする。このとき $H = H(\lambda_0, a, b)$ と置くと、次が成立する。

(1) $H > 0$ ならば、条件 $F(x, y) = 0$ の下で $G(x, y)$ は点 (a, b) において極大値を取る。

(2) $H < 0$ ならば、条件 $F(x, y) = 0$ の下で $G(x, y)$ は点 (a, b) において極小値を取る。

(3) $H = 0$ ならば、この方法では極値を取るか判定できない。

証明:まず Lagrange 関数は、仮定から次の条件を満たす：

$$L_\lambda(\lambda_0, a, b) = L_x(\lambda_0, a, b) = L_y(\lambda_0, a, b) = 0$$

さて定理 3.3.6 から、点 a を含む開区間 O で C^2 級の陰関数 $y = f(x)$ が定まり次を満たす。

$$(1)\ F(x, f(x)) = 0,\quad x \in O \qquad (2)\ a \in O \text{ かつ } f(a) = b \qquad (3)\ f'(x) = -\frac{F_x(x, f(x))}{F_y(x, f(x))}$$

そこで $a+h \in O$ ($h \neq 0$) を取り、$k = f(a+h) - f(a)$ と置く。Taylor の定理から次を得る：

$$\begin{aligned} &L(\lambda_0, a+h, b+k) - L(\lambda_0, a, b) \\ &\quad = \frac{1}{2!}(h^2 L_{xx}(\lambda_0, a+\epsilon h, b+\epsilon k) + 2hk L_{xy}(\lambda_0, a+\epsilon h, b+\epsilon k) + k^2 L_{yy}(\lambda_0, a+\epsilon h, b+\epsilon k)) \end{aligned}$$

ただし ϵ は $0 < \epsilon < 1$ を満たす。ここで $F(a, b) = F(a+h, b+k) = 0$ より上の式は

$$\begin{aligned} G(a+h, b+k) - G(a, b) = \frac{1}{2!}(&h^2 L_{xx}(\lambda_0, a+\epsilon h, b+\epsilon k) + 2hk L_{xy}(\lambda_0, a+\epsilon h, b+\epsilon k) \\ &+ k^2 L_{yy}(\lambda_0, a+\epsilon h, b+\epsilon k)) \end{aligned}$$

を意味する。さらに $h \neq 0$ より上式は次のように変形できる。

$$\begin{aligned} &G(a+h, b+k) - G(a, b) \\ &\quad = \frac{h^2}{2! F_y(a, b)^2}(F_y(a, b)^2 L_{xx}(\lambda_0, a+\epsilon h, b+\epsilon k) + 2\frac{k}{h} F_y(a, b)^2 L_{xy}(\lambda_0, a+\epsilon h, b+\epsilon k) \\ &\qquad + \frac{k^2}{h^2} F_y(a, b)^2 L_{yy}(\lambda_0, a+\epsilon h, b+\epsilon k)) \end{aligned}$$

ここで、右辺の正負は、h（と k）が十分小さいならば次の $(*)$ の正負と同じである。

$$(*) \qquad F_y(a, b)^2 L_{xx}(\lambda_0, a, b) + 2\frac{k}{h} F_y(a, b)^2 L_{xy}(\lambda_0, a, b) + \frac{k^2}{h^2} F_y(a, b)^2 L_{yy}(\lambda_0, a, b)$$

さらに h が十分小さいとき、$\frac{k}{h}$ は $f'(a) = -\frac{F_x(a,b)}{F_y(a,b)}$ に近く、このとき $(*)$ の正負は

$$F_y(a, b)^2 L_{xx}(\lambda_0, a, b) - 2F_x(a, b) F_y(a, b) L_{xy}(\lambda_0, a, b) + F_x(a, b)^2 L_{yy}(\lambda_0, a, b) = -H$$

の正負と同じである。すなわち、$G(a+h, b+k) - G(a, b)$ の正負は $-H$ の正負に一致する。したがって $H > 0$ ならば十分小さい h に対して $G(a+h, b+k) - G(a, b) < 0$ が成立するから $G(a, b)$ は極大値であり、$H < 0$ ならば同様に $G(a, b)$ は極小値である。 終り.

演習 3.3.12 (1) 単位円 $x^2 + y^2 = 1$ 上で $z = xy$ の極値をすべて求めなさい。

(2) 楕円 $\frac{x^2}{4} + \frac{y^2}{9} = 1$ 上での $z = x^2 - y^2$ の極値をすべて求めなさい。

3.3.5 逆写像定理

開領域 $U \subset \mathbb{R}^d$ 上で定義された d 個の d 変数関数 $f_1, \ldots, f_d$ を成分とする d 次ベクトル $\mathbb{f} =$

$(f_1,\dots,f_d)$ に対して、$u_i = f_i(\mathbb{x}),\ \mathbb{x} = (x_1,\dots,x_d)$（$1 \leqq i \leqq d$）と置くと、多変数関数の微分の定義から、点 $\mathbb{x}$ での変数値 $x_1,\dots,x_d$ の微小な変位 $dx_1,\dots,dx_d$ に対する $u_1,\dots,u_d$ の微小な変位 $du_1,\dots,du_d$ は Jacobi 行列 $D(\mathbb{f})(\mathbb{x})$ を用いて次のように表される：

$$\begin{bmatrix} du_1 \\ \vdots \\ du_d \end{bmatrix} = \begin{bmatrix} \frac{\partial u_1}{\partial x_1}dx_1 + \cdots + \frac{\partial u_1}{\partial x_d}dx_d \\ \vdots \\ \frac{\partial u_d}{\partial x_1}dx_1 + \cdots + \frac{\partial u_d}{\partial x_d}dx_d \end{bmatrix} = D(\mathbb{f})(\mathbb{x}) \begin{bmatrix} dx_1 \\ \vdots \\ dx_d \end{bmatrix}, \quad D(\mathbb{f})(\mathbb{x}) = \begin{bmatrix} \frac{\partial u_1}{\partial x_1} & \cdots & \frac{\partial u_1}{\partial x_d} \\ \vdots & & \vdots \\ \frac{\partial u_d}{\partial x_1} & \cdots & \frac{\partial u_d}{\partial x_d} \end{bmatrix}$$

また Jacobi 行列式は $J(\mathbb{f})(\mathbb{x}) = \det D(\mathbb{f})(\mathbb{x}) = \frac{\partial(u_1,\dots,u_d)}{\partial(x_1,\dots,x_d)} = \frac{\partial \mathbb{f}}{\partial \mathbb{x}}(\mathbb{x})$ で与えられる。

特に $d = 2$ の場合、点 (a,b) の近傍では、$\mathbb{f}$ により一辺の長さが 1 の正方形の像は平行四辺形に非常に近いものであり、その面積は $|J(\mathbb{f})(a,b)|$ である。したがって点 (a,b) の近くで面積は $|J(\mathbb{f})(a,b)|$ 倍され、もし $J(\mathbb{f})(a,b) \neq 0$ ならば、写像 $\mathbb{f}$ が xy 平面上の点 (a,b) の近傍で 1 対 1 であり、$\mathbb{f}$ はそこで逆写像 $\mathbb{g} = (\phi,\psi)$（$x = \phi(u,v),\ y = \psi(u,v)$）をもつ。

定理 3.3.13 (逆写像定理 [付録 B.7 を参照]**)** $\mathbb{f} = (f_1,\dots,f_d)$ を領域 $U \subset \mathbb{R}^d$ 上で定義された d 次元ベクトル関数とする。すなわち、$f_1,\dots,f_d$ は d 個の d 変数関数である。

(1) $\mathbb{f}$ が点 $\mathbb{a} \in U$ の近くで連続微分可能で $J(\mathbb{f})(\mathbb{a}) \neq 0$ を満たすならば、等式 $\mathbb{g}(\mathbb{f}(\mathbb{a})) = \mathbb{a}$ と恒等式 $\mathbb{f}(\mathbb{g}(\mathbb{u})) = \mathbb{u},\ \mathbb{u} \in V$（$V$ は点 $\mathbb{c} = \mathbb{f}(\mathbb{a})$ の近傍）を満たし V 上で微分可能な d 次元ベクトル関数 $\mathbb{g} = (g_1,\dots,g_d)$ がただ一つ存在する。また、これらは等式 $D(\mathbb{g})(\mathbb{c}) = (D(\mathbb{f})(\mathbb{a}))^{-1}$（$\mathbb{a} = \mathbb{g}(\mathbb{c})$）を満たす。

(2) $\mathbb{f}$ が U 上で連続微分可能かつ領域 W の上への 1 対 1 写像で $J(\mathbb{f})(\mathbb{x}) \neq 0$ を U 全域で満たすならば、二つの恒等式 $\mathbb{g}(\mathbb{f}(\mathbb{x})) = \mathbb{x},\ \mathbb{x} \in U$ と $\mathbb{f}(\mathbb{g}(\mathbb{u})) = \mathbb{u},\ \mathbb{u} \in W$ を満たし W 上で微分可能な d 次元ベクトル関数 $\mathbb{g} = (g_1,\dots,g_d)$ がただ一つ存在する。また、これらは恒等式 $D(\mathbb{g})(\mathbb{u}) = (D(\mathbb{f})(\mathbb{x}))^{-1}$（$\mathbb{x} = \mathbb{g}(\mathbb{u}),\ \mathbb{u} \in W$）を満たす。

注 3.3.14　上の定理 3.3.13 については、本書では付録 B.7 においても $d = 2$ の場合に限定した略証を与えるにとどめたが、上記のように一般の d 変数関数に対しても成立する。

演習 3.3.15　一般の d に対して定理 3.3.6 の仮定を満たす $\mathbb{f}(\mathbb{x},y)$（$i = d+1$ とした）を取り、$\Phi(\mathbb{x},y) = (\mathbb{x}, \mathbb{f}(\mathbb{x},y))$ に対して定理 3.3.13 を適用して定理 3.3.6 の結論を証明しなさい。

第4章

多変数積分法

容積の求め方には、長い探求の歴史があります。

Q．図形の面積ってどうやって求めますか？
　A．方眼で図形内部の枡目を総和します。

Q．内部だけですか？ 図形と交わる枡目は？
　A．交わる枡目でも図形の面積を近似します。

上限と下限を使って上の方法を精密化できます。
さて、第１章で級数の収束を勉強しました。

Q．絶対収束と条件収束の大きな違いと言えば？
　A．順番を変えて極限が変わるかどうかです。

Q．領域の分割に自然な順番はあるでしょうか？
　A．それは…無いかもしれません。

高次元の積分も級数と同様なややこしさをもちますので、分割の順番によらない方法を採用します。

4.1　可測性

4.1.1　Jordan 容積

Euclid 空間 $\mathbb{R}^d$ 内に描かれた図形 $D \subset \mathbb{R}^d$ の長さ（$d=1$），面積（$d=2$），体積（$d=3$）を **容積** と総称する。特に **矩形** I の容積は各軸方向の長さすべての積であり、ここでは $m(I)$ で表す。

内部に交わりのない矩形 $\{I_\ell\}$ の有限和集合（**矩形塊**）$\bigcup_{\ell=1}^{r} I_\ell$ の容積は和 $\sum_{\ell=1}^{r} m(I_\ell)$ である。

図形 D に対して、包含関係 $\bigcup_{k=1}^{b} K_k = K \subset D \subset I = \bigcup_{i=1}^{a} I_i$ を満たす有限個の矩形 K_k, I_i を図

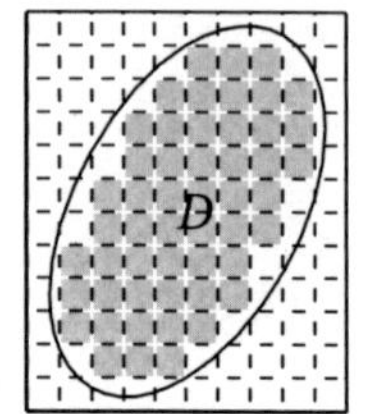

（矩形 K_k ■たちを D 内に取る）
（矩形 J_j 　たちで $R \setminus D$ を覆う）

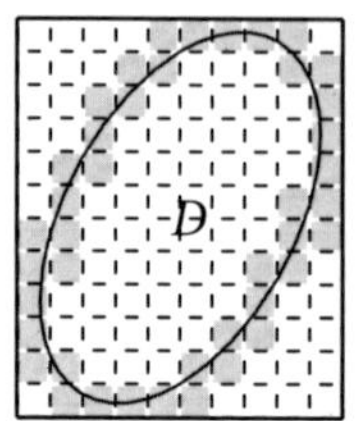

（I, J 共通の矩形■たちは $\mathrm{Fr}\,D$ を覆う）

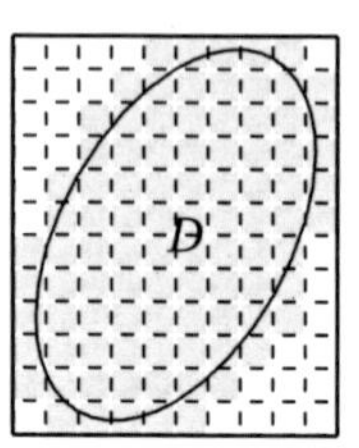

（矩形 I_i 　たちで D を覆う）

のように選び、$\underline{m}(D) = \sup_{K \subset D}\{m(K)\}$, $\overline{m}(D) = \inf_{I \supset D}\{m(I)\}$ と置くと、次の不等式が成立する：

$$m(K) \leqq \underline{m}(D) \leqq (D \text{ の容積 } m(D)) \leqq \overline{m}(D) \leqq m(I)$$

以上の考察は、D の **容積** $m(D)$ を次のように定義することが自然であると示唆する。

定義 4.1.1 (**容積**) D が容積確定（または **求積可能**）$\overset{\text{定義}}{\iff}$ $\underline{m}(D) = \overline{m}(D)$ $(=: m(D))$

一方 $J = \mathrm{Cl}(R \setminus K)$ も $R \setminus D$ を覆う矩形塊 $J = \bigcup_{j=1}^{c} J_j$ として表せ、$m(K) = m(R) - m(J)$ より $m(I) - m(K) = m(I) + m(J) - m(R) = m(L)$（$L = I \cap J$ は I, J 共通の矩形たちからなる矩形塊）が成立する。他方 $m^\delta(D) := \inf_{L \supset \mathrm{Fr}\,D}\{m(L)\} = \inf_{\substack{I \supset D \\ J \supset R \setminus D}}\{m(I \cap J)\}$（この値は「$\mathrm{Fr}\,D$ の容積」を上から評価する）と置くと、$m(I) - m(K) = m(L)$ より等式 $\overline{m}(D) - \underline{m}(D) = m^\delta(D)$ を得る。

定理 4.1.2 (求積可能) D が求積可能 $\overset{\text{同値}}{\iff}$ $m^\delta(D) = 0$ ($\overset{\text{意味}}{\iff}$「$\mathrm{Fr}\,D$ の容積が “0”」)

例 4.1.3　有界な点列 $\mathbb{a}_n$ の集合 $\{\mathbb{a}_n \mid n \geqq 1\}$ の容積は、収束すれば 0 だが一般には確定しない。

4.1.2 可測集合

定義 4.1.4 (**可算矩形塊**) 交わりのない矩形の列 $\{I_n \subset \mathbb{R}^d\}_{n\geqq 1}$ ($d=1$ なら有限区間の列)、またはその列全体の和集合 $I = \bigcup_{n\geqq 1} I_n \subset \mathbb{R}^d$ を本書では **可算矩形塊** と呼ぶ。

矩形 I_n の **容積** のなす級数 $\sum_{n=1}^{\infty} m(I_n)$ は数列 $\{m(I_n)\}$ の和分 $\sum_{k=1}^{n} m(I_k) = m(I_1)+\cdots+m(I_n)$ の極限である。さて、可算矩形塊 $I=\bigcup_{n\geqq 1} I_n$ に対して $m(I) = \sum_{n=1}^{\infty} m(I_n) = \sup_{n\geqq 1}\sum_{k=1}^{n} m(I_k)$ と置く。

定義 4.1.5 (**辺測度と外／内測度**) 集合 $D \subset \mathbb{R}^d$ の辺測度と外、内測度を次で定義する。

(**辺測度**) $\mu^{\delta}(D) = \inf\left\{ m(I\cap J)<\infty \,\middle|\, I, J \text{ は } D\subset I,\ D^c\subset J \text{ を満たす可算矩形塊}\right\}$

(**外測度**) $\overline{\mu}(D) = \inf\left\{ m(I)<\infty \,\middle|\, I \text{ は } D\subset I \text{ を満たす可算矩形塊}\right\}$

(**内測度**) $\underline{\mu}(D) = \overline{\mu}(D)-\mu^{\delta}(D)$

特に D が矩形 R 内に描かれた図形ならば、$\underline{\mu}(D) = m(R) - \overline{\mu}(R\setminus D)$ が成立する。

定義 4.1.6 (**可測集合**) $\mu^{\delta}(D)=0$ を満たす集合 $D\subset\mathbb{R}^d$ を **Lebesgue 可測**（あるいは **可測**）と呼び、D の **Lebesgue 測度**（あるいは **測度**）$\mu(D)$ を $\mu(D)=\underline{\mu}(D)=\overline{\mu}(D)$ で定める。

約束 4.1.7 (1)「**測度零の集合を除いて**」を「**ほとんど至る所**」または「**ほとんど全域**」と言う。
(2) 二つの関数 f と g がほとんど至る所／全域で一致するとき、$f=g$ ***(a.e.)*** と表す。

可測集合の性質については、**付録 B.8** を参照されたい。

例 4.1.8 (1) 可算集合は測度零であるから、「ほぼ全域で」成り立つならば「ほとんど全域で」成り立つ。

(2) 集合 D が求積可能ならば Lebesgue 可測であり、このとき $\mu(D) = m(D)$ が成立する。

(3) 開集合、閉集合、前領域はすべて可測であり、特に可算矩形塊 I は $\mu(I) = m(I)$ を満たす。

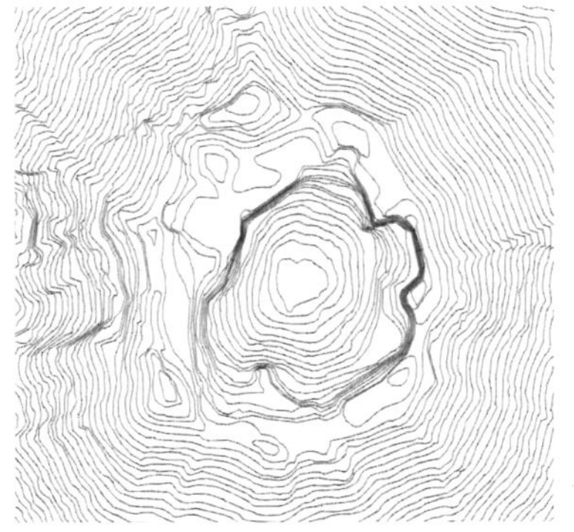

富士山頂（出典：地理院地図 Vector）

等高線地図から山体の体積を計算できるだろうか？ 等高線で刻んだジオラマで山体を近似すれば、等高線で囲まれた部分の面積と高低差の幅とで体積の近似値が計算できそうである。

4.1.3　可測関数

$D\subset\mathbb{R}^d$ を可測集合とし、$\mathbb{R}_\oplus$ の 分割 $\nabla : 0=a_0<a_1<\cdots<a_m<\infty$ を任意に固定する。

定義 4.1.9 (**可測関数**) D 上の関数 f は、任意の右半開区間 $I=[a,b)$ または $I=[c,\infty)$ ($a, b, c\in\mathbb{R}$) の逆像 $f^{-1}(I)=\{\mathbb{x}\mid f(\mathbb{x})\in I\}$ が可測集合であるとき **可測関数** と呼ばれる。

例 4.1.10　可測集合 $A\subset D$ 上で値 1、A^c 上で値 0 を取る関数 χ_D^A (A の特性関数) は可測である。

D 上の広義正数値可測関数 g に対して、$a_i\leqq g(\mathbb{x})<a_{i+1}$ のとき $\mathrm{Step}_D^\nabla(g)(\mathbb{x})=a_i$ として定まる関数 $\mathrm{Step}_D^\nabla(g)$ は $\mathrm{Step}_D^\nabla(g)(\mathbb{x})\leqq g(\mathbb{x})$ を満たし、$y=\mathrm{Step}_D^\nabla(g)(\mathbb{x})$ のグラフは $y=g(\mathbb{x})$ のグラフの表す地形を ∇ の分割点の高さの等高線で刻んだ **ジオラマ** を表す。

定義 4.1.11 (**各点収束**) 関数列 $\{f_n\}$ が f に **各点収束** する $\iff \lim_{n\to\infty} f_n(\mathbb{x})=f(\mathbb{x}),\ \mathbb{x}\in D$

本書では $a_i={}^i\!/_n$ ($i\leqq n^2$) による $\mathbb{R}_\oplus$ の分割 $0<{}^1\!/_n<{}^2\!/_n<\cdots<n<\infty$ を ∇_n で表す。

例 4.1.12　可測関数 $g\geqq 0$ に対して、ジオラマ関数の列 $\{\mathrm{Step}_D^{\nabla_n}(g)\}$ は g に各点収束する。

定理 4.1.13 (**収束** [付録 B.8 を参照]) 可測関数列が f に各点収束すれば f も可測である。

定理 4.1.14 (**線形性** [付録 B.8 を参照]) $f,\ g$ が可測なら、$\alpha f+\beta g$ ($\alpha, \beta\in\mathbb{R}$) も可測である。

定理 4.1.15 (**連続関数** [付録 B.8 を参照]) D 上の連続関数は可測である。

定理 4.1.16 (**導関数** [付録 B.8 を参照]) 区間 $I\subset\mathbb{R}$ 上の 1 変数関数 F が I 上 (ほとんど) 全域で微分可能ならば、導関数 $f=F'$ は I 上 (ほとんど) 全域で定義された可測関数である。

系 4.1.16.1　区間 $I\subset\mathbb{R}$ 上の 1 変数関数 f が gauge 可積分ならば可測である。

証明: 系 B.12.10.1 より f は不定積分の導関数なので定理 4.1.16 に従う。　終り.

4.2 積分

4.2.1 定積分

$D \subset \mathbb{R}^d$ を可測集合とし、$\mathbb{R}_\oplus$ の 分割 $\nabla : 0 = a_0 < a_1 < \cdots < a_m < \infty$ を任意に固定する。

D 上で 広義正数値 を取る可測関数 g に対して、∇ で高さを刻むジオラマ関数 $\mathrm{Step}_D^\nabla(g)(\mathbb{x})$ が水平面（高さ 0）から突出した部分の体積 $S_D^\nabla(g)$ は次の **Lebesgue 和** で与えられる：

$$S_D^\nabla(g) = \sum_{i=1}^{m} a_i \cdot d_i^\nabla(g) = \sum_{i=1}^{m} (a_i - a_{i-1}) \cdot m_i^\nabla(g), \quad d_i^\nabla(g) = \mu(D_i^\nabla(g)),\ m_i^\nabla(g) = \mu(M_i^\nabla(g))$$

定義 4.2.1 (**積分**) D 上広義正数値の可測関数 g の **積分** を $\displaystyle\int_D g\, d\mu = \sup_{\nabla : \mathbb{R}_\oplus \text{ の分割}} \{S_D^\nabla(g)\}$ で定義し、右辺が有限確定するとき g は **積分可能**（**Lebesgue 可積分**）であると言う。

定理 4.2.2 (積分の性質) $f, g, h \geqq 0$ を D 上の可測関数（f, g は可積分）とする。

(1) $\displaystyle\int_D (f+g)\, d\mu = \int_D f\, d\mu + \int_D g\, d\mu$ が成立する。（付録 B.9 を参照）

(2) 任意の $a \geqq 0$ に対して $\displaystyle\int_D a \cdot g\, d\mu = a \cdot \int_D g\, d\mu$ が成立する。

(3) 交わらない可測集合 D_1, D_2 に対して $\displaystyle\int_{D_1 \cup D_2} g\, d\mu = \int_{D_1} g\, d\mu + \int_{D_2} g\, d\mu$ が成立する。

(4) $f \leqq h \leqq g$ *(a.e.)* ならば h も可積分で $\displaystyle\int_D f\, d\mu \leqq \int_D h\, d\mu \leqq \int_D g\, d\mu$ が成立する。

したがって、$\mu(D) < \infty$ ならば、D 上広義正数値かつ有界な可測関数 f は D で可積分である。

例 4.2.3 一般に $\displaystyle\int_D \chi_D^A\, d\mu = \mu(A)$ より $\displaystyle\int_D \mathrm{Step}_D^\nabla(g)\, d\mu = \sum_{i=1}^{m} (a_i - a_{i-1}) \cdot m_g(a_i) = S_D^\nabla(g)$ を得る。

Lebesgue 積分 D 上の一般の可測関数 f に対して、広義正数値を取る関数 $f_+ \geqq 0$（f の **正の部分**）、$f_- \geqq 0$（f の **負の部分**）、$|f| \geqq 0$（f の **絶対値**）を各々 $f_+(\mathbb{x}) = \max\{f(\mathbb{x}), 0\}$, $f_-(\mathbb{x}) = |\min\{f(\mathbb{x}), 0\}|$, $|f|(\mathbb{x}) = |f(\mathbb{x})|$ で定める。これらは定義から次の関係式を満たす。

$$|f| = f_+ + f_- \quad \text{および} \quad f = f_+ - f_-$$

定義 4.2.4 (Lebesgue 積分) f が D 上で（絶対）**可積分**（または **積分可能**）とは、f_+, f_- $\geqq 0$ が共に D 上可積分であることであり、このとき f の D 上の **積分** を次で与える。

$$\int_D f\,d\mu = \int_D f_+\,d\mu - \int_D f_-\,d\mu$$

上の定義の f は **被積分関数** と呼ばれる。また、次の定理の証明は付録 B.9 に譲る。

定理 4.2.5 (積分の性質) f, g, h を D 上の可測関数（f, g は可積分）とする。

(1) 実数 λ に対して、$\int_D \lambda\,d\mu = \lambda\cdot\mu(D)$ が成立する。

(2) 実数 a, b に対して、$\int_D (a\cdot f+b\cdot g)\,d\mu = a\cdot\int_D f\,d\mu + b\cdot\int_D g\,d\mu$ が成立する。

(3) D 上 $f \leqq g$ ならば $\int_D f\,d\mu \leqq \int_D g\,d\mu$ である。また等号は $f=g$ $(a.e.)$ の場合に限る。

(4) f の絶対値 $|f|$ も可積分であり、$\left|\int_D f\,d\mu\right| \leqq \int_D |f|\,d\mu$ が成立する。

(5) 可測集合 $D_1, D_2 \subset D$ が交わらないとき $\int_{D_1\cup D_2} f\,d\mu = \int_{D_1} f\,d\mu + \int_{D_2} f\,d\mu$ が成立する。

(6) D 上 $f \leqq h \leqq g$ ならば h も可積分である。

連続性を仮定すれば、定理 4.2.5 (3) の等号の不成立についてより簡明な判定条件が得られる。

定理 4.2.6 (定理 4.2.5 (3) の類似) 領域 E 上の可積分関数 f, g が E 上で $f \leqq g$ を満たし、E の内点 $\mathbb{c}$ で 連続 かつ $f(\mathbb{c}) < g(\mathbb{c})$ であるならば、$\int_E f\,d\mu < \int_E g\,d\mu$ が成立する。

証明: $h(x) = g(x) - f(x)$ と置く。$x=c$ で h が連続なので、十分小さい $k>0$ に対して区間 $[c-k, c+k] \cap E$ 上では $h \geqq \frac{h(c)}{2}$ としてよい。したがって $\int_E h\,d\mu \geqq \frac{h(c)}{2}\cdot 2k = h(c)\cdot k > 0$ が成立する。ここで $g = f+h$ より、$\int_E g\,d\mu \geqq \int_E f\,d\mu + h(c)\cdot k > \int_E f\,d\mu$ を得る。　終り.

可測集合 D 上の関数列の収束と積分の関係について、以下の結果が知られている。

定理 4.2.7 (単調収束定理 [付録 B.9 を参照]) D 上の単調増加（減少）可積分関数列 $\{f_n\}$ に対して $f(\mathbb{x}) = \sup_n f_n(\mathbb{x})$ $(\inf_n f_n(\mathbb{x}))$ と置く。f が可積分ならば $\lim_{n\to\infty}\int_D f_n\,d\mu$ は収束し、逆に $\lim_{n\to\infty}\int_D f_n\,d\mu$ が収束すれば f は可積分で $\int_D f\,d\mu = \lim_{n\to\infty}\int_D f_n\,d\mu$ が成立する。

例 4.2.8 ([付録 B.9 を参照]) 閉矩形 I を各軸の n 等分で小矩形族 $\{I_{i_1,\ldots,i_d}=[\mathbb{a}_{i_1,\ldots,i_d},\mathbb{b}_{i_1,\ldots,i_d}]\}$ に分割する。f が I 上連続ならば、関数列 $\{f_n\}$ ($f_n(\mathbb{x})=f(\mathbb{a}_{i_1,\ldots,i_d})$, $\mathbb{x}\in I_{i_1,\ldots,i_d}$) は f に各点収束する。

定理 4.2.9 (区分求積 [付録 B.9 を参照]) 閉矩形 I 上の連続関数 f に対して、例 4.2.8 のように I を小矩形族 $\{I_{i_1,\ldots,i_d}\}$ に分割すると $\displaystyle\int_I f\,d\mu=\lim_{n\to\infty}\sum_{i_1,\ldots,i_d} f(\mathbb{a}_{i_1,\ldots,i_d})\cdot m(I_{i_1,\ldots,i_d})$ が成立する。

定理 4.2.10 (優収束定理 [付録 B.9 を参照]) D 上の可測関数列 $\{f_n\}$ が関数 f にほとんど全域で収束し、可積分関数 h, g が存在して n によらずに $h\leqq f_n\leqq g$, $(a.e.)$ を満たすならば、f は可積分関数であり、かつ $\displaystyle\lim_{n\to\infty}\int_D f_n\,d\mu=\int_D f\,d\mu$ が成立する。

定理 4.2.11 (変格積分 [付録 B.9 を参照]) D 内の可測部分集合の増大列 $\{K_m\}$ が $\displaystyle\mu(D\setminus\bigcup_{m=1}^{\infty}K_m)=0$ を満たすとき、D 上の可測関数 f に対し $\displaystyle\int_D f\,d\mu=\lim_{m\to\infty}\int_{K_m} f\,d\mu$ が成立する。

定理 4.2.11 から、定理 4.2.5 (5) は次のように集合列の総和でも成立することがわかる。

系 4.2.11.1 交わりのない可測集合列の総和 $\displaystyle D=\bigcup_n D_n$ 上の可積分関数 f に対して

(定理 4.2.5 (5) の改良) $\displaystyle\int_D f\,d\mu=\sum_n\int_{D_n} f\,d\mu$ が成立する。

定理 4.2.12 (積分に関する平均値) 関数 $f(\mathbb{x})$ が有界閉領域 E において 連続 ならば、等式 $\displaystyle\int_E f\,d\mu=f(\mathbb{p})\cdot\mu(E)$ を満たす点 $\mathbb{p}\in\mathrm{Int}\,E$ が存在する。

証明: もし $f(\mathbb{x})\equiv m$ (定数) ならば $\displaystyle\frac{1}{\mu(E)}\int_E f\,d\mu=m$ より $\mathbb{p}\in\mathrm{Int}\,E$ はどれでもよいので、$f(\mathbb{x})$ は定数でないとする。定理 3.1.15 より $f(\mathbb{x})$ は最小値 $f(\mathbb{a})$ と最大値 $f(\mathbb{b})$ を取る。ここで $f(\mathbb{a})\leqq f(\mathbb{x})\leqq f(\mathbb{b})$ より、定理 4.2.5 (2) から $\displaystyle f(\mathbb{a})\cdot\mu(E)\leqq\int_E f\,d\mu\leqq f(\mathbb{b})\cdot\mu(E)$ を得るが、定理 4.2.6 から等号は成立しない。したがって $\displaystyle f(\mathbb{a})<\frac{1}{\mu(E)}\int_E f\,d\mu<f(\mathbb{b})$ であり、定理 3.1.13 から $\displaystyle f(\mathbb{p})=\frac{1}{\mu(E)}\int_E f\,d\mu$ を満たす点 $\mathbb{p}\in\mathrm{Int}\,E$ が存在する。 終り.

1変数関数の積分　次の補題は 1 変数関数に対する Lebesgue 積分と gauge 積分の関係を示す。

補題 4.2.13 [付録 B.13 を参照]　閉区間上の広義正数値 1 変数関数 $f(x)$ が Lebesgue 可積分であることと、gauge 可積分であることは同値であり、そのとき両者の積分値も一致する。

定理 4.2.14 (定理 2.2.17 の続き)　$f(x), g(x)$ が $[a,b]$ 上 gauge 可積分であるとする。

(5) $[a,b]$ 上 $h(x)$ が可測で $f(x) \leqq h(x) \leqq g(x)$ ならば $h(x)$ も $[a,b]$ 上可積分である。

証明: 仮定から $g-f \geqq 0$ は $[a,b]$ 上 gauge 可積分なので補題 4.2.13 から Lebesgue 可積分である。また $0 \leqq h-f \leqq g-f$ より定理 4.2.5 (6) から $h-f$ も Lebesgue 可積分であるので補題 4.2.13 から $h-f$ は $[a,b]$ 上 gauge 可積分となり、$h=(h-f)+f$ もそうである。　終り.

同様な考察で単調収束定理や優収束定理の gauge 積分版が次のように得られる。

定理 4.2.15　$[a,b]$ 上の単調増加（減少）可積分関数列 $\{f_n(x)\}$ の極限を $f(x)=\sup_n f_n(x)$ とする。$f(x)$ が gauge 可積分ならば $\lim_{n\to\infty}\int_a^b f_n(x)\,dx$ は収束し、逆に $\lim_{n\to\infty}\int_a^b f_n(x)\,dx$ が収束すれば $f(x)$ は gauge 可積分で $\int_a^b f(x)\,dx = \lim_{n\to\infty}\int_a^b f_n(x)\,dx$ が成立する。

略証: f を $f-f_1$ に取り換えると定理 4.2.7 と補題 4.2.13 に帰着する。　終り.

定理 4.2.16　$[a,b]$ 上の可測関数列 $\{f_n(x)\}$ が関数 f にほとんど全域で収束し、gauge 可積分関数 $h(x), g(x)$ が存在して n によらずに $h(x) \leqq f_n(x) \leqq g(x)$ を満たすならば、$f(x)$ は gauge 可積分関数であり、$\lim_{n\to\infty}\int_a^b f_n(x)\,dx = \int_a^b f(x)\,dx$ が成立する。

略証: f, f_n を各々 $f-h, f_n-h$ に取り換えると定理 4.2.10 と補題 4.2.13 に帰着する。終り.

区間 $I=[a,b]$ 上の関数 f の積分 $\int_I f\,d\mu$ を **定積分** と呼び記号 $\int_a^b f(x)\,dx$ $(x\in I)$ で、平面領域 D 上の関数 g の積分 $\int_D g\,d\mu$ を **2重積分** と呼び記号 $\iint_D g(x,y)\,dxdy$ $((x,y)\in D)$ で、また空間領域 Ω 上の関数 h の積分 $\int_\Omega h\,d\mu$ を **3重積分** と呼び記号 $\iiint_\Omega h(x,y,z)\,dxdydz$ $((x,y,z)\in\Omega)$ で表すことがある。多重積分では主に **計算式中** でこの記法を用いる。

4.2.2 累次積分

重積分は次の Fubini の定理により 1 変数積分の繰り返し（**累次積分**）で計算される。以下、可測集合 $E_1 \subset \mathbb{R}^{i_1}$ と $E_2 \subset \mathbb{R}^{i_2}$ $(i_1+i_2 \leqq 3,\ i_1, i_2 \geqq 1)$ の直積 $E=E_1 \times E_2$ 上で重積分を考える。

> **定理 4.2.17 (Fubini)** 可測集合の直積 $E = E_1 \times E_2 \subset \mathbb{R}^d$ $(E_t \subset \mathbb{R}^{d_k},\ k=1,2,\ d_1+d_2=d)$ 上の関数 $f(\mathbb{x}, \mathbb{y})$ が（絶対）可積分とする。ここで、$\mathbb{x} \in E_1$ を定数と考えた関数 $E_2 \ni \mathbb{y} \mapsto f(\mathbb{x}, \mathbb{y})$ は（ほとんどすべての $\mathbb{x}$ に対して）E_2 上で可積分であり、これを E_2 上で積分してできる関数 $E_1 \ni \mathbb{x} \mapsto g(\mathbb{x}) = \int \cdots \int_{E_2} f(\mathbb{x}, \mathbb{y})\, d\mathbb{y}$ は E_1 上で可積分となり、次が成立する。
>
> $$\int \cdots \int_{E_1} \left\{ \int \cdots \int_{E_2} f(\mathbb{x}, \mathbb{y})\, d\mathbb{y} \right\} d\mathbb{x} = \int_E f\, d\mu, \quad d\mathbb{x} = dx_1 \cdots dx_{d_1},\ d\mathbb{y} = dy_1 \cdots dy_{d_2}$$

証明:簡単のため $f \geqq 0,\ E_k = \mathbb{R}^{d_k},\ k=1,2$ と仮定する。$I=I_1 \times I_2$ $(I_1 \subset E_1,\ I_2 \subset E_2$ は矩形）とすると、$\int \cdots \int_{E_2} \chi_E^I(\mathbb{x}, \mathbb{y})\, d\mathbb{y} = \mu_2(I_2) \cdot \chi_{E_1}^{I_1}(\mathbb{x})$ かつ $\int \cdots \int_{E_1} \chi_{E_1}^{I_1}(\mathbb{x})\, d\mathbb{x} = \mu_1(I_1)$ より次を得る。

$$\int \cdots \int_{E_1} \left\{ \int \cdots \int_{E_2} \chi_E^I(\mathbb{x}, \mathbb{y})\, d\mathbb{y} \right\} d\mathbb{x} = \mu_1(I_1) \cdot \mu_2(I_2) = \mu(I)$$

可算矩形塊 $J = \bigcup_{i \geqq 0} J_i$ $(J_i = J_i' \times J_i''$ は矩形）も、単調収束定理より $\int \cdots \int_{E_1} \left\{ \int \cdots \int_{E_2} \chi_E^J(\mathbb{x}, \mathbb{y})\, d\mathbb{y} \right\} d\mathbb{x}$ $= \lim_{n \to \infty} \int \cdots \int_{E_1} \left\{ \int \cdots \int_{E_2} \chi_E^{J_0 \cup \cdots \cup J_n}(\mathbb{x}, \mathbb{y})\, d\mathbb{y} \right\} d\mathbb{x} = \lim_{n \to \infty} \sum_{i=0}^{n} \mu(J_i) = \mu(J)$ を満たす。一般の可測集合 $A \subset E$ は $\mu(A) = \inf\{\mu(J) \mid A \subset J$ ：可算矩形塊$\}$ を満たすから、$\mu(A) = \lim_{n \to \infty} \mu(J^{(n)})$ を満たす可算矩形塊の減少列 $J^{(n)} \supset A$ を取る。すると単調減少列 $\chi_E^{J^{(n)}}$ は $\inf_n \chi_E^{J^{(n)}} = \chi_E^A$ を満たすので、単調収束定理より $\int \cdots \int_{E_1} \left\{ \int \cdots \int_{E_2} \chi_E^A(\mathbb{x}, \mathbb{y})\, d\mathbb{y} \right\} d\mathbb{x} = \lim_{n \to \infty} \mu(J^{(n)}) = \int_E \chi_E^A\, d\mu$ を得る。

ジオラマ関数列 $f_n = \mathrm{Step}_E^{\nabla_{10^n}}(f)$ も $\int \cdots \int_{E_1} \left\{ \int \cdots \int_{E_2} f_n(\mathbb{x}, \mathbb{y})\, d\mathbb{y} \right\} d\mathbb{x} = \int_E f_n\, d\mu$ を満たす単調増加列であり、$\sup_n f_n = f$ が E 上可積分より単調収束定理から $\lim_{n \to \infty} \int \cdots \int_{E_1} \left\{ \int \cdots \int_{E_2} f_n(\mathbb{x}, \mathbb{y})\, d\mathbb{y} \right\} d\mathbb{x}$ $= \lim_{n \to \infty} \int_E f_n\, d\mu = \int_E f\, d\mu$ を得る。したがって単調増加列 $g_n(\mathbb{x}) = \int \cdots \int_{E_2} f_n(\mathbb{x}, \mathbb{y})\, d\mathbb{y}$ も E_1 上可積分で $\lim_{n \to \infty} \int \cdots \int_{E_1} g_n(\mathbb{x})\, d\mathbb{x} = \int_E f\, d\mu < \infty$ を満たし、単調収束定理から $g = \sup_n g_n$ も E_1 上可積分で $\int \cdots \int_{E_1} g(\mathbb{x})\, d\mathbb{x} = \int_E f\, d\mu$ を満たす。したがって変数 $\mathbb{x}$ を固定した単調増加列 $f_n(\mathbb{x}, \mathbb{y})$ も E_2 上可積分で $\lim_{n \to \infty} \int \cdots \int_{E_2} f_n(\mathbb{x}, \mathbb{y})\, d\mathbb{y} = g(\mathbb{x})$ が E_1 上可積分より $\lim_{n \to \infty} \int \cdots \int_{E_2} f_n(\mathbb{x}, \mathbb{y})\, d\mathbb{y} < \infty$

$(a.e.\ \mathbb{x}\in E_1)$ となり、単調収束定理より $g(\mathbb{x})=\int\cdots\int_{E_2} f(\mathbb{x},\mathbb{y})\,d\mathbb{y}$ $(a.e.\ \mathbb{x}\in E_1)$ が成立する。以上より $\int\cdots\int_{E_1}\left\{\int\cdots\int_{E_2} f(\mathbb{x},\mathbb{y})\,d\mathbb{y}\right\}d\mathbb{x}=\int_E f\,d\mu$ を得る。　終り.

注 4.2.18 上と並行した議論により $\int\cdots\int_{E_2}\left\{\int\cdots\int_{E_1} f(\mathbb{x},\mathbb{y})\,d\mathbb{x}\right\}d\mathbb{y}=\int_E f\,d\mu$ も得られる。

可測集合 $D\subset\mathbb{R}^{i_1+i_2}$ が $E=E_1\times E_2$ の部分集合の場合は、D 上の関数 $f(\mathbb{x})$ を E 上の関数 $\hat{f}(\mathbb{x})=\begin{cases} f(\mathbb{x}), & \mathbb{x}\in D \\ 0, & \mathbb{x}\in E\setminus D\end{cases}$ に拡張（零拡張）すれば、これに Fubini の定理を適用できる。

領域 $D\subset\mathbb{R}^d$ で定まり区間 I の変数に依存する関数を、$I\times D$ 上の関数と考え $f(t,\mathbb{x})$ で表す。

定理 4.2.19 (積分記号下の微分) 各 $t\in I$ の値について関数 $\mathbb{x}\mapsto f(t,\mathbb{x})$ が領域 D 上可積分であり、$I\times D$ 全域で偏導関数 $f_t(t,\mathbb{x})$ をもち、さらに 不等式 $|f_t(t,\mathbb{x})|\leqq g(\mathbb{x})$ が $I\times D$ 全域で成立する D 上の可積分関数 $g(\mathbb{x})$ が取れるならば、$I\times D$ 全域で次が成立する。

$$\frac{d}{dt}\int\cdots\int_D f(t,\mathbb{x})\,dx_1\cdots dx_d=\int\cdots\int_D f_t(t,\mathbb{x})\,dx_1\cdots dx_d$$

証明: $0<|a_n|<\frac{1}{n}$ を満たす数列 $\{a_n\}$ を任意に固定し、$g_n(t,\mathbb{x})=\frac{f(t+a_n,\mathbb{x})-f(t,\mathbb{x})}{a_n}$ と置くと $\lim_{n\to\infty} g_n(t,\mathbb{x})=f_t(t,\mathbb{x})$ が成立する。一方、$F(t)=\int\cdots\int_D f(t,\mathbb{x})\,d\mathbb{x}$ は等式 $\frac{F(t+a_n)-F(t)}{a_n}=\int\cdots\int_D g_n(t,\mathbb{x})\,d\mathbb{x}$ を満たすから、平均値の定理より $g_n(t,\mathbb{x})=f_t(t+\theta a_n,\mathbb{x})$ となる θ $(0<\theta<1)$ が取れる。したがって $|g_n(t,\mathbb{x})|=|f_t(t+\theta a_n,\mathbb{x})|\leqq g(\mathbb{x})$ が成立し、優収束定理より

$$\lim_{n\to\infty}\int\cdots\int_D g_n(t,\mathbb{x})\,d\mathbb{x}=\int\cdots\int_D \lim_{n\to\infty} g_n(t,\mathbb{x})\,d\mathbb{x}=\int\cdots\int_D f_t(t,\mathbb{x})\,d\mathbb{x}$$

を得る。数列 $\{a_n\}$ は任意なので、定理 2.1.13 より $F'(t)=\int\cdots\int_D f_t(t,\mathbb{x})\,d\mathbb{x}$ を得る。　終り.

演習 4.2.20 定理 4.2.19 の仮定を「$f_t(t,\mathbb{x})$ が $I\times D$ 上で絶対可積分」に取り換えると、結論の等式がほとんどすべての t で成立することを示しなさい。(Hint: Fubini の定理を用いる)

演習 4.2.21 $I=[0,1]\times[1,2]$ のとき、次の重積分を累次積分の形に表して値を計算しなさい。

(1) $\iint_I xy^2\,dx\,dy$　(2) $\iint_I \frac{1}{1+x+y}\,dx\,dy$　(3) $\iint_I \frac{x}{(1+x^2)y}\,dx\,dy$

演習 4.2.22 $I=[0,1]\times[1,2]\times[2,3]$ のとき、次の重積分の値を求めなさい。

(1) $\int_I xy^2z^3\,d\mu$　(2) $\int_I \frac{1}{1+x+y+z}\,d\mu$　(3) $\int_I \frac{x}{(1+x^2)y(1+z^2)}\,d\mu$

4.3 重積分の計算

4.3.1 重積分と面積・体積

事実 4.3.1 有界可測集合 D の測度（長さ、面積、体積）は $\mu(D)=\int_D d\mu$ で求められる。

可測集合 $E\subset\mathbb{R}^d$ 上の可測関数 g, h と $0\leqq i\leqq d$ に対し、$\mathbb{R}^{d+1}=\mathbb{R}^i\times\mathbb{R}\times\mathbb{R}^{d-i}$ 内の図形

$$\{(\mathbb{x},y,\mathbb{z})\in\mathbb{R}^{d+1}\mid h(\mathbb{x},\mathbb{z})\leqq y\leqq g(\mathbb{x},\mathbb{z}),\ (\mathbb{x},\mathbb{z})\in E\},\quad \mathbb{x}=(x_1,\dots,x_i),\ \mathbb{z}=(x_{i+2},\dots,x_{d+1})$$

を g, h による（$(\mathbb{x},\mathbb{z})$ に関する）**縦線集合** と呼ぶ（g, h は **境界写像** と呼ばれる）。

定理 4.3.2 (縦線集合の可測性) 可測関数 g, h による $(\mathbb{x},\mathbb{z})$ に関する縦線集合 D は可測であり、g, h が可積分ならば、D は測度有限（$\mu(D)=\int_E(g-h)\,d\mu$）である。

略証: 簡単のため $i=d$（$\mathbb{x}=(x_1,\dots,x_d)$ で $\mathbb{z}$ は空）の場合を示すが、一般の場合も同様である：可測集合の定義から、E が有界集合で、g, h が有界関数の場合を考えれば十分である。その上で記述の簡単化のために必要なら平行移動を行い、g, h が広義正数値であると仮定する。

与えられた $\mathbb{R}_\oplus$ の分割 ∇ : $0=a_0<a_1<\cdots<a_n<a_{n+1}=\infty$ と実数 $t\geqq 0$ に対して $D_t^\nabla(g)=\left\{(\mathbb{x},y)\in E\times\mathbb{R}\;\middle|\;0\leqq y<(1+t)\cdot\mathrm{Step}_D^\nabla(g)\right\}$ と置くと、$D_t^\nabla(g)=\bigcup_{i=0}^{n}g^{-1}([a_i,a_{i+1}))\times[0,(1+t)\cdot a_i)$ より $D_t^\nabla(g)$ は可測で $\mu(D_t^\nabla(g))=(1+t)\cdot S_E^\nabla(g)$ を満たす。そこで $D_t(g)=\bigcup_{n\geqq1}D_t^{\nabla_{10^n}}(g)$ と置くと、$\mathrm{Step}_D^{\nabla_{10^n}}(g)(\mathbb{x})\leqq g(\mathbb{x})$ かつ $\sup_{n\geqq1}\mathrm{Step}_D^{\nabla_{10^n}}(g)(\mathbb{x})=g(\mathbb{x})$ より $D_t(g)=\{(\mathbb{x},y)\mid 0\leqq y<(1+t)\cdot g(\mathbb{x})\}$ かつ $\mu(D_t(g))=\sup_n(1+t)\cdot S_E^{\nabla_{10^n}}(g)=(1+t)\cdot\int_E g\,d\mu$ である。さらに $D=\bigcap_{m\geqq1}D_{1/m}(g)\setminus D_0(h)$ より D も可測で、$D_0(g)\subset D\cup D_0(h)\subset D_{1/m}(g)$, $m\geqq1$ より $\int_E g\,d\mu\leqq\mu(D)+\int_E h\,d\mu\leqq\inf_{m\geqq1}(1+\frac{1}{m})\cdot\int_E g\,d\mu=\int_E g\,d\mu$ が成立するので、$\mu(D)=\int_E(g-h)\,d\mu$ を得る。 終り.

演習 4.3.3 上の略証中の式 $D_t(g)=\{(\mathbb{x},y)\mid 0\leqq y<(1+t)\cdot g(\mathbb{x})\}$ を証明しなさい。

例 4.3.4 連続関数 g が有限区間 $I=[a,b]$ 上で広義正数値ならば、g のグラフ、x 軸、2直線 $x=a$, $x=b$ で囲まれた図形 $I_g=\{(x,y)\mid 0\leqq y\leqq g(x),\ a\leqq x\leqq b\}$ の面積は次で与えられる。

$$\mu(I_g)=\int_{I_g}d\mu=\int_I\left\{\int_0^{g(x)}dy\right\}dx=\int_a^b g(x)\,dx$$

さて、g, h を可測集合 $E\subset\mathbb{R}^d$ 上の可積分関数とし、g, h による $(\mathbb{x}, \mathbb{z})$（$\mathbb{x}=(x_1,\dots,x_i)$, $\mathbb{z}=(x_{i+2},\dots,x_{d+1})$, $0\leqq i\leqq d$）に関する縦線集合を $D\subset\hat{E}:=\{(\mathbb{x},y,\mathbb{z})\in\mathbb{R}^{d+1}\,|\,(\mathbb{x},\mathbb{z})\in E\}$ とする。

定理 4.3.5 (累次積分) D 上の可積分関数 f に対して次が成立する。

$$\int\!\cdots\!\int_D f(\mathbb{x},y,\mathbb{z})\,d\mathbb{x}\,dy\,d\mathbb{z}=\int\!\cdots\!\int_E\left\{\int_{h(\mathbb{x})}^{g(\mathbb{x})}f(\mathbb{x},y,\mathbb{z})\,dy\right\}d\mathbb{x}\,d\mathbb{z}$$

証明: $i=d$（$\mathbb{x}=(x_1,\dots,x_d)$, $\mathbb{z}$ は空で $\hat{E}=E\times\mathbb{R}$）の場合を示すが、他も同様である：$f$ の $\hat{E}$ への零拡張を $\hat{f}$ とすると $h(\mathbb{x})\leqq y\leqq g(\mathbb{x})$ の外で $\hat{f}(\mathbb{x},y)=0$ なので、Fubini の定理より $\int\!\cdots\!\int_D f(\mathbb{x},y)\,d\mathbb{x}\,dy=\int\!\cdots\!\int_E\left\{\int_{\mathbb{R}}\hat{f}(\mathbb{x},y)\,dy\right\}d\mathbb{x}=\int\!\cdots\!\int_E\left\{\int_{h(\mathbb{x})}^{g(\mathbb{x})}f(\mathbb{x},y)\,dy\right\}d\mathbb{x}$ を得る。　終り.

演習 4.3.6 次の重積分を計算して値を求めなさい。

(1) $\iint_D xy(x+y)\,dx\,dy,\ D:0\leqq y\leqq 1-x\leqq 1$　(2) $\iint_D xy^2\,dx\,dy,\ D:0\leqq x,y;\ x+y\leqq 2$

(3) $\iint_D xy\,dx\,dy,\ D:0\leqq y;\ x^2+y^2\leqq 1$　(4) $\iint_D (2-x-2y)\,dx\,dy,\ D:0\leqq x,y;\ x+2y\leqq 2$

4.3.2　重積分の変数変換

定理 4.3.7 (変数変換 [付録 B.10 を参照])　(1) 平面領域 D, E の間の変数変換 $D\ni(x,y)=(\phi(u,v),\psi(u,v))$, $(u,v)\in E$（ϕ, ψ は C^1-級の関数）により、D の内部 $V=\mathrm{Int}\,D$ の点が E の内部 $U=\mathrm{Int}\,E$ の点で表示され、$\mu(E\setminus U)=\mu(D\setminus V)=0$ かつ ϕ, ψ が U 上 $\frac{\partial(x,y)}{\partial(u,v)}\neq 0$ を満たすとき、D 上連続な 可積分関数 f に対して次が成立する。

$$\iint_D f(x,y)\,dx\,dy=\iint_E f(\phi(u,v),\psi(u,v))\left|\frac{\partial(x,y)}{\partial(u,v)}\right|du\,dv$$

(2) 空間領域 D, E の間の変数変換 $D\ni(x,y,z)=(\phi(u,v,w),\psi(u,v,w),\lambda(u,v,w))$, $(u,v,w)\in E$（ϕ, ψ, λ は C^1-級の関数）により、D の内部 $V=\mathrm{Int}\,D$ の点が E の内部 $U=\mathrm{Int}\,E$ の点で表示され、$\mu(E\setminus U)=\mu(D\setminus V)=0$ かつ ϕ, ψ, λ が U 上 $\frac{\partial(x,y,z)}{\partial(u,v,w)}\neq 0$ を満たすとき、D 上連続な 可積分関数 f に対して次が成立する。

$$\iiint_D f(x,y,z)\,dx\,dy\,dz=\iiint_E f(\phi(u,v,w),\psi(u,v,w),\lambda(u,v,w))\left|\frac{\partial(x,y,z)}{\partial(u,v,w)}\right|du\,dv\,dw$$

注 4.3.8　1 変数の可積分関数 $f(x)$ に対しても、定理 2.2.28 の置換積分の公式から 1 対 1 かつ

C^1 級の変数変換 $x=\phi(t):I\to\phi(I)$ に対する公式 $\displaystyle\int_{\phi(I)} f(x)\,dx = \int_I f(\phi(t))\cdot|\phi'(t)|\,dt$ を得る。

定義 4.3.9 (極座標) 平面上の点 $P(x,y)$ に対して、原点 O からの距離 $r=\sqrt{x^2+y^2}$、x 軸の正の方向の半直線と半直線 $\overline{OP}$ のなす角 θ により、P は次のように表示される。

$$(x,y)=(r\cos\theta, r\sin\theta),\quad 0\leqq r<\infty,\quad 0\leqq\theta<2\pi$$

この表示形式を **極座標**（変換）と呼ぶ。このとき、$\frac{\partial(x,y)}{\partial(r,\theta)}=r\geqq 0$ が成立する。

さて、$E=\{(r,\theta)\mid a(\theta)\leqq r\leqq b(\theta),\ \alpha\leqq\theta\leqq\beta\}$ により平面内の閉領域 D が $D:(x,y)=(r\cos\theta, r\sin\theta),\ (r,\theta)\in E$ と **極座標** 表示されるとき、可積分連続関数 f に対し次を得る。

$$\iint_D f(x,y)\,dx\,dy=\iint_E f(r\cos\theta,r\sin\theta)\cdot r\,dr\,d\theta=\int_\alpha^\beta\left\{\int_{a(\theta)}^{b(\theta)} f(r\cos\theta,r\sin\theta)\cdot r\,dr\right\}d\theta$$

例 4.3.10 **(極座標)** 閉領域 $D=\{(x,y);(x-1)^2+y^2\leqq 1\}$ 上の重積分 $S=\displaystyle\int_D y\,d\mu$ を求める。円 $(x-1)^2+y^2=1$ と直線 $\theta=\alpha$ の交点 $(x,y)=(a\cos\alpha, a\sin\alpha)$ は $(a\cos\alpha-1)^2+a^2\sin^2\alpha=a^2-2a\cos\alpha=0$ を満たすから、$a=0,\ 2\cos\alpha$ を得る。したがって原点でない交点は **極座標** で $r=2\cos\theta$（$0\leqq\theta\leqq\frac{\pi}{2}$）と表され、$S=\displaystyle\int_0^{\frac{\pi}{2}}\left\{\int_0^{2\cos\theta} r^2\sin\theta\,dr\right\}d\theta=\frac{1}{3}\int_0^{\frac{\pi}{2}}(2\cos\theta)^3\sin\theta\,d\theta=\frac{8}{3}\int_0^{\frac{\pi}{2}}\cos^3\theta\sin\theta\,d\theta=\frac{8}{3}\left[-\frac{t^4}{4}\right]_{t=1}^{0}=\frac{2}{3}$ を得る。ただし $t=\cos\theta$ と置き、置換積分を用いた。

演習 4.3.11 次の重積分を計算して値を求めなさい。

(1) $\displaystyle\iint_D \frac{1}{x^2+y^2}\,dx\,dy,\quad D:1\leqq x^2+y^2\leqq 2$ (2) $\displaystyle\iint_D x^2y\,dx\,dy,\quad D:x^2+y^2\leqq 4, |x|\geqq|y|$

定理 4.3.12 (角領域) xy 平面内で **極座標** 表示された曲線 $C:r=f(\theta)$（$f(\theta)$ は連続関数）と 2 直線 $\theta=\alpha, \theta=\beta$ で囲まれた閉領域 D の面積は積分 $\displaystyle\frac{1}{2}\int_\alpha^\beta f(\theta)^2\,d\theta$ で与えられる。

証明: 閉領域 D は $(x,y)=(r\cos\theta,\sin\theta),\ 0\leqq r\leqq f(\theta),\ \alpha\leqq\theta\leqq\beta$ と極座標表示されるから、D の面積は $\displaystyle\iint_D dx\,dy=\int_\alpha^\beta\left\{\int_0^{f(\theta)} r\,dr\right\}d\theta=\frac{1}{2}\int_\alpha^\beta f(\theta)^2\,d\theta$ で与えられる。 終り.

例 4.3.13 **(閉領域の面積)** **極座標** で表示された曲線 $r=a(1+\cos\theta)$（$0\leqq\theta<2\pi$）で囲まれた閉領域 D の面積 $S=\displaystyle\iint_D dx\,dy$ は、定理 4.3.12 から $S=\displaystyle\frac{1}{2}\int_0^{2\pi} a^2(1+\cos\theta)^2\,d\theta=$

$$a^2\int_0^{2\pi}\left(\frac{\cos 2\theta}{4}+\frac{3}{4}+\cos\theta\right)d\theta = a^2\left[\frac{\sin 2\theta}{8}+\frac{3\theta}{4}+\sin\theta\right]_{\theta=0}^{2\pi} = \frac{3\pi}{2}a^2$$ となる。

> 定義 4.3.14 (**球面座標**)　空間上の点 $P(x,y,z)$ に対して、$r=\sqrt{x^2+y^2+z^2}$ $(0\leqq r<\infty)$、z 軸の正の方向の半直線と半直線 $\overline{OP}$ のなす角 θ $(0\leqq\theta\leqq\pi)$、P を xy 平面へ垂直に下ろした足を $Q(r\sin\theta\cos\varphi, r\sin\theta\sin\varphi)$ $(0\leqq\varphi\leqq 2\pi)$ とすると、P は次のように表示される。
>
> $$(x,y,z)=(r\sin\theta\cos\varphi, r\sin\theta\sin\varphi, \cos\theta)$$
>
> この表示形式を **球面座標**（表示）と呼ぶ。このとき、$\frac{\partial(x,y,z)}{\partial(r,\theta,\varphi)}=r^2\sin\theta\geqq 0$ が成立する。

次に $E=\{(r,\theta,\varphi)\,|\,a\leqq r\leqq b,\ \alpha\leqq\theta\leqq\beta,\ \eta\leqq\varphi\leqq\kappa\}$ により、閉領域 D が $D:(x,y,z)=(r\sin\theta\cos\varphi, r\sin\theta\sin\varphi, r\cos\theta)$, $(r,\theta,\varphi)\in E$ と表示されれば、$\frac{\partial(x,y,z)}{\partial(r,\theta,\varphi)}=r^2\sin\theta$ より

$$\iiint_D f(x,y,z)\,dx\,dy\,dz=\iiint_E f(r\sin\theta\cos\varphi, r\sin\theta\cos\varphi, r\sin\varphi)\,r^2\sin\theta\,dr\,d\theta\,d\varphi$$

が成立し、さらにこの重積分は Fubini の定理により、次の累次積分で計算される。

$$\iiint_D f(x,y,z)\,dx\,dy\,dz=\int_\eta^\kappa\left\{\int_\alpha^\beta\left\{\int_a^b r^2\sin\theta\, f(r\sin\theta\cos\varphi, r\sin\theta\sin\varphi, r\cos\theta)\,dr\right\}d\theta\right\}d\varphi$$

例 4.3.15 (**球面座標**)　空間内の半径 $a>0$ の球体 $D: x^2+y^2+z^2\leqq a^2$ で定義された関数 x^2 の重積分 $V=\int_D x^2\,d\mu$ を求める。D に対して、x, y, z を **球面座標** r, θ, φ を用いて $E=\{(r,\theta,\varphi);\,0\leqq r\leqq a,\ 0\leqq\theta\leqq\pi,\ 0\leqq\varphi\leqq 2\pi\}$ 上の積分に変換すれば、$x^2=r^2\sin^2\theta\cos^2\varphi$ かつ $\frac{\partial(x,y,z)}{\partial(r,\theta,\varphi)}=r^2\sin\theta$ より $V=\int_0^a r^4\,dr\cdot\int_0^\pi\sin^3\theta\,d\theta\cdot\int_0^{2\pi}\cos^2\varphi\,d\varphi=\frac{4a^5}{15}\pi$ を得る。

例 4.3.16 (**回転体の体積**)　xy 平面の上半平面（$y\geqq 0$）内の閉領域 D を空間内で x 軸の周りに 1 回転してできる閉領域 $\Omega=\{(x,u,v)\,|\,u=y\cos\varphi, v=y\sin\varphi;\,(x,y)\in D,\ 0\leqq\varphi\leqq 2\pi\}$ の体積 $V(\Omega)$ を考える：媒介変数 x, y, φ による変数変換の Jacobian は $\frac{\partial(x,u,v)}{\partial(x,y,\varphi)}=y\geqq 0$ だから、$V(\Omega)=\int_D\left\{\int_0^{2\pi}y\,d\varphi\right\}d\mu=2\pi\cdot\iint_D y\,dx\,dy$ である。もし $D=\{(x,y)\,|\,0\leqq y\leqq f(x),\ a\leqq x\leqq b\}$（$f$ は可積分）と表示されるならば、$V(\Omega)=2\pi\cdot\int_a^b\left\{\int_0^{f(x)}y\,dy\right\}dx=\pi\cdot\int_a^b f(x)^2\,dx$ を得る。

演習 4.3.17 次の重積分または体積を求めなさい。 (1) $\iint_D(x^2+y^2)\,dx\,dy$,　$D: x^2+y^2\leqq 4$

(2) $\iint_D y\,dx\,dy$,　$D: x^2+y^2\leqq ay,\ x\geqq 0$ $(a>0)$　(3) $\iiint_D x^2\,dx\,dy\,dz$,　$D: x^2+y^2+z^2\leqq 9$

(4) $D: x^{2/3}+y^{2/3}\leqq a^{2/3}$ $(y\geqq 0)$ を x 軸の周りに 1 回転してできる閉領域 Ω の体積

4.3.3 特殊関数

定理 4.3.18 (Gauss 積分) $\displaystyle\int_0^\infty e^{-x^2}\,dx = \frac{\sqrt{\pi}}{2}$ である。

証明: 被積分関数が常に正の値を取るから、$I := \displaystyle\int_0^\infty e^{-x^2}\,dx > 0$ より $I^2 = \dfrac{\pi}{4}$ であることを示せばよい。ここで $I_M = \displaystyle\int_0^M e^{-x^2}\,dx$ と置くと、定理 4.2.11 から $I = \displaystyle\lim_{M\to\infty} I_M$ である。したがって $I^2 = \displaystyle\lim_{M\to\infty} I_M^2$ であり、Fubini の定理から $I_M^2 = \displaystyle\int_0^M e^{-x^2}\,dx \cdot \int_0^M e^{-y^2}\,dy = \iint_{D_M} e^{-x^2-y^2}\,dx\,dy$ ($D_M = [0,M]\times[0,M]$) が成立する。そこで $E_N = \{(x,y)\,|\,x,y \geqq 0,\ x^2+y^2 \leqq 2N^2\}$ と置くと、$D_M \subset E_M$ より $\displaystyle\bigcup_M E_M$ が第 I 象限内部全域を覆うから、次を得る。

$$\lim_{M\to\infty}\int_{E_M} e^{-x^2-y^2}\,d\mu = I^2$$

さらに極座標変換 $x = r\cos\theta,\ y = r\sin\theta$ ($0\leqq r\leqq N,\ 0\leqq\theta\leqq\frac{\pi}{2}$) と Fubini の定理により

$$\int_{E_N} e^{-x^2-y^2}\,dx\,dy = \int_0^{\frac{\pi}{2}}\left\{\int_0^N re^{-r^2}\,dr\right\}d\theta = \frac{\pi}{2}\cdot\left[-\frac{1}{2}e^{-r^2}\right]_0^N = \frac{\pi}{4}(1-e^{-N^2})$$

を得る。したがって $\displaystyle\lim_{M\to\infty}\int_{E_M} e^{-x^2-y^2}\,d\mu = \frac{\pi}{4}$ であり、$I^2 = \displaystyle\lim_{M\to\infty} I_M^2 = \frac{\pi}{4}$ が成立する。 終り.

例 4.3.19 $\displaystyle\int_0^\infty e^{-t}\,dt = \lim_{M\to\infty}\int_0^M e^{-t}\,dt = \lim_{M\to\infty}[-e^{-t}]_{t=0}^{t=M} = \lim_{M\to\infty}(1-e^{-M}) = 1$

演習 4.3.20 序数 n についての数学的帰納法により、$\displaystyle\int_0^\infty t^{n-1}e^{-t}\,dt = (n-1)!$ を示しなさい。

定義 4.3.21 (ガンマ関数) $\Gamma(s) := \displaystyle\int_0^\infty t^{s-1}e^{-t}\,dt = 2\cdot\int_0^\infty e^{-u^2}u^{2s-1}\,du,\quad s > 0\quad (t = u^2)$

例 4.3.22 定理 4.3.18 と定義 4.3.21 より $\Gamma(1/2) = \sqrt{\pi}$ である。

命題 4.3.23 任意の正の実数 $s > 0$ に対して、$\Gamma(s+1) = s\cdot\Gamma(s)$ が成立する。

証明: 定理 4.2.11 から $\Gamma(s+1) = \displaystyle\lim_{M\to\infty}\int_{1/M}^M t^s e^{-t}\,dt$ であり、$\displaystyle\int_{1/M}^M t^s e^{-t}\,dt = [-t^s e^{-t}]_{1/M}^M + \int_{1/M}^M s\cdot t^{s-1}e^{-t}\,dt = M^s e^{-M} - \frac{1}{M^s e^{1/M}} + s\cdot\int_{1/M}^M t^{s-1}e^{-t}\,dt$ より、$\Gamma(s+1) = \displaystyle\lim_{M\to\infty}\left(\frac{M^s}{e^M} - \frac{1}{M^s e^{1/M}}\right) + s\cdot\Gamma(s) = s\cdot\Gamma(s)$ を得る。したがって $\Gamma(s+1) = s\cdot\Gamma(s)$ となる。 終り.

系 4.3.23.1 $n \geqq 1$ に対して $\Gamma(n) = (n-1)!$ と $\Gamma(n+1/2) = \dfrac{(2n-1)!!}{2^n}\sqrt{\pi}$ が成立する。

演習 4.3.24 $\displaystyle\int_0^1 t^{n-1}(1-t)^{m-1}\,dt = \frac{(n-1)!(m-1)!}{(m+n-1)!}$ $(m,\, n \geqq 1)$ を示しなさい。

定義 4.3.25 (**ベータ関数**) $\displaystyle B(p,q) := \int_0^1 t^{p-1}(1-t)^{q-1}\,dt, \quad p,\, q > 0$

例 4.3.26 $B(1/2,1/2) = \pi$ が成立する。実際、$B(1/2,1/2) = \displaystyle\int_0^1 t^{-1/2}(1-t)^{-1/2}\,dt$ の右辺で $t = \sin^2 u$ と置くと、$\dfrac{dt}{du} = 2\sin u \cos u = 2\cdot t^{1/2}(1-t)^{1/2}$ より $B(1/2,1/2) = 2\cdot\displaystyle\int_0^{\pi/2} du = \pi$ を得る。

命題 4.3.27 $\displaystyle B(p,q) = 2\cdot\int_0^{\pi/2} \cos^{2p-1}\theta\cdot\sin^{2q-1}\theta\,d\theta$

略証: ベータ関数の定義式を $t = \cos^2\theta$ により変数変換すればよい。　終り.

定理 4.3.28 (基本関係式) $B(p,q)\cdot\Gamma(p+q) = \Gamma(p)\cdot\Gamma(q)$ $(p,q > 0)$

証明: まずガンマ関数の定義と定理 4.2.11 から $\displaystyle\lim_{n\to\infty}\int_{1/n}^{n} e^{-u^2}u^{2p-1}\,du = \frac{1}{2}\Gamma(p)$ であるので、$\displaystyle I_n = \int_{1/n}^{n} e^{-x^2}x^{2p-1}\,dx \int_{1/n}^{n} e^{-y^2}y^{2q-1}\,dy$ と置くと $\displaystyle\lim_{n\to\infty} I_n = \frac{1}{4}\Gamma(p)\cdot\Gamma(q)$ である一方、Fubini の定理から $D_n = \{(x,y) \mid 1/n \leqq x, y \leqq n\}$ に対して $\displaystyle I_n = \int_{D_n} e^{-x^2-y^2}x^{2p-1}y^{2q-1}\,d\mu$ を得る。次に閉領域 $E_n = \{(r\cos\theta, r\sin\theta) \mid 1/n \leqq r \leqq \sqrt{2}\cdot n,\ \arctan(1/n^2) \leqq \theta \leqq \pi/2 - \arctan(1/n^2)\}$ に対して、$\displaystyle J_n = \iint_{E_n} e^{-x^2-y^2}x^{2p-1}y^{2q-1}\,dx\,dy$ と置くと、$D_n \subset E_n$ より $\bigcup_n E_n$ は第 I 象限全域を覆い、定理 4.2.11 から $\displaystyle\lim_{n\to\infty} J_n = \frac{1}{4}\cdot\Gamma(p)\cdot\Gamma(q)$ を得る。さらに極座標変換と Fubini の定理から次を得る。

$$\Gamma(p)\cdot\Gamma(q) = \lim_{n\to\infty} 4\cdot J_n,\quad J_n = \int_{\arctan(1/n^2)}^{\pi/2-\arctan(1/n^2)} \cos^{2p-1}\theta\cdot\sin^{2q-1}\theta\,d\theta\cdot\int_{1/n}^{\sqrt{2}\cdot n} e^{-r^2}r^{2p+2q-1}\,dr$$

最後に、命題 4.3.27 と定理 4.2.11 から $\displaystyle\lim_{n\to\infty}\int_{\arctan(1/n^2)}^{\pi/2-\arctan(1/n^2)} \cos^{2p-1}\theta\cdot\sin^{2q-1}\theta\,d\theta = \frac{1}{2}\cdot B(p,q)$ と $\displaystyle\lim_{n\to\infty}\int_{1/n}^{\sqrt{2}\cdot n} e^{-r^2}r^{2p+2q-1}\,dr = \frac{1}{2}\cdot\Gamma(p+q)$ が成立し、$\displaystyle\lim_{n\to\infty} 4\cdot J_n = B(p,q)\cdot\Gamma(p+q)$ を得る。　終り.

演習 4.3.29 (1) $\displaystyle\int_0^{\pi/2} \sin^7\theta\cdot\cos^5\theta\,d\theta$ を求めなさい。　(2) $\displaystyle\int_0^1 \frac{x}{\sqrt{1-x^4}}\,dx$ を求めなさい。

第5章

多変数解析

区間上の積分には端点と向きがありました。

Q．区間上の定積分の値は端点で分かりますか？
　　A．原始関数が求まれば端点で分かります。

Q．領域で区間の端点にあたるものは何ですか？
　　A．領域の境界線とか境界面かな。

平面や空間の領域でも表裏を向きと考えます。実はメビウスの帯でも一部分なら表裏があります。

Q．領域上での積分は境界で分かりますか？
　　A．多変数で原始関数の類似があるのかな。

Q．境界上の積分とか計算できるのでしょうか？
　　A．平らな図形なら計算できそう。

どうやら変数変換の公式が役に立ちそうですね。では、一緒に Stokes の定理を目指しましょう。

5.1　曲線と曲面

5.1.1　弧長

始めに空間（または平面）内の曲線の **弧長** を考察する：空間内の曲線 C ： $\mathbb{x}=\gamma(t)$ （$=(f(t),g(t),h(t))$, $t\in I$ はパラメータ）が **正則曲線** とは、区間 I 上の **連続写像** $\gamma: I\to C$ が I の内部で C^∞ 級かつ $f'^2+g'^2+h'^2>0$ を満たすことであり、I の内部で 1対1 である正則曲線を **単純正則曲線** と呼び、I の端点の像を C の **端点** と呼ぶ。また本書では I 全体で 1対1 である正則曲線を **全単純正則曲線** と称する。さて、正則曲線 C の微小な接ベクトル $\Delta t\,(\frac{\partial x}{\partial t},\frac{\partial y}{\partial t},\frac{\partial z}{\partial t})=\Delta t\,(f'(t),g'(t),h'(t))$ の長さは、$t\in\operatorname{Int}I$ での微小な弧 ΔC の長さ $\lambda(\Delta C)$ を近似する：

$$\lambda(\Delta C)\approx\sqrt{f'(t)^2+g'(t)^2+h'(t)^2}\,\Delta t\quad(\Delta t\text{ は十分小})$$

すなわち C の線密度は $J(t)=\sqrt{f'(t)^2+g'(t)^2+h'(t)^2}$ であり、1対1 かつ C^1 級のパラメータ変換 $t=\phi(r)$ を行っても、$J(r)=J(t)\cdot|\phi'(r)|$ と注 4.3.8 より $\int_{\phi(I)}J(t)\,dt=\int_I J(r)\,dr$ を得るから、線密度の積分はパラメータ表示に依存しない。以上より次の弧長の定義に到達する。

> 定義 5.1.1 (**弧長**)　正則曲線 $C:\mathbb{x}=\gamma(t)$ （$t\in I$）の **弧長** $\lambda(C)$ は次で与えられる。
>
> $$\lambda(C)=\int_I J(t)\,dt,\quad(\text{平面では } J(t)=\sqrt{f'(t)^2+g'(t)^2})$$
>
> 特に C^1 級関数 h,g により $C: y=g(x),\ z=h(x)$ （$x\in J$）と表されれば、次が成立する。
>
> $$\lambda(C)=\int_J\sqrt{1+g'(x)^2+h'(x)^2}\,dx,\quad(\text{平面では } \lambda(C)=\int_J\sqrt{1+g'(x)^2}\,dx)$$

定義 5.1.1 の正則曲線 C に対して $\varphi(t)=\int_a^t\sqrt{f'(t)^2+g'(t)^2+h'(t)^2}\,dt$ は 1対1 かつ C^1 級で、$s=\varphi(t)$ を弧長パラメータ、$\mathbb{x}=\gamma\circ\varphi^{-1}(s)$ を弧長パラメータ表示と呼ぶ（付録 C.5 を参照）。

弧長パラメータ表示が一致する全単純正則曲線は同じ曲線と考える。

> 定義 5.1.2　全単純正則曲線 C_i の和 $C=C_1\cup\cdots\cup C_k$ （端点以外で交わらない）において、全 C_i の端点全体を $\{A_j\}$ とする。各 j について、A_j を端点とする C_i が高々二つのとき C を **区分的全単純正則曲線群** と呼んで $C=\sum_{i=1}^k C_i$ と表し、長さを $\lambda(C)=\sum_{i=1}^k\lambda(C_i)$ と置く。また一つの全単純正則曲線だけの端点 A_j 全体を C の **境界**（端点の集合）と呼び ∂C で表す。特に連結な区分的全単純正則曲線群を（単一の）**区分的全単純正則曲線** と呼ぶ。

5.1.2 曲面積

次に空間内の曲面の **曲面積** を考察する：平面閉領域 D の境界 ∂D が容積 0 の区分的全単純正則曲線群のとき、D を **正則領域**、∂D をその **正則境界** と呼ぶ。曲面 Σ ： $\mathbb{x}=\sigma(u,v)$ $(=(f(u,v),g(u,v),h(u,v)),\ (u,v)\in D)$ が **正則曲面** とは、正則領域 D 上の **連続写像** $\sigma : D\to\Sigma$ が D の内部で C^∞ 級 かつ $J(g,h)^2+J(h,f)^2+J(f,g)^2>0$ を満たすことであり、特に $\partial D=\sum_{i=1}^{k}C_i$ $(C_i : (x,y)=\gamma_i(t),\ t\in I_i)$ 上で $\sigma(C_i)$ が一点であるか、$\sigma\circ\gamma_i$ が I_i 上の全単純正則曲線を与え、σ が D の内部で 1 対 1 である正則曲面を **単純正則曲面** と呼ぶ。また本書では、D 全体で 1 対 1 である正則曲面を **全単純正則曲面** と称する。さて、正則曲面 Σ の内点での二つの微小接ベクトル $\Delta u\cdot(\frac{\partial x}{\partial u},\frac{\partial y}{\partial u},\frac{\partial z}{\partial u})$, $\Delta v\cdot(\frac{\partial x}{\partial v},\frac{\partial y}{\partial v},\frac{\partial z}{\partial v})$ の外積は Σ に垂直で、その長さは二つの微小ベクトルを 2 辺とする微小平行四辺形の面積で、**微小面分** $\Delta\Sigma$ の面積 $\alpha(\Delta\Sigma)$ を近似する：

$$\alpha(\Delta\Sigma)\approx\sqrt{J(g,h)(u,v)^2+J(h,f)(u,v)^2+J(f,g)(u,v)^2}\,\Delta u\Delta v\quad(\Delta u,\ \Delta v \text{ は十分小})$$

すなわち Σ の面密度は $J(u,v)=\sqrt{J(g,h)(u,v)^2+J(h,f)(u,v)^2+J(f,g)(u,v)^2}$ で与えられる。さらに 1 対 1 かつ C^1 級のパラメータ変換 $(u,v)=\mathbb{g}(r,s)$ を行っても $du\,dv=\left|\frac{\partial(u,v)}{\partial(r,s)}\right|dr\,ds$ かつ $J(r,s)=J(u,v)\left|\frac{\partial(u,v)}{\partial(r,s)}\right|$ より $J(u,v)\,du\,dv=J(r,s)\,dr\,ds$ を得るから、面密度の積分はパラメータ表示に依存しない。また定義から C の測度は 0 なので、次の曲面積の定義に到達する。

> 定義 5.1.3 (**曲面積**) Σ ： $\mathbb{x}=\sigma(u,v)$ $((u,v)\in D)$ の **面積** $\alpha(\Sigma)$ は次で与えられる。
>
> $$\alpha(\Sigma)=\iint_D J(u,v)\,du\,dv$$
>
> 特に、微分可能関数により Σ ： $z=h(x,y)$ $((x,y)\in E)$ と表されれば、次が成立する。
>
> $$\alpha(\Sigma)=\iint_E\sqrt{1+h_x(x,y)^2+h_y(x,y)^2}\,dx\,dy$$

例 5.1.4 (**回転面の面積**) xy 平面内の曲線 $x=f(u),\ y=g(u)$ $(a\leqq u\leqq b)$ を空間内で x 軸の周りに 1 回転してできる曲面 Σ の面積 $\alpha(\Sigma)$ を考える：曲線を x 軸の周りに角 v $(0\leqq v\leqq 2\pi)$ だけ回転すると、元の xy 平面で座標 $(f(u),g(u))$ であった点の空間座標は $(f(u),g(u)\cos v,g(u)\sin v)$ となるので、$J(u,v)=\sqrt{g(u)^2(f'(u)^2+g'(u)^2)(\cos^2v+\sin^2v)}=|g(u)|\sqrt{f'(u)^2+g'(u)^2}$ (v に関して定数) である。したがって定義 5.1.3 と定理 4.2.17 より次を得る。

$$\alpha(\Sigma)=\int_D J(u,v)\,du\,dv=2\pi\cdot\int_a^b|g(u)|\sqrt{f'(u)^2+g'(u)^2}\,du,\quad D=[a,b]\times[0,2\pi]$$

1 対 1 かつ C^1 級のパラメータ変換で一致する全単純正則曲面は同じ曲面と考える。

> 定義 5.1.5　全単純正則曲面 Σ_i の和 $\Sigma = \Sigma_1 \cup \cdots \cup \Sigma_k$（境界以外で交わらない）において、区分的全単純正則曲線群群 $C = \sum_j C_j$ を取れば、どの Σ_i の境界もいくつかの C_j の和集合であるとする。各 j について C_j を境界とする Σ_i が高々二つのとき、Σ を **区分的全単純正則曲面群** と呼んで $\Sigma = \sum_{i=1}^{k} \Sigma_i$ と表し、面積を $\alpha(\Sigma) = \sum_{i=1}^{k} \alpha(\Sigma_i)$ と置く。また一つの全単純正則曲面だけの境界である正則曲線 C_j の和集合を **境界** と呼び $\partial\Sigma$ で表す。特に連結な区分的全単純正則曲面群を（単一の）**区分的全単純正則曲面** と呼ぶ。

演習 5.1.6　サイクロイド $x = a(t-\sin t),\ y = a(1-\cos t)$（$a>0,\ 0\leqq t\leqq 2\pi$）を xyz 空間の中で x 軸のまわりに 1 回転してできる曲面 Σ の面積 $\alpha(\Sigma)$ を求めなさい。

5.1.3　曲線積分と曲面積分

空間（または平面）内の曲線の上で積分を定める：まず、$C = \sum_{i=1}^{k} C_i$ を区分的全単純正則曲線群（C_i ：$\mathbb{x} = \gamma_i(t) = (f_i(t), g_i(t), h_i(t)),\ t \in I_i$ は正則曲線）とする。ただし、I_i は閉区間である。

> 定義 5.1.7 (**曲線積分**)　C 上の関数 p に対して $\int_C p\, d\lambda$（または $\int_C p\, dL$[5.1]）を次で定める。
>
> $$\int_C p\, d\lambda = \sum_{i=1}^{k} \int_{I_i} p\circ\gamma_i(t)\cdot\sqrt{f_i'(t)^2 + g_i'(t)^2 + h_i'(t)^2}\, dt \quad （平面では\ h_i(t) = 0\ と考える）$$

正則曲線 C ：$\mathbb{x} = \gamma(t),\ t \in [a,b]$ に対して、弧 C_t ：$\mathbb{x} = \gamma(u),\ u \in [a,t]$ の弧長 $s = \varphi(t) = \int_a^t \sqrt{f'(t)^2 + g'(t)^2 + h'(t)^2}\, du$ は $\dfrac{ds}{dt} = \sqrt{f'(t)^2 + g'(t)^2 + h'(t)^2} > 0,\ t \in [a,b]$ を満たす。すると定理 B.4.1 より $s = \varphi(t)$ には逆関数 $t = \psi(s)$ があり、$\dfrac{dt}{ds} = \dfrac{1}{\sqrt{f'(t)^2 + g'(t)^2 + h'(t)^2}},\ s \in [0, \lambda(C)]$ を満たす。$\frac{dx}{ds} = f'(t)\frac{dt}{ds},\ \frac{dy}{ds} = g'(t)\frac{dt}{ds},\ \frac{dz}{ds} = h'(t)\frac{dt}{ds}$ より、分母を払い両辺を 2 乗して次を得る。

> **命題 5.1.8**　$\left(\dfrac{dx}{ds}\right)^2 + \left(\dfrac{dy}{ds}\right)^2 + \left(\dfrac{dz}{ds}\right)^2 = 1$　（平面では $\left(\dfrac{dx}{ds}\right)^2 + \left(\dfrac{dy}{ds}\right)^2 = 1$ ）

5.1　弧長 s を用いて $\int_C p\, ds$ と記すテキストも多い。

演習 5.1.9　区分的全単純正則曲線 $C=\sum_{i=1}^{k} C_i$（C_i : $\mathbb{x}=\gamma_i(t),\ t\in I_i$）上の曲線積分の定義に従って、$C$ 上の関数 p に対して等式 $\displaystyle\int_C p\,d\lambda=\sum_{i=1}^{k}\int_0^{\ell_i} p(\bar{\gamma}(s))\,ds$（$\ell_i=\lambda(C_i)$）を示しなさい。

次に、$\Sigma=\sum_{i=1}^{k}\Sigma_i$ を区分的全単純正則曲面群（Σ_i : $\mathbb{x}=\sigma_i(u,v)=(f_i(u,v),g_i(u,v),h_i(u,v))$, $(u,v)\in D_i$ は全単純正則曲面）とする。ただし、D_i は平面正則領域である。

定義 5.1.10 (**曲面積分**)　Σ 上の関数 p に対して $\displaystyle\int_\Sigma p\,d\alpha$（または $\displaystyle\int_\Sigma p\,dA$）を次で定める。

$$\int_\Sigma p\,d\alpha=\sum_{i=1}^{k}\iint_{D_i} p\circ\sigma_i(u,v)\cdot\sqrt{J(g_i,h_i)(u,v)^2+J(h_i,f_i)(u,v)^2+J(f_i,g_i)(u,v)^2}\,du\,dv$$

演習 5.1.11　(1) $\displaystyle\int_C d\lambda=\lambda(C)$ を確かめなさい。　(2) $\displaystyle\int_\Sigma d\alpha=\alpha(\Sigma)$ を確かめなさい。

5.2　線積分と面積分

5.2.1　線積分

本項では、空間（または平面）内の曲線の向きに依存する線積分を導入する：空間内の曲線 C : $\mathbb{x}=\gamma(u),\ u\in I$ を正則とし、区間 I に数直線の正の方向により向きを与えると、対応してベクトル $\gamma'(u)$ は、C の **接線方向** を向き、C に正の向きを定める。$\mathbb{x}=\bar{\gamma}(s)=(x(s),y(s),z(s))$（$s$ は弧長）と置くと、$\mathbb{t}=(t_1,t_2,t_3):=\frac{d\bar{\gamma}}{ds}=\left(\frac{dx}{ds},\frac{dy}{ds},\frac{dz}{ds}\right)$（各成分は C 上の連続関数）は C の接線方向に正の向きを与える長さ 1 のベクトルとなり、空間曲線 C の **単位接ベクトル** と呼ばれる。また、向きづけられた曲線の行く先の端点を **終点**、出発元の端点を **始点** と呼ぶ。

用語 5.2.1　区分的全単純正則曲線群 $C=\sum_{i=1}^{k} C_i$（C_i : $\mathbb{x}=\gamma_i(u),\ u\in I_i$ は正則）の二つの単純正則曲線の共有する端点が一方の終点かつ他方の始点となるとき、C を **向きづけられた** 曲線と呼ぶ。

定義 5.2.2 (**線積分**)　向きづけられた区分的全単純正則曲線群 C 上の C^1 級関数 p,q,r に対して、$\omega=p\,dx+q\,dy+r\,dz$（平面の場合は $r=0$ と考える）の線積分を次で定義する。

$$\int_C\omega:=\int_C(p\cdot t_1+q\cdot t_2+r\cdot t_3)\,d\lambda=\int_C p\cdot\frac{dx}{ds}\,d\lambda+\int_C q\cdot\frac{dy}{ds}\,d\lambda+\int_C r\cdot\frac{dz}{ds}\,d\lambda$$

$$\int_C\omega=\sum_{i=1}^{k}\int_{I_i}\left\{p\circ\gamma_i\cdot\frac{dx}{du}\,du+q\circ\gamma_i\cdot\frac{dy}{du}\,du+r\circ\gamma_i\cdot\frac{dz}{du}\right\}du$$

定理 5.2.3 (線積分と向き) 向きづけられた区分的全単純正則曲線群 C に対して、C と向きだけが反対に向きづけられた曲線群を $-C$ で表すと、$\int_{-C} \omega = -\int_C \omega$ が成立する。

注 5.2.4 平面（実は一般に偶数次元）の場合には自然に法線方向が定まる。平面曲線 C の **単位接ベクトル** $\mathbb{t} = (\frac{dx}{ds}, \frac{dy}{ds})$ に直交する $\mathbb{n} = (\frac{dy}{ds}, -\frac{dx}{ds})$ を平面曲線 C の **単位法ベクトル** と呼ぶ。

5.2.2　面積分

本項では、空間内の曲面の向き（表と裏）に依存する面積分を導入する：Σ ： $\mathbb{x} = \sigma(u, v) := (x(u, v), y(u, v), z(u, v)), (u, v) \in D$ を正則曲面とし、uv-平面内の領域 D は u 軸の正の方向と v 軸の正の方向から右手の法則の示す方向の面を表側とし、曲面 Σ は接ベクトルの組 (σ_u, σ_v) $(\sigma_u = (\frac{\partial x}{\partial u}, \frac{\partial y}{\partial u}, \frac{\partial z}{\partial u}),\ \ \sigma_v = (\frac{\partial x}{\partial v}, \frac{\partial y}{\partial v}, \frac{\partial z}{\partial v}))$ から右手の法則の示す（外積 $\sigma_u \times \sigma_v = (J(g,h), J(h,f), J(f,g))$ の）方向の面を表側とする。このとき、法ベクトル $\mathbb{n} = (n_1, n_2, n_3) := \frac{1}{\|\sigma_u \times \sigma_v\|}(\sigma_u \times \sigma_v)$（各成分は D 上の C^∞ 関数）は、Σ の正の向き（表側）を与える長さ 1 のベクトルとなり、曲面 Σ の **単位法ベクトル** と呼ばれる。一般に、向き（表と裏）づけられた曲面の境界の曲線には、曲面の表側に立って左に曲面を見ながら曲線上を進む向きが誘導される。

定義 5.2.5 (外積) $dy \wedge dz := \mathbb{n}_x\, d\alpha,\ dz \wedge dx := \mathbb{n}_y\, d\alpha,\ dx \wedge dy := \mathbb{n}_z\, d\alpha$

微小面積 $d\alpha$ は定義から $d\alpha = \|\sigma_u \times \sigma_v\|\, du\, dv$ なので $\mathbb{n}\, d\alpha = \sigma_u \times \sigma_v\, du\, dv$ であり、外積は $dy \wedge dz = \frac{\partial(y,z)}{\partial(u,v)}\, du\, dv,\ dz \wedge dx = \frac{\partial(z,x)}{\partial(u,v)}\, du\, dv,\ dx \wedge dy = \frac{\partial(x,y)}{\partial(u,v)}\, du\, dv$ で与えられる。

用語 5.2.6 区分的全単純正則曲面群 $\Sigma = \sum_{i=1}^{k} \Sigma_i$（$\Sigma_i$ ： $\mathbb{x} = \sigma_i(u, v), (u, v) \in D_i$ は全単純正則）の二つの曲面が共通の境界に異なる向きを誘導するとき、Σ を **向きづけられた** 曲面と呼ぶ。

定義 5.2.7 (面積分) 向きづけられた区分的全単純正則曲面群 Σ 上の C^1 級関数 p, q, r に対して、$\omega = p\, dy \wedge dz + q\, dz \wedge dx + r\, dx \wedge dy$ に対する面積分を次で定義する。

$$\int_\Sigma \omega := \int_\Sigma p \cdot n_1\, d\alpha + \int_\Sigma q \cdot n_2\, d\alpha + \int_\Sigma r \cdot n_3\, d\alpha$$

$$\int_\Sigma \omega = \sum_{i=1}^{k} \int_{D_i} \left\{ p \circ \sigma_i \cdot \frac{\partial(y,z)}{\partial(u,v)} + q \circ \sigma_i \cdot \frac{\partial(z,x)}{\partial(u,v)} + r \circ \sigma_i \cdot \frac{\partial(x,y)}{\partial(u,v)} \right\} du\, dv$$

定理 5.2.8 (面積分と向き) 向きづけられた区分的全単純正則曲面群 Σ に対して、Σ と向きだけが反対に向きづけられた曲面群を $-\Sigma$ で表すと、$\displaystyle\int_{-\Sigma}\omega = -\int_{\Sigma}\omega$ が成立する。

用語 5.2.9 端点をもたない単一曲線を **閉曲線** と呼び、境界が空の単一曲面を **閉曲面** と呼ぶ。

記法 5.2.10 閉曲線上の線積分を $\displaystyle\int$ ではなく、$\displaystyle\oint$ を用いて表すことがある。

5.2.3 領域での積分

平面の領域 D には、$(x,y)=(u,v)$ により自然に向きが導入され、$dx\wedge dy = \frac{\partial(x,y)}{\partial(u,v)}\,d\mu = d\mu$ (μ は平面 $\mathbb{R}^2$ の測度) であると考え、D 上の関数 $p(x,y)$ に対して次のように定める。

$$\int_D p\,dx\wedge dy = \int_D p\,d\mu = \iint_D p(x,y)\,dx\,dy, \quad D\subset\mathbb{R}^2.$$

空間の領域 V に対しても、$(x,y,z)=(u,v,w)$ として、$dx\wedge dy\wedge dz = \dfrac{\partial(x,y,z)}{\partial(u,v,w)}\,d\mu = d\mu$ (μ は空間 $\mathbb{R}^3$ の測度) であると考え、V 上の関数 $p(x,y,z)$ に対して次のように定める。

$$\int_V p\,dx\wedge dy\wedge dz = \int_V p\,d\mu = \iiint_V p(x,y,z)\,dx\,dy\,dz, \quad V\subset\mathbb{R}^3.$$

5.3 Stokes の定理

5.3.1 Green, Gauss の定理

用語 5.3.1 空間閉領域 V の境界 ∂V が容積 0 の区分的全単純正則閉曲面群のとき、V を（空間）**正則領域**、∂V をその **正則境界** と呼ぶ。また、特に境界写像が区分的に C^∞ 級写像である縦線集合の形に表せる空間（または平面）の正則領域を **正則縦線領域** と呼ぶ。

D を平面正則領域、C をその正則境界とし、D の内部を左に見つつ進む向きを C に与える。

例 5.3.2 ここでは、D を x, y 双方に関して正則縦線領域であるとする：

$$D=\{(x,y)\mid a\leqq x\leqq b,\ \psi_2(x)\leqq y\leqq\psi_1(x)\}=\{(x,y)\mid c\leqq y\leqq d,\ \phi_1(y)\leqq x\leqq\phi_2(y)\}$$

さらに p, q が D を含む開集合上 C^1 級のとき、Fubini の定理と微分積分学の基本定理から $\displaystyle\int_D p_y\,dx\wedge dy$ は $\displaystyle\iint_D p_y(x,y)\,dx\,dy = \int_a^b\left\{\int_{\psi_2(x)}^{\psi_1(x)} p_y(x,y)\,dy\right\}dx = \int_a^b [p(x,y)]_{y=\psi_2(x)}^{y=\psi_1(x)}\,dx =$

$\int_a^b p(x,\psi_1(x))\,dx - \int_a^b p(x,\psi_2(x))\,dx$ に一致する。一方、$C=(-C_1)+C_2$, $C_1 : y=\psi_1(x)$, $C_2 : y=\psi_2(x)$ $(a \leqq x \leqq b)$ と分割すれば $\int_D p_y\,dx\wedge dy = \int_{C_1} p\,dx - \int_{C_2} p\,dx = -\oint_C p\,dx$ を得る。同様に $\int_D q_x\,dx\wedge dy$ も $\int_c^d q(\phi_1(x),y) - \int_c^d q(\phi_2(x),y)$ に一致する一方、$C=C_3+(-C_4)$, $C_3 : x=\phi_1(x)$, $C_4 : x=\phi_2(x)$ $(c \leqq y \leqq d)$ と分割すれば $\int_D q_x\,dx\wedge dy = \int_{C_3} q\,dy - \int_{C_4} q\,dy = \oint_C q\,dy$ を得る。以上より、$\int_D (q_x - p_y)\,dx\wedge dy = \oint_C p\,dx + q\,dy$ が成立することが分かる。

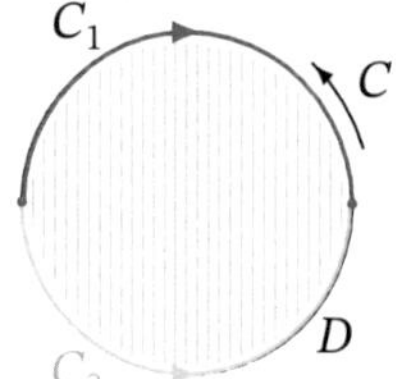

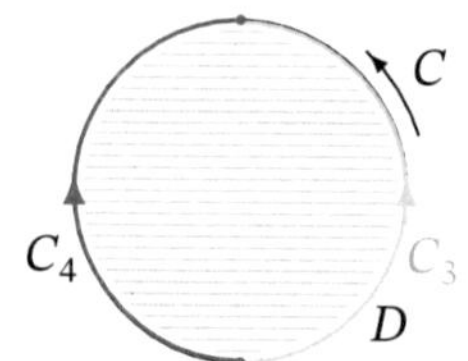

> **定理 5.3.3 (Green)** $\omega = p\,dx + q\,dy$（p, q は D を含む開集合上 C^1 級）に対して $d\omega = (q_x - p_y)\,dx\wedge dy$ と置くと、$\int_D d\omega = \int_{\partial D} \omega$ が成立する。

略証: 平面正則領域 D を小正則領域 $\{D_i\}$ に分割し、個々の小正則領域 D_i が x と y の双方に関する正則縦線領域であるように取る。これにより各 i について例 5.3.2 と同じ計算が可能となり、個々の小領域 D_i で $\int_{D_i} d\omega = \oint_{\partial D_i} \omega$ が成立する。両辺で i について総和を取れば、左辺は $\int_D \omega$ である。右辺の区分的全単純正則曲線 ∂D_i の各区分となる曲線のうち、D の内部にある部分は隣り合う小正則領域 D_j の境界でもあり、この区分となる曲線は D_i の境界と考えたときと、D_j の境界と考えたときとで反対の向きが与えられる。したがって内部にある部分の線積分は総和に寄与せず、右辺の総和は $\int_{\partial D} \omega$ に一致するから、定理を得る。　終り.

次に、V を空間正則領域とし、その境界 ∂V に V の外側を表とする向きを与える。

> **定理 5.3.4 (Gauss)** $\omega = p\,dy\wedge dz + q\,dz\wedge dx + r\,dx\wedge dy$（$p$, q, r は V を含む開集合上 C^1 級）に対して $d\omega = (p_x + q_y + r_z)\,dx\wedge dy\wedge dz$ と置くと、$\int_V d\omega = \int_{\partial V} \omega$ が成立する。

略証: $\omega = p\,dy\wedge dz$（$q\,dz\wedge dx$, $r\,dx\wedge dy$ でも同様）とすると、$d\omega = p_x\,dx\wedge dy\wedge dz$ である。空間正則領域 V は、必要なら小正則領域 $\{V_i\}$ に分割し、個々の小正則領域 V_i が

(y,z) に関する正則縦線領域 $g_2^{(i)}(y,z) \leqq x \leqq g_1^{(i)}(y,z)$, $(y,z) \in D_i$ であるように取る。また $\Sigma_1^{(i)}: x = g_1^{(i)}(y,z)$, $(y,z) \in D_i$、$\Sigma_2^{(i)}: x = g_2^{(i)}(y,z)$, $(y,z) \in D_i$ と置くと、$\partial V_i = \Sigma_1^{(i)} + (-\Sigma_2^{(i)})$ より微分積分学の基本定理と Fubini の定理から $\int_{\partial V_i} \omega = \int_{\Sigma_1^{(i)}} \omega - \int_{\Sigma_2^{(i)}} \omega = \iint_{D_i} p(g_1^{(i)}(y,z),y,z)\,dy\,dz$ $-\iint_{D_i} p(g_2^{(i)}(y,z),y,z)\,dy\,dz = \iint_{D_i} [p(x,y,z)]_{x=g_2^{(i)}(y,z)}^{x=g_1^{(i)}(y,z)}\,dy\,dz = \iint_{D_i} \left\{ \int_{g_2^{(i)}(y,z)}^{g_1^{(i)}(y,z)} p_x(x,y,z)\,dx \right\} dy\,dz$ $= \iiint_{V_i} p_x(x,y,z)\,dx\,dy\,dz = \int_{V_i} d\omega$ より $\int_{V_i} d\omega = \int_{\partial V_i} \omega$ を得る。両辺で i について総和を取れば、左辺は $\int_V d\omega$ である。右辺の区分的全単純正則曲面 ∂V_i の各区分となる曲面のうち、V の内部にある部分は隣り合う小正則領域 V_j の境界でもある。また、この区分となる曲面は V_i の境界と考えたときと、V_j の境界と考えたときとで反対の向きが与えられる。したがって内部にある部分の面積分は総和に寄与せず、右辺の総和は $\int_{\partial V} \omega$ に一致するから、定理を得る。 終り.

5.3.2 Stokes の定理

前項の Green の定理では平面領域を考えたが、Stokes はこれを曲面の場合に一般化した。では、空間内の向きづけられた区分的全単純正則曲面 $\Sigma = \sum_{i=1}^{k} \Sigma_i$（$\Sigma_i$ は全単純正則）を考える。

定理 5.3.5 (Stokes) $\omega = p\,dx + q\,dy + r\,dz$（$p, q, r$ は Σ を含む開集合上で C^1 級）に対して $d\omega = (r_y - q_z)\,dy \wedge dz + (p_z - r_x)\,dz \wedge dx + (q_x - p_y)\,dx \wedge dy$ と置くと、$\int_\Sigma d\omega = \int_{\partial\Sigma} \omega$ である。

略証: 各 i について、$\Sigma_i : \mathbb{x} = \sigma_i(u,v) = (f_i(u,v), g_i(u,v), h_i(u,v))$ $(u,v) \in D_i$ とする。ただし、D_i は平面正則領域である。$\eta_i = (p\circ\sigma_i \frac{\partial x}{\partial u} + q\circ\sigma_i \frac{\partial y}{\partial u} + r\circ\sigma_i \frac{\partial z}{\partial u})\,du + (p\circ\sigma_i \frac{\partial x}{\partial v} + q\circ\sigma_i \frac{\partial y}{\partial v} + r\circ\sigma_i \frac{\partial z}{\partial v})\,dv$ とすると $d\eta_i = ((r_y\circ\sigma_i - q_z\circ\sigma_i)\frac{\partial(y,z)}{\partial(u,v)} + (p_z\circ\sigma_i - r_x\circ\sigma_i)\frac{\partial(z,x)}{\partial(u,v)} + (q_x\circ\sigma_i - p_y\circ\sigma_i)\frac{\partial(x,y)}{\partial(u,v)})\,du \wedge dv$ であり、定義から $\int_{\Sigma_i} d\omega = \int_{D_i} d\eta_i$ かつ $\int_{\partial\Sigma_i} \omega = \int_{\partial D_i} \eta$ を得る。また定理 5.3.3 より各 D_i で $\int_{D_i} d\eta_i = \int_{\partial D_i} \eta_i$ であるから $\int_{\Sigma_i} d\omega = \int_{\partial\Sigma_i} \omega$ を得る。両辺とも i について総和を取れば左辺は $\int_\Sigma \omega$ である。右辺の区分的全単純正則曲線 $\partial\Sigma_i$ の各区分となる曲線のうち、Σ の内部にある部分は隣り合う曲面 Σ_j の境界でもある。また、この区分となる曲線は、曲面 Σ_i の境界と考えたときと曲面 Σ_j の境界と考えたときとで反対の向きが与えられるから、内部にある部分の線積分は総和に寄与せず、右辺の総和は $\int_{\partial\Sigma} \omega$ に一致するので定理を得る。終り.

5.3.3　Poincaré の補題

本項では主に空間内で議論するが、平面内でも同様である。以下、R を空間（または平面）内の開領域とし、C を R 内で $A,\ B$ を端点とする区分的全単純正則曲線とする。このとき、R 上の関数 f の全微分は $df = f_x\,dx + f_y\,dy + f_z\,dz$（平面では $f_x\,dx + f_y\,dy$）で与えられる。

> **定理 5.3.6 (ポテンシャル)**　C が端点 A から 端点 B へ向きづけられたとするとき、C 上の C^1 級関数 f に対して $\omega = df$ と置くと、$\displaystyle\int_C \omega = f(B) - f(A)$ が成立する。

証明: 全単純正則曲線$\{C_i\ :\ (x,y,z) = \gamma_i(t)\ |\ a_i \leqq t \leqq b_i,\ \gamma_i(a_i) = A_i,\ \gamma_i(b_i) = A_{i+1}\}_{0\le i\le k}$ により C が $C = C_0 + \cdots + C_k$ と表され、また $A = A_0,\ B = A_{k+1}$ であるとすると、定義から $\displaystyle\int_{C_i} \omega = \int_{a_i}^{b_i}\left(p_x(\gamma(t))\frac{dx}{dt} + p_y(\gamma(t))\frac{dy}{dt} + p_z(\gamma(t))\frac{dz}{dt}\right)dt = \int_{a_i}^{b_i}\frac{d\,p\circ\gamma}{dt}(t)\,dt = p(A_{i+1}) - p(A_i)$ なので、$\displaystyle\int_C \omega = \sum_{i=1}^{k}\int_{C_i}\omega = \sum_{i=1}^{k}(p(A_{i+1}) - p(A_i)) = p(A_{k+1}) - p(A_0) = p(B) - p(A)$ を得る。　終り.

> **定理 5.3.7 (Poincaré の補題)**　$p,\ q,\ r$ を星状領域 R 上の C^1 級関数とする。$d\omega = 0$ を満たす $\omega = p\,dx + q\,dy + r\,dz$ は、R 上の適当な C^2 級関数 f により $\omega = df$ と表せる。

略証: 星状領域 R の中心を A とし、任意の $P \in R$ に対し $f(P) = \displaystyle\int_{\vec{AP}} \omega$ と置く。R が星状より、P に十分近い $Q \in R$ を取れば $\triangle APQ$ 全体が R に含まれ、Stokes の定理から $\displaystyle\int_{\overline{AQ}}\omega - \int_{\overline{AP}}\omega - \int_{\overline{PQ}}\omega = \pm\int_{\triangle APQ} d\omega = 0$ すなわち $f(Q) - f(P) = \displaystyle\int_{\overline{PQ}}\omega$ を得る。$\vec{PQ} = \mathbb{v}$ と置けば、右辺は積分の平均値の定理から $\mathbb{v}\cdot(p(P{+}c_1\mathbb{v}), q(P{+}c_2\mathbb{v}), r(P{+}c_3\mathbb{v}))$（$c_1, c_2, c_3 \in (0,1)$）と表され、

$$
\begin{aligned}
&\frac{|(f(P{+}\mathbb{v}) - f(P)) - \mathbb{v}\cdot(p(P), q(P), r(P))|}{\|\mathbb{v}\|}\\
&= \frac{|\mathbb{v}\cdot((p(P{+}c_1\mathbb{v}), q(P{+}c_2\mathbb{v}), r(P{+}c_3\mathbb{v})) - (p(P), q(P), r(P)))|}{\|\mathbb{v}\|}\\
&\leqq \|(p(P{+}c_1\mathbb{v}), q(P{+}c_2\mathbb{v}), r(P{+}c_3\mathbb{v})) - (p(P), q(P), r(P))\| \longrightarrow 0 \quad (\mathbb{v} \longrightarrow \mathbb{0})
\end{aligned}
$$

を得る。したがって f は微分可能で $(f_x, f_y, f_z) = (p, q, r)$ であることが分かる。　終り.

演習 5.3.8　半球面 $\Sigma : x^2{+}y^2{+}z^2 = 1,\ x \geqq 0$ とその境界 C に対して、次を計算しなさい。

(1) $\displaystyle\int_C y\,dy$　(2) $\displaystyle\int_C y\,dz$　(3) $\displaystyle\int_\Sigma x\,dx{\wedge}dy$　(4) $\displaystyle\int_\Sigma x\,dz{\wedge}dx$　(5) $\displaystyle\int_\Sigma dy{\wedge}dz$

付録 A

集合と実数

まず集合論の公理を掲げ、十進数などの人工物を
介さない、自然数から実数への道を提示します。

A.1　公理的集合論 (von Neumann-Bernays-Gödel)

類に対する関係「**等しい**」と「**属す**」をもつ述語論理[付録 D.1 を参照] を考え、類に属す類は小文字で、一般の類は大文字で表す。A と B が等しいとき $A=B$、a が A に属すとき $a \in A$ と表す。

用語 A.1.0 (**集合**) なんらかの類に属す類を **集合**、集合でない類を **真の類** と言う。

類 A に属す集合がすべて類 B にも属すとき、A を B の **部分類** と呼び $A \subset B$ で表す。

公理 A.1.1 (外延性) 類 A, B に対して、$A \subset B$ かつ $B \subset A$ ならば $A=B$ である。

量化記号[付録 D.1 を参照] に従属する変数がすべて集合である論理式を **集合論的論理式** と呼ぶ。

公理 A.1.2 (類形成) 集合論的論理式 φ に対して、φ を満たす集合全体は類である。

公理 A.1.3 (空集合) 自分に属す類が一つも無い類は集合である。これを空集合と呼ぶ。

公理 A.1.4 (非順序対) 自分に属す類が集合 a と集合 b だけである類は集合である。

類に属す集合を **要素** と呼ぶ。二つの類に対して、その両方に属す要素の集まりである類を **共通部分** と呼び、少なくとも一方に属す要素の集まりである類を **合併** と呼ぶ。さらに詳細は省略するが、類の **直積**、直積の部分類としての **関係**、特別な関係である **写像** などが定義される。

公理 A.1.5 (合併集合) 集合を要素とする類 A に対して、A に属す集合の要素全体からなる集まりとしての類を $\bigcup A$ で表すと、類 A が集合ならば $\bigcup A$ も集合である。

公理 A.1.6 (ベキ集合) 集合を類と考えたときの部分類は集合であり **部分集合** と呼ばれ、さらに与えられた集合の部分集合全体からなる類もまた集合である。

公理 A.1.7 (無限集合) 空集合をその要素とし、条件「集合 b がその要素ならば、b だけを要素とする集合 $\{b\}$ と b の合併集合 $b \cup \{b\}$ もその要素とする」を満たす集合 A が存在する。

公理 A.1.8 (選択) 空でない集合を要素とする集合 A に対して、A から $\bigcup A$ への写像 f で $f(x) \in x$ を満たすものが存在する (A として類まで許したものが **大域選択公理** である)。

公理 A.1.9 (置換) 集合 A から類 B への写像 f の値域 $\{f(x) \mid x \in A\}$ は集合である。

公理 A.1.10 (正則性) 集合 A が空でないとき、条件「x は A と共通部分が無い」を満たす A の要素 (である集合) x が存在する。

問 A.1.11　いかなる**集合** a も、自分自身を要素としないことを証明せよ。(Hint: $\{a\}$ を考える)

A.2 数の公理系

自然数 本節で、数学の原点となる自然数、特に基数として満たすべき公理系を与える。

公理 A.2.1 (Peano) 自然数（基数）の集合とは次を満たすただ一つの集合である。

(1) 0 は自然数である。

(2) すべての自然数 a には、その「後者」となる自然数 a' がある。

(3) 自然数 0 はいかなる自然数の後者にもならない。

(4) 自然数 a の後者と自然数 b の後者が等しい（$a'=b'$）ならば a と b は等しい。

(5) 自然数の集合 M が次の二つの条件を満たすならば、M は自然数全体である。

a) 0 は M に属す。　b) a が M に属すならば、a の後者 a' も M に属す。

上の公理では、(1) と (2) で特別な自然数 0 と後者を取る操作を導入し、(3) と (4) で自然数が際限なくたくさん存在することを示し、最後に (5) で数学的帰納法の原理を表現している。

用語 A.2.2 自然数「0」の後者を「1」で表す。すなわち $1=0'$ である。

定義 A.2.3 $\mathbb{N}_1=\{a\in\mathbb{N}_0 \mid a$ は何かの自然数 $n\in\mathbb{N}_0$ の後者である$\}$ と置く。$1\in\mathbb{N}_1$ である。

定義 A.2.4 自然数 a と自然数 b の加法 $a+b$ を b について **帰納的に** 定義する：

i) 任意の a に対し $a+0$ を a と定める。　ii) 任意の a に対し $a+b'$ を $(a+b)'$ と定める。

【うまく定義されていること】の証明: 条件 i), ii) によって、任意の自然数 a に対する加法 $a+b$ が定まっている自然数 b の全体を M_+ と置く。条件 i) より $0\in M_+$ であり、条件 ii) より $b\in M_+ \Longrightarrow b'\in M_+$ である。したがって Peano の公理 (5) より $M_+=\mathbb{N}_0$ である。　終り.

系 A.2.4.1 1 の定義、定義 A.2.4 ii), i) を順に用いて $a+1=a+0'=(a+0)'=a'$ を得る。

命題 A.2.5 (1) 任意の $a\in\mathbb{N}_0$ に対し $a+0=a$ である。

(2) 任意の $a, b\in\mathbb{N}_0$ に対し $a+b=b+a$ が成立する。

(3) 任意の $a, b, c\in\mathbb{N}_0$ に対し $(a+b)+c=a+(b+c)$ が成立する。

(4) 任意の $a, b, c\in\mathbb{N}_0$ に対し $b+a=c+a$ ならば $b=c$ である。

証明: $M_s=\{b\in\mathbb{N}_0 \mid$ すべての $a\in\mathbb{N}_0$ に対し $a'+b=(a+b)'$ を満たす$\}$ と置く。条件 i) より $0\in M_s$ で、条件 ii) より $b\in M_s \Longrightarrow a'+b'=(a'+b)'=((a+b)')'=(a+b')' \Longrightarrow b'\in M_s$ であるので、Peano の公理 (5) より $M_s=\mathbb{N}_0$ であり、任意の $a, b\in\mathbb{N}_0$ が $a'+b=(a+b)'$ を満たす。

(1) 定義から明らかに $a+0=a$ が成立する。

(2) $M_c = \{b \in \mathbb{N}_0 \mid$ 任意の $a \in \mathbb{N}_0$ に対して $a+b=b+a$ を満たす$\}$ と置く。まず $0+a=a=a+0$ より $0 \in M_c$ である。次に $b \in M_c$ ならば、$M_s = \mathbb{N}_0$ より $a+b' = (a+b)' = (b+a)' = b'+a$ となり $b' \in M_c$ である。したがって Peano の公理 (5) より $M_c = \mathbb{N}_0$ となり (2) を得る。

(3) $M_a = \{b \in \mathbb{N}_0 \mid$ 任意の $a, c \in \mathbb{N}_0$ に対して $(a+b)+c = a+(b+c)$ を満たす$\}$ と置く。まず $(a+0)+c = a+c = a+(0+c)$ より $0 \in M_a$ が分かる。次に $b \in M_a$ ならば、$M_s = \mathbb{N}_0$ より $(a+b')+c = (a+b)'+c = ((a+b)+c)' = (a+(b+c))' = a+(b+c)' = a+(b'+c)$ となり $b' \in M_a$ である。したがって Peano の公理 (5) より $M_a = \mathbb{N}_0$ となり (3) を得る。

(4) $M_r = \{a \in \mathbb{N}_0 \mid$ 任意の $b, c \in \mathbb{N}_0$ に対し $b+a=c+a$ ならば $b=c$ である$\}$ と置く。まず (1) より $0 \in M_r$ である。次に $a \in M_r$ とすると、$b+a'=c+a'$ ならば $(b+a)'=b+a'=c+a'=(c+a)'$ となり、Peano の公理 (4) より $b+a=c+a$ であるから、$b=c$ を得るので、$a' \in M_r$ である。したがって Peano の公理 (5) より $M_r = \mathbb{N}_0$ となり (4) を得る。　終り.

問 A.2.6　最初の基数 0 以外の自然数は何かの自然数の後者となることを示しなさい。

定義 A.2.7　自然数 a に対し 自然数 b の乗法 $a \cdot b$ を b について **帰納的に** 定義する：

i) 任意の a に対し $a \cdot 0$ を 0 と定める。　ii) 任意の a に対し $a \cdot b'$ を $(a \cdot b)+a$ と定める。

【うまく定義されていること】の証明: 条件 i), ii) によって、任意の $a \in \mathbb{N}_0$ に対する乗法 $a \cdot b$ が定まっている $b \in \mathbb{N}_0$ の全体を $M_\times$ と置く。条件 i) より $0 \in M_\times$ で、条件 ii) より $b \in M_\times \Longrightarrow b' \in M_\times$ である。したがって Peano の公理 (5) より $M_\times = \mathbb{N}_0$ である。　終り.

命題 A.2.8 (1) 任意の $a \in \mathbb{N}_0$ に対し $a \cdot 1 = a$ かつ $a \cdot 0 = 0$ が成立する。

(2) 任意の $a, b \in \mathbb{N}_0$ に対し $a \cdot b = b \cdot a$ が成立する。これより $1 \cdot a = a$ と $0 \cdot a = 0$ が従う。

(3) 任意の $a, b, c \in \mathbb{N}_0$ に対し $(a+b) \cdot c = a \cdot c + b \cdot c$ と $a \cdot (b+c) = a \cdot b + a \cdot c$ が成立する。

(4) 任意の $a, b, c \in \mathbb{N}_0$ に対し $(a \cdot b) \cdot c = a \cdot (b \cdot c)$ が成立する。

(5) 任意の $a \in \mathbb{N}_1$, $b, c \in \mathbb{N}_0$ に対し $b \cdot a = c \cdot a$ ならば $b=c$ である。

証明: まず $M_t = \{b \in \mathbb{N}_0 \mid$ すべての $a \in \mathbb{N}_0$ に対し $a' \cdot b = (a \cdot b)+b$ を満たす$\}$ と置く。条件 i) より $0 \in M_t$ で、条件 ii) より $b \in M_t \Longrightarrow a' \cdot b' = a' \cdot b + a' = (a \cdot b)+b+a' = (a \cdot b)+a'+b = (a \cdot b)+a+1+b = (a \cdot b)+a+b+1 = (a \cdot b)+a+b' = a \cdot b' + b' \Longrightarrow b' \in M_t$ なので Peano の公理 (5) より $M_t = \mathbb{N}_0$ が成立し、任意の $a, b \in \mathbb{N}_0$ が $a' \cdot b = (a \cdot b)+b$ を満たす。

(1) 定義から $a \cdot 1 = a \cdot 0' = (a \cdot 0)+a = 0+a = a$ かつ $a \cdot 0 = 0$ である。

(2) $M_c = \{a \in \mathbb{N}_0 \mid$ すべての自然数 b に対して $a \cdot b = b \cdot a$ を満たす$\}$ と置く。まず $0 \cdot b = 0 = b \cdot 0$ より $0 \in M_c$ である。次に $a \in M_c$ であるとき、$a' \cdot b = (a \cdot b)+b = (b \cdot a)+b = b \cdot a'$ より

$a' \in M_c$ である。したがって Peano の公理 (5) より $M_c = \mathbb{N}_0$ となり (2) を得る。

(3) $M_d = \{a \in \mathbb{N}_0 \mid$ すべての自然数 b, c に対して $a \cdot (b+c) = (a \cdot b)+(a \cdot c)$ を満たす$\}$ と置く。まず $0 \cdot (b+c) = 0 = 0+0 = (0 \cdot b)+(0 \cdot c)$ より $0 \in M_d$ である。

(4) $M_a = \{b \in \mathbb{N}_0 \mid$ すべての自然数 a, c に対して $(a \cdot b) \cdot c = a \cdot (b \cdot c)$ を満たす$\}$ と置く。まず $(a \cdot 0) \cdot c = 0 \cdot c = 0 = a \cdot 0 = a \cdot (0 \cdot c)$ より $0 \in M_a$ が分かる。次に $b \in M_a$ であるとき、$(a \cdot b') \cdot c = ((a \cdot b)+a) \cdot c = ((a \cdot b) \cdot c)+(a \cdot c) = (a \cdot (b \cdot c))+(a \cdot c) = a \cdot ((b \cdot c)+c) = a \cdot (b' \cdot c)$ より $b' \in M_a$ なので、Peano の公理 (5) より $M_a = \mathbb{N}_0$ となり (4) を得る。

(5) $M_0' = \{a \in \mathbb{N}_1 \mid a \cdot b = 0$ ならば $b = 0$ である$\}$ と置くと、まず (1) より $0' = 1 \in M_0'$ である。次に $a \in M_0'$ のとき、$a' \cdot b = 0$ ならば $a \cdot b + b = 0$ である。もし $b \neq 0$ ならば $b = k'$ と表せるから $0 = a \cdot b + b = a \cdot b + k' = (a \cdot b + k)'$ となり、Peano の公理 (3) に矛盾するから $b = 0$ で $a' \in M_0'$ を得る。したがって Peano の公理 (5) から $\{0\} \cup M_0' = \mathbb{N}_0$ より $M_0' = \mathbb{N}_1$ を得る。次に $M_r = \{c \in \mathbb{N}_0 \mid a \cdot b = a \cdot c,\ a \in \mathbb{N}_1$ ならば $b = c$ である$\}$ と置くと、まず $M_0' = \mathbb{N}_1$ より $0 \in M_r$ である。さらに $c \in M_r$ のとき、$a \cdot b = a \cdot c'$ とすると $a \in \mathbb{N}_1$ より $a = d'$ と表せるから、$a \cdot c' = a \cdot c + a = a \cdot c + d' = (a \cdot c + d)'$ より $b \neq 0$ である。したがって $b = k'$ と表せ、$a \cdot b = a \cdot k + a = a \cdot c + a$ より、命題 A.2.5 (4) から $a \cdot k = a \cdot c$ であるので、$k = c$ となり、$b = k' = c'$ より $c' \in M_r$ を得る。したがって Peano の公理 (5) より $M_r = \mathbb{N}_0$ を得る。　終り.

定義 A.2.9 $a, b \in \mathbb{N}_0$ に対し $a \leqq b$ とは $b = c + a$ となる $c \in \mathbb{N}_0$ が存在することである。

命題 A.2.10 任意の $a, b, c \in \mathbb{N}_0$ に対し $a+c \leqq b+c$ ならば $a \leqq b$ である。

証明: $a+c \leqq b+c$ ならば $b+c = a+c+d$ となる $d \in \mathbb{N}_0$ が取れ、$(a+d)+c = b+c$ となるから、命題 A.2.5 (4) より $a+d = b$ が成立し、$a \leqq b$ を得る。　終り.

命題 A.2.11 任意の $a, b \in \mathbb{N}_0$ に対し $a \leqq b$ と $b \leqq a$ の（少なくとも）一方が成立する。

証明: $M = \{a \in \mathbb{N}_0 \mid$ すべての $b \in \mathbb{N}_0$ に対して $a \leqq b$ と $b \leqq a$ の一方が成立する$\}$ と置く。まず $b+0 = b$ より $0 \leqq b$ であり $0 \in M$ が分かる。次に $a \in M$ であるとき、$b = 0$ ならば $b = 0 \leqq a'$ が成立し、$b \neq 0$ ならば $b = c'$ となる自然数 c を取れば、$a \in M$ より $a \leqq c$ と $c \leqq a$ の一方が成立するから $a' \leqq c' = b$ と $b = c' \leqq a'$ の一方が成立し、$a' \in M$ である。したがって Peano の公理 (5) より $M = \mathbb{N}_0$ となり命題が証明された。　終り.

命題 A.2.12 任意の $a, b \in \mathbb{N}_0$ に対し $a \leqq b$ かつ $b \leqq a$ ならば $a = b$ が成立する。

証明: $M = \{a \in \mathbb{N}_0 \mid a \leqq b$ かつ $b \leqq a$ が成立する自然数 b は $b = a$ に限る$\}$ と置く。まず

$b \leqq 0$ とすると $b+u=0$ と表される。もし $b \neq 0$ ならば命題 A.2.6 より $b=c'$ を満たす c があり、$0=b+u=c'+u=(c+u)'$ は Peano の公理 (3) に矛盾するから $b=0$ より $0 \in M$ を得る。次に $a \in M$ であるとき、$a' \leqq b$ かつ $b \leqq a'$ とすると $b=a'+u=(a+u)'$ と表せるから、$c=a+u$ と置くと $a' \leqq c'$ かつ $c' \leqq a'$ より 命題 A.2.10 から $a \leqq c$ かつ $c \leqq a$ となるので、$c=a$ より $b=c'=a'$ である。したがって Peano の公理 (5) から $M=\mathbb{N}_0$ となる。 終り.

命題 A.2.13 (1) 任意の $a \in \mathbb{N}_0$ に対し $a \leqq a$ が成立する。

(2) 任意の $a, b, c \in \mathbb{N}_0$ に対し $a \leqq b$ かつ $b \leqq c$ ならば $a \leqq c$ が成立する。

(3) 任意の $a, b, c \in \mathbb{N}_0$ に対し $a \leqq b$ が成立するとき、$a+c \leqq b+c$ が成立する。

(4) 任意の $a, b, c \in \mathbb{N}_0$ に対し $a \leqq b$ と $0 \leqq c$ が成立するとき、$a \cdot c \leqq b \cdot c$ が成立する。

証明: (1) $a+0=a$ より $a \leqq a$ である。

(2) $b=a+u, c=b+v$ とすると、$w=u+v$ と置けば $a+w=c$ となり、$a \leqq c$ を得る。

(3) $b=a+u$ とすると、$b+c=(a+c)+u$ となり、$a+c \leqq b+c$ を得る。

(4) $b=a+u$ とすると、$v=u \cdot c$ と置けば $a \cdot c+v=b \cdot c$ となり、$a \cdot c \leqq b \cdot c$ を得る。 終り.

整数 自然数の対の間の関係 ϕ を、矢線 $(a,b)\phi(c,d)$ がある $\Leftrightarrow a+d=b+c$ と定める。

問 A.2.14 任意の $a, b, c, d, e, f \in \mathbb{N}_0$ に対して次を示しなさい。(Hint: 命題 A.2.5)

(1) 矢線 $(a,b)\phi(a,b)$ がある。 (2) 矢線 $(a,b)\phi(c,d)$ があれば矢線 $(c,d)\phi(a,b)$ がある。

(3) 矢線 $(a,b)\phi(c,d)$ と矢線 $(c,d)\phi(e,f)$ があれば、矢線 $(a,b)\phi(e,f)$ がある。

定義 A.2.15 (**Grothendieck**) 二つの自然数 a, b からなる図形 $\boxed{a \mid - \mid b}$ を「引算銘」と呼び、これを巨大な石版に刻む。ただし、矢線 $(a,b)\phi(c,d)$ が有るときは $\boxed{a \mid - \mid b}$ と $\boxed{c \mid - \mid d}$ を同じ石版に刻み、無いときは異なる石版に刻む。この手順ですべての引算銘を石版に刻み、山のように引算銘の刻まれた石版を整数と呼び、刻まれた引算銘で表す。このとき、整数（石版）$\boxed{a \mid - \mid 0}$ を自然数 a と同一視し、整数（石版）$\boxed{0 \mid - \mid a}$ を自然数 a の符号を逆にした反数 $-a$ とみなす。また整数（石版）全体を $\mathbb{Z}$ で表す。

定義 A.2.16 整数 $\alpha=\boxed{a \mid - \mid b}, \beta=\boxed{c \mid - \mid d}$ に対し 次の演算と関係を定義する。

(加法) $\alpha+\beta=\boxed{a+c \mid - \mid b+d}$ **(乗法)** $\alpha \cdot \beta=\boxed{a \cdot c+b \cdot d \mid - \mid a \cdot d+b \cdot c}$

(反数) $-\alpha=\boxed{b \mid - \mid a}$ **(大小関係)** $\alpha \leqq \beta \Longleftrightarrow$ 自然数として $a+d \leqq b+c$

命題 A.2.17 任意の $a, b \in \mathbb{Z}$ に対し $a+x=x+a=b$ は唯一の解（$x=b-a$）をもつ。

命題 A.2.18 命題 A.2.5, A.2.8, A.2.11 ~ A.2.13 は $\mathbb{N}_0$ を $\mathbb{Z}$ に換えて成立する。

有理数 整数と序数の組の間の関係 ψ を、矢線 $(a,m)\psi(b,n)$ がある $\Leftrightarrow a{\cdot}n = b{\cdot}m$ と定める。

問 A.2.19 任意の $p,\ q,\ r\in\mathbb{Z},\ m,\ n,\ l\in\mathbb{N}_0$ に対して次を示しなさい。(Hint: 命題 A.2.8)

(1) 矢線 $(p,m)\psi(p,m)$ がある。 (2) 矢線 $(p,m)\psi(q,n)$ があれば矢線 $(q,n)\psi(p,m)$ がある。

(3) 矢線 $(p,m)\psi(q,n)$ と矢線 $(q,n)\psi(r,l)$ があれば、矢線 $(p,m)\psi(r,l)$ がある。

定義 A.2.20 整数 p と序数 m からなる図形 $\boxed{p\,|\,/\,|\,m}$ を「除算銘」と呼び、これを巨大な石版に刻む。ただし、矢線 $(p,m)\psi(q,n)$ が有るときは $\boxed{p\,|\,/\,|\,m}$ と $\boxed{q\,|\,/\,|\,n}$ を同じ石版に刻み、無いときは異なる石版に刻む。この手順ですべての除算銘を石版に刻み、山のように除算銘の刻み込まれた石版を有理数と呼び、有理数全体を $\mathbb{Q}$ で表す。このとき、有理数 $\boxed{p\,|\,/\,|\,1}$ を整数 p と同一視し、有理数 $\boxed{1\,|\,/\,|\,m}$ を序数 m の逆数 ${}^1\!/\!_m$ とみなす。

定義 A.2.21 有理数 $\alpha = \boxed{p\,|\,/\,|\,m}$, $\beta = \boxed{q\,|\,/\,|\,n}$ に対し 次の演算と関係を定義する。

(**加法**) $\alpha+\beta = \boxed{p{\cdot}n+q{\cdot}m\,|\,/\,|\,m{\cdot}n}$ (**乗法**) $\alpha{\cdot}\beta = \boxed{p{\cdot}q\,|\,/\,|\,m{\cdot}n}$

(**反数**) $-\alpha = \boxed{-p\,|\,/\,|\,m}$ (**逆数**) $\alpha \neq 0$ $(p\neq 0)$ のとき ${}^1\!/\!_\alpha = \boxed{m{\cdot}p\,|\,/\,|\,p^2}$

(**大小関係**) $\alpha \leqq \beta \iff$ 整数として $p{\cdot}n \leqq q{\cdot}m$

命題 A.2.22 任意の $a,\ b\in\mathbb{Q}$ $(a\neq 0)$ に対し $a{\cdot}x = x{\cdot}a = b$ は唯一の解 $(x = {}^b\!/\!_a)$ をもつ。

命題 A.2.23 命題 A.2.17, A.2.18 は $\mathbb{Z}$ を $\mathbb{Q}$ に換えて成立する。

実数 数の集合 A, B に対し 和と積を $A*B = \{a*b \mid a\in A,\ b\in B\}$ ('$*$' は '$+$' または '$\cdot$' を表す) で、大小関係を $A \prec B \iff \forall a\in A\ \forall b\in B\ (a \prec b)$ ('$\prec$' は '$\leqq$' または '$<$' を表す) で定める。また有理数の集合 S に対し $U(S) = \{x\in\mathbb{Q} \mid S \leqq x\}$, $L(S) = \{x\in\mathbb{Q} \mid x \leqq S\}$ と定め、表記の煩雑さを避けるため、以下 $L(U(S))$ を $LU(S)$、$L(U(L(S)))$ を $LUL(S)$ などと表す。

命題 A.2.24 (1) $A \leqq B \iff A \subset L(B) \iff B \subset U(A)$ が成立する。

(2) $S' \subset S \implies U(S') \supset U(S)$ & $L(S') \supset L(S)$ が成立する。

補題 A.2.25 $c > 0$ かつ $A, B \neq \emptyset$ ならば $U(A) - c \nleqq A$ かつ $L(B) + c \nleqq B$ である。

証明: $L(B) + c \nleqq B$ を示す：$L(B) + c \leqq B$ ならば $L(B) + c \subset L(B)$ より、$\forall n\in\mathbb{N}_0\ L(B) + n{\cdot}c \subset L(B)$ を得る。任意の $b\in B$ と $a\in L(B)$ に対し $\frac{b-a}{c} = \frac{n}{m}$ $(n, m\in\mathbb{N}_1)$ と表すと、$a + n{\cdot}c = c{\cdot}(\frac{a}{c} + \frac{n}{m} + \frac{n{\cdot}(m-1)}{m}) > b$ となり、$a + n{\cdot}c \in L(B)$ に矛盾する。$U(A) - c \ngeqq A$ も同様である。終り.

命題 A.2.26 $A \leqq B$ かつ $A, B \neq \emptyset$ ならば $ULU(A) = U(A)$ かつ $LUL(B) = L(B)$ である。

証明: $LUL(B) = L(B)$ を証明する：まず $UL(B) \supset B$ より命題 A.2.24 から $LUL(B) \subset L(B)$ を得るので、$a \notin LUL(B)$ を仮定して $a \notin L(B)$ を示す。仮定から $a \nleqq UL(B)$ より $a > b$ を満たす $b \in UL(B)$ が存在する。もし $a \in L(B)$ であったならば、$L(B) \leqq b < a \leqq B$ より $c = a - b > 0$ と置くと、$A \leqq B$ かつ $L(B) + c \leqq b + (a-b) = a \leqq B$ となり 補題 A.2.25 に矛盾する。したがって $a \notin L(B)$ を得る。また、$ULU(A) = U(A)$ も同様に証明できる。　終り.

$A \leqq B$ のとき、これを切断（$A \leqq m \leqq B$）する有理数 m を (A, B) の **有理数切断点** と呼ぶ。

定義 A.2.27 次の３条件を満たす $A, B \subset \mathbb{Q}$ の組 (A, B) を **有理数の分割** と呼ぶ。

(1) $A \neq \emptyset,\ B \neq \emptyset$　(2) $L(B) = A$　(3) $U(A) = B$

命題 A.2.28 有理数の分割 (A, B) は $A \cup B = \mathbb{Q}$ を満たす。

証明: 分割 (A, B) に対し 有理数 x が $x \leqq B$ ならば $x \in A$ であり、$x \nleqq B$ ならば $b < x$ を満たす $b \in B$ を選べば $A \leqq b < x$ より $x \in B$ である。したがって $\mathbb{Q} = A \cup B$ を得る。　終り.

例 A.2.29 有理数の分割に有理数切断点が存在するとは限らない。実際、$A = \{r \in \mathbb{Q} \mid r < \sqrt{2}\}$, $B = \{r \in \mathbb{Q} \mid r > \sqrt{2}\}$ は有理数の分割であるが、(A, B) の切断点は無理数 $\sqrt{2}$ である。

定理 A.2.30 (有理数切断点) 有理数の分割 (A, B) の有理数切断点は、高々一つだけ存在し、これを r とすると $A = L(\{r\}) \cap \mathbb{Q},\ B = U(\{r\}) \cap \mathbb{Q}$ と表せる。

証明: もし $A \leqq r < t \leqq B$ であったとすると、$s = \frac{r+t}{2}$ は $A \leqq r < s < t \leqq B$ を満たし、$\mathbb{Q} \ni s \notin A \cup B$ より $A \cup B \neq \mathbb{Q}$ となり、命題 A.2.28 に反する。また有理数切断点が存在する場合にこれを a とすると、有理数 x が $x \leqq a$ ならば $x \leqq a \leqq B$ より $x \in A$ であり、$x \geqq a$ ならば $x \geqq a \geqq A$ より $x \in B$ となる。したがって $A = (-\infty, a] \cap \mathbb{Q}$, $B = [a, \infty) \cap \mathbb{Q}$ である。終り.

定義 A.2.31 **(実数)** **有理数の分割** を実数と呼び、実数の全体を $\mathbb{R}$ で表す。有理数 r は分割 $(L(\{r\}), U(\{r\}))$ と同一視することにより実数とみなされる。すなわち $\mathbb{Q} \subset \mathbb{R}$ である。

命題 A.2.32 二つの実数 $(A, B), (A', B')$ に対し 次が成立する。

(1) $(A, B) = (A', B') \iff A = A' \iff B = B'$　(2) $A \subset A' \iff B \supset B'$

(3) $A \subsetneqq A'\ \&\ B \supsetneqq B'$, $(A, B) = (A', B')$, $A \supsetneqq A'\ \&\ B \subsetneqq B'$ のどれか一つだけが成立する。

証明: (1) $A = A'$ ならば $B = U(A) = U(A') = B'$ となり、また $B = B'$ ならば $A = L(B) = L(B') = A'$ となり、$(A, B) = (A', B')$ を得る。逆は明らかである。

(2) $A = L(B) \subset L(B') = A' \iff B = U(A) \supset U(A') = B'$ より明らかである。

(3) $A \subset A'$ ならば $A = A'$（すなわち $(A,B) = (A',B')$）または $A \subsetneq A'$ の一方のみが成立する。そこで $A \not\subset A'$ とすると、$a \in A$ かつ $a \notin A'$ を満たす a が存在し、$A' \cup B' = \mathbb{Q}$ より $a \in B'$ となるので、$A' \leqq a \leqq B$ が成立し、$A' \subset L(B) = A$ を得る。　終り.

系 A.2.32.1 任意の実数 (A,B) は、$A < 0 \not\leqq B$, $(A,B) = 0$, $A \not\leqq 0 < B$ のどれか一つだけを満たす。特に $A \leqq 0 \leqq B$ ならば $(A,B) = 0 = (L(\{0\}), U(\{0\}))$ である。

そこで実数の大小関係と加法と乗法を以下のように定める。

定義 A.2.33 実数 $(A,B), (A',B')$ の大小関係（$\leqq$）、加法（$+$）、乗法（$\cdot$）を次で定める。

(1) $(A,B) \leqq (A',B') \overset{\text{定義}}{\iff} A \subset A'$　(2) $(A,B) + (A',B') := (L(B+B'), U(A+A'))$

$$(3)\ (A,B)\cdot(A',B') := \begin{cases} (L(B\cdot B'), UL(B\cdot B')), & B \geqq 0,\ B' \geqq 0, \\ (LU(A\cdot B'), U(A\cdot B')), & A \leqq 0,\ B' \geqq 0, \\ (LU(B\cdot A'), U(B\cdot A')), & B \geqq 0,\ A' \leqq 0, \\ (L(A\cdot A'), UL(A\cdot A')), & A \leqq 0,\ A' \leqq 0. \end{cases}$$

定理 A.2.34 上の定義により実数の大小関係、加法、乗法はうまく定義されている。

証明: 大小関係は命題 A.2.32 より、また乗法は系 A.2.32.1 と命題 A.2.26 より、うまく定義されている。加法は、$A \leqq B$, $A' \leqq B'$ より $L(B+B') \supset A+A'$ かつ $B+B' \subset U(A+A')$ であり、$A, A', B, B' \neq \emptyset$ より $L(B+B'), U(A+A') \neq \emptyset$ である。以下で $L(B+B') = LU(A+A')$ を示せば、命題 A.2.26 から $UL(B+B') = U(A+A')$ が従い、加法もうまく定義される：

$(L(B+B') \subset LU(A+A'))$：そうでないとすると、$L(B+B') \not\leqq U(A+A')$ より $A+A' \leqq a < b \leqq B+B'$ である a, b が取れるが、$c = \frac{b-a}{2} > 0$ と置くと $A+A' + 2\cdot c \leqq a + (b-a) = b \leqq B+B'$ となり、補題 A.2.25 に従う $A+A' + 2\cdot c = (L(B)+c) + (L(B')+c) \not\leqq B+B'$ に矛盾する。

$(L(B+B') \supset LU(A+A'))$：そうでないとすると、$LU(A+A') \not\leqq B+B'$ より $B+B' \ni b < a \leqq U(A+A')$ である a, b が取れるが、$c = a-b > 0$ と置くと $L(B+B') + c \leqq b + c = a \leqq U(A+A') \supset B+B'$ となり、同じ補題 A.2.25 に従う $L(B+B') + c \not\leqq B+B'$ に矛盾する。　終り.

実数の公理 以下の四つの定理（A.2.35, A.2.37, A.2.41, A.2.44）を **実数の公理** と呼ぶ。

定理 A.2.35 (体の公理) 任意の $a, b \in \mathbb{R}$ に対し 和 $a+b$ と積 $a\cdot b$ が定義され次を満たす。

(1) 任意の $a \in \mathbb{R}$ に対し $a+0 = 0+a = a$ を満たす特別な要素 $0 \in \mathbb{R}$ が存在する。

(2) 任意の $a \in \mathbb{R}$ に対し $a\cdot 1 = 1\cdot a = a$ を満たす特別な要素 $1 \in \mathbb{R}$（$1 \neq 0$）が存在する。

(3) 任意の $a, b \in \mathbb{R}$ に対し 式 $a+x = x+a = b$ は唯一の解（$x = b-a \in \mathbb{R}$）をもつ。

(4) 任意の $a, b \in \mathbb{R}$（$a \neq 0$）に対し 式 $a \cdot x = x \cdot a = b$ は唯一の解（$x = \dfrac{b}{a} \in \mathbb{R}$）をもつ。

(5) 任意の $a, b, c \in \mathbb{R}$ に対し $(a+b)+c = a+(b+c)$ と $(a \cdot b) \cdot c = a \cdot (b \cdot c)$ が成立する。

(6) 任意の $a, b \in \mathbb{R}$ に対し $a+b = b+a$ と $a \cdot b = b \cdot a$ が成立する。

(7) 任意の $a, b, c \in \mathbb{R}$ に対し $(a+b) \cdot c = a \cdot c + b \cdot c$ と $a \cdot (b+c) = a \cdot b + a \cdot c$ が成立する。

問 A.2.36　定理 A.2.35 を証明しなさい。

定理 A.2.37 (順序の公理)　任意の $a, b \in \mathbb{R}$ に対し 順序関係 $\leqq$ が定義され、次を満たす。

(1) 任意の $a, b \in \mathbb{R}$ に対し $a \leqq b$ または $b \leqq a$ の一方または両方が成立する。

(2) 任意の $a \in \mathbb{R}$ に対し $a \leqq a$ が成立する。

(3) 任意の $a, b \in \mathbb{R}$ に対し $a \leqq b$ かつ $b \leqq a$ ならば $a = b$ が成立する。

(4) 任意の $a, b, c \in \mathbb{R}$ に対し $a \leqq b$ かつ $b \leqq c$ ならば $a \leqq c$ が成立する。

問 A.2.38　定理 A.2.37 を証明しなさい。

用語 A.2.39　順序関係 $a \leqq b$ を逆向きに $b \geqq a$ で表すことがある。また $a \leqq b$ かつ $a \neq b$ であることを「$a < b$」などと表す。順序関係の式を **不等式** と呼ぶことがある。

問 A.2.40　公理 A.2.37 (4) は、「$\leqq$」を「$<$」にすべて変えても正しいことを示しなさい。

定理 A.2.41 (順序体の公理)　四則演算と順序は次の意味で整合的である。

(1) 任意の $a, b, c \in \mathbb{R}$ に対し $a \leqq b$ が成立するとき、$a+c \leqq b+c$ が成立する。

(2) 任意の $a, b, c \in \mathbb{R}$ に対し $a \leqq b$ と $0 \leqq c$ が成立するとき、$a \cdot c \leqq b \cdot c$ が成立する。

(3) 任意の $a, b, c \in \mathbb{R}$ に対し $a \leqq b$ と $c \leqq 0$ が成立するとき、$b \cdot c \leqq a \cdot c$ が成立する。

問 A.2.42　定理 A.2.41 を証明しなさい。

問 A.2.43　公理 A.2.41 は、「$\leqq$」を「$<$」にすべて変えても正しいことを示しなさい。

定理 A.2.44 (切断の公理)　空でない実数の集合 A, B が $A \leqq B$ を満たすならば、これを**切断**（$A \leqq m \leqq B$）する実数 m が存在する。このとき m を (A, B) の **切断点** と呼ぶ。

問 A.2.45　定理 A.2.44 を証明しなさい。（Hint: 実数の集合 A, B が３条件『$A \neq \emptyset, B \neq \emptyset$』,『$A = L(B)$』および『$B = U(A)$』をすべて満たす場合に帰着させる。ここで、実数の集合 S に対しても $U(S) = \{x \in \mathbb{R} \mid S \leqq x\}$, $L(S) = \{x \in \mathbb{R} \mid x \leqq S\}$ と定めて有理数での記号を流用した）

実数の性質は、実数の世界での Archimedes 性を含め、すべて上記の公理から導出される。

付録B

掘り下げた話題

本文で紹介した定理や命題の証明やその周辺の話題をいくつか選び、少し掘り下げて解説します。

B.1　有界閉集合の性質

本節では、$\mathbb{R}^n$ 上の有界閉集合のいわゆるコンパクト性についての解説を試みる。

補題 B.1.1 (Borel) 矩形 $I=[0,1]^n \subset \mathbb{R}^n$ を（相対）開集合の集まり $\mathcal{U}=\{U_\lambda \mid \lambda \in \Lambda\}$ で覆うとき、すでにその内の有限個の（相対）開集合によって I は覆われている。

証明: 簡単のため $n=1$ とするが、高次元でも同様である。さて、$I=[0,1]$ が無限個の開集合の集まり $\mathcal{U}=\{U_\lambda \mid \lambda \in \Lambda\}$ で覆われても $\mathcal{U}$ の有限個の開集合だけでは覆えなかったとする。まず $\mathcal{U}_k=\{10^k\cdot U_\lambda \mid \lambda\in\Lambda\}$ と置くと、$\mathcal{U}_k$ は $10^k\cdot I$ を覆う。ここで $10\cdot I$ は長さ 1 の 10 個の閉区間 $[i,i+1]$（$0\leqq i<10$）の和集合なので、仮定からその内の一つ（$[m_1,m_1+1]$ とする）は $\mathcal{U}_1$ の有限個の開集合では覆えない。以下帰納的に、閉区間 $[\alpha_k,\alpha_k+1]$, $\alpha_k=m_1m_2\cdots m_k<10^k$ が $\mathcal{U}_k$ の有限個の開集合では覆われないように自然数（基数）の列 m_1, m_2, $\cdots<10$ を選ぶ。次に、数列 $\frac{\alpha_k}{10^k}<1$ は単調増加する有界数列であるので、$\alpha:=\sup\left\{\frac{\alpha_k}{10^k}\;\middle|\;k\geqq 1\right\}$ と置くと $\alpha\in I$ であり、α を含む開集合 $U\in\mathcal{U}$ を取ると α を含む小さい閉区間 $[\frac{\alpha_N}{10^N},\frac{\alpha_N+1}{10^N}]$ 全体が U に含まれるように十分大きく N を選ぶことができる。このとき $[\alpha_N,\alpha_N+1]$ はたった一つの $\mathcal{U}_N$ の開集合 $10^N\cdot U$ で覆われることになり、これは m_N の取り方に矛盾する。　終り.

これから **Heine Borel の被覆定理** として知られる次の定理が従う。

定理 B.1.2 (Borel) 有界な閉集合 F を（相対）開集合の族 $\mathcal{U}=\{U_\lambda \mid \lambda\in\Lambda\}$ で覆うとき、すでにその内の有限個の（相対）開集合によって F は覆われている。

略証: F 有界より、簡単のため $F\subset[0,1]^n$ と仮定する。$\mathcal{U}=\{V_\lambda \mid \lambda\in\Lambda\}$ (V_λ は開集合）とすると、$V_\alpha\cap[0,1]^n$ と $F^c\cap[0,1]^n$ は $[0,1]^n$ の相対開集合であり、開集合の族 $\mathcal{U}'=\{V_\lambda \mid \lambda\in\Lambda\}\cup\{F^c\}$ が $[0,1]^n$ を覆うから、$[0,1]^n$ は補題 B.1.1 より $\mathcal{U}'$ の有限個の開集合で覆われている。ここで F^c と F の共通部分が空なので、実際 F は $\mathcal{U}$ の有限個の開集合で覆われる。　終り.

定理 B.1.3 (Lebesgue) 有界閉集合 F を（相対）開集合の族 $\mathcal{U}=\{U_\lambda \mid \lambda\in\Lambda\}$ で覆うとき、$r>0$ を十分小さく選ぶと「どの $\mathbb{x}\in F$ の開矩形近傍 $V_r(\mathbb{x})\cap F$ もどれかの U_λ に含まれる」。

略証: 各 $\mathbb{x}\in F$ の開矩形近傍 $V_{\epsilon_{\mathbb{x}}}(\mathbb{x})\cap F$ がどれかの U_λ に含まれるように $\epsilon_{\mathbb{x}}>0$ を選ぶと、$\{V_{\frac{\epsilon_{\mathbb{x}}}{2}}(\mathbb{x}) \mid \mathbb{x}\in F\}$ が F を覆い、定理 B.1.2 より F は $\{V_{\epsilon_i}(\mathbb{x}_i)\}$ ($\epsilon_i=\frac{\epsilon_{\mathbb{x}_i}}{2}$, $1\leqq i\leqq n$) で覆われるとしてよい。$\mathbb{x}_i=(x_1^i,\dots,x_d^i)$ とし、$V_{\epsilon_i}(\mathbb{x}_i)\cap V_{\epsilon_j}(\mathbb{x}_j)\neq\emptyset$ のとき $d_{i,j}=\min_k\{\epsilon_i+\epsilon_j-|x_k^i-x_k^j|\}>0$、

$V_{\epsilon_i}(\mathbb{x}_i) \cap V_{\epsilon_j}(\mathbb{x}_j) = \emptyset$ のとき $d_{i,j} = \min\{\epsilon_i, \epsilon_j\}$ と置き、$r = \min_{i,j}\{d_{i,j}\}$ と定めればよい。　終り.

定理 B.1.4 (Cousin) 閉区間 I 上で与えられた $\delta \in G(I)$ に従う守備配置 (Δ, Ξ) がとれる。

略証: $I = [a,b]$ とする。$\delta \in G(I)$ に対する開区間の族 $\{(x - \frac{\delta(x)}{2}, x + \frac{\delta(x)}{2}) \mid x \in I\}$ は I を覆い、定理 B.1.2 から点列 $\xi = \{\xi_i\}_{0 \leqq i \leqq n}$ が取れて $\{(\xi_i - \frac{\delta(\xi_i)}{2}, \xi_i + \frac{\delta(\xi_i)}{2}) \mid 0 \leqq i \leqq n\}$ だけで I を覆う。ξ を大きさの順に並べ不要な点を除けば $\xi_{i-1} < \xi_i$, $\xi_{i-1} + \frac{\delta(\xi_{i-1})}{2} < \xi_i + \frac{\delta(\xi_i)}{2}$, $\xi_{i-1} - \frac{\delta(\xi_{i-1})}{2} < \xi_i - \frac{\delta(\xi_i)}{2}$ $(1 \leqq i \leqq n)$ および $\xi_{i-1} + \frac{\delta(\xi_{i-1})}{2} < \xi_{i+1} - \frac{\delta(\xi_{i+1})}{2}$ $(1 \leqq i < n)$ を満たし、I を覆うという条件から $\xi_i - \frac{\delta(\xi_i)}{2} < \xi_{i-1} + \frac{\delta(\xi_{i-1})}{2}$ $(1 \leqq i \leqq n)$ を得る。そこで点列 $\{a_i\}_{1 \leqq i \leqq n}$ を $\max\{\xi_{i-1}, \xi_i - \frac{\delta(\xi_i)}{2}\} < a_i < \min\{\xi_i, \xi_{i-1} + \frac{\delta(\xi_{i-1})}{2}\}$ $(1 \leqq i \leqq n)$ となるように選び $a_0 = a$, $a_{n+1} = b$ と置けば、分割 Δ : $a = a_0, a_1, \ldots, a_{n+1} = b$ は $a_i \leqq \xi_i \leqq a_{i+1}$ かつ $0 < a_{i+1} - a_i < \delta(\xi_i)$ $(1 \leqq i \leqq n)$ を満たす。　終り.

命題 B.1.5 (連続関数と開集合) 開領域（領域）D 上の関数 f が D で連続ならば、開区間 $I = (a,b)$ の逆像 $D \cap f^{-1}(I) = \{\mathbb{x} \in D \mid a < f(\mathbb{x}) < b\}$ は D の相対開集合である。

証明: 点 $\mathbb{c} \in D \cap f^{-1}(I)$ で f は連続なので、$\sup\{|f(\mathbb{x}) - f(\mathbb{c})| \mid 0 < \|\mathbb{x} - \mathbb{c}\| < \frac{1}{n}\} \underset{n\to\infty}{\longrightarrow} 0$ が成立する。一方、$a < f(\mathbb{c}) < b$ より $\varepsilon = \min\{b - f(\mathbb{c}), f(\mathbb{c}) - a\}$ と置くと、十分大きな $n_{\mathbb{c}}$ に対して $0 < \|\mathbb{x} - \mathbb{c}\| < \frac{1}{n_{\mathbb{c}}}$ であるかぎり $|f(\mathbb{x}) - f(\mathbb{c})| < \varepsilon$ が成立する。したがって点 $\mathbb{c}$ の $\frac{1}{n_{\mathbb{c}}}$ 近傍と D との共通部分が $D \cap f^{-1}(I)$ に含まれるので、$D \cap f^{-1}(I)$ は D の相対開集合である。終り.

補題 B.1.6 (連続関数の有界性) 有界閉領域 D 上で連続な関数 f は D で有界である。

証明: 任意の $n \geqq 1$ に対して、$O_n = D \cap \bar{f}^{-1}((-n, n))$ と置くと、命題 B.1.5 より O_n は D の相対開集合である。ここで、任意の $\mathbb{x} \in D$ に対して実数の Archimedes 性より $f(\mathbb{x}) < n$ を満たす $n \geqq 1$ があるから、$D = \bigcup_n O_n$ を得る。定理 B.1.2 よりその内の有限個 $O_{n_1}, \cdots, O_{n_r}$ $(n_1 < \cdots < n_r)$ で D が覆われるから、$f(D) \subset (-n_r, n_r)$ より f は D で有界である。　終り.

定理 B.1.7 (Weierstrass の定理) 有界閉領域 D 上連続な関数 f は D で最大最小を取る。

証明: 補題 B.1.6 より f は上に有界なので、$\alpha = \sup\{f(\mathbb{x}) \mid \mathbb{x} \in D\}$ は実数である。もし α が f の最大値でないならば、常に $\alpha - f(x) > 0$ であり、$g(\mathbb{x}) = \frac{1}{\alpha - f(\mathbb{x})}$ は D 上の正値連続関数となる。このとき補題 B.1.6 より $g(\mathbb{x})$ にも上界 $\beta > 0$ をもつから、常に $\beta \geqq g(x) > 0$ が成立する。したがって $\frac{1}{\beta} \leqq \frac{1}{g(x)} = \alpha - f(\mathbb{x})$ より常に $f(\mathbb{x}) \leqq \alpha - \frac{1}{\beta} < \alpha$ が成立し、α が f の上限であることに反するから、α は f の最大値である。最小値についても同様である。　終り.

B.2 双調関数

本書では、単調増加関数と単調減少関数の和として表せる関数を双調関数と呼ぶ。また、有限個の分点をうまく取ると、分割点で挟まれた各小閉区間と定義域の共通部分で単調あるいは双調となる関数を区分的に単調あるいは区分的に双調と言う。次は明らかである。

命題 B.2.1 単調関数は双調であり、区分的に単調な関数は区分的に双調である。

定理 B.2.2 (区分的双調関数) 区間 D 上で区分的に双調な関数は双調である。

証明: D の端点を u, v $(u<v)$ とする。分点 $u=u_0<u_1<\cdots<u_{m-1}<u_m=v$ を取り、D 上の関数 f が各 $D(i)=\{t\in D \mid u_{i-1}\leqq t\leqq u_i\}$ $(1\leqq i\leqq m)$ 上の単調増加関数 g_i と単調減少関数 h_i により $f|_{D(i)}=g_i+h_i$ と表されるとする。このとき、各 $D(i)$ 上で

$$g|_{D(i)}(t)=g_i(t)+\sum_{k=1}^{i-1}(g_k(u_k)-g_{k+1}(u_k)) \quad と \quad h|_{D(i)}(t)=h_i(t)+\sum_{k=1}^{i-1}(h_k(u_k)-h_{k+1}(u_k))$$

により g, h を定めると、g は D 上で単調増加で h は単調減少となる。また $(g+h)|_{D(i)}(t)=g_i(t)+h_i(t)+\sum_{k=1}^{i-1}(g_k(u_k)+h_k(u_k)-g_{k+1}(u_k)-h_{k+1}(u_k))=f|_{D(i)}(t)+\sum_{k=1}^{i-1}(f(u_k)-f(u_k))=f|_{D(i)}(t)$ より $f=g+h$ を得るから、f は双調である。 終り.

系 B.2.2.1 区分的に単調な関数は命題 B.2.1 と定理 B.2.2 より双調である。

定理 B.2.3 (関数環) 区間 D 上の双調関数の全体は和、スカラー倍、積に関して閉じている。

証明: 双調関数全体が和とスカラー倍に関して閉じていることは読者に任せる。ここでは積に関して閉じていることを示す: まず、f が D 上の単調増加関数 g_0 と単調減少関数 h_0 により $f=g_0+h_0$ と表されているとする。次に $c\in D$ を取って固定し、$D^+=\{t\in D \mid t\geqq c\}$, $D^-=\{t\in D \mid t\leqq c\}$ と置くと、$g_0(c)$ は g_0 の D^+ 上での最小値で、同時に D^- 上での最大値である。同様に $h_0(c)$ は h_0 の D^+ 上での最大値で、同時に D^- 上での最小値である。次に $M=|h_0(c)|+|g_0(c)|+1$ とし、$g^+=g_0|_{D^+}+M$, $h^+=h_0|_{D^+}-M$ と置くと、D^+ 上で g^+ は単調増加で h^+ は単調減少であり、次が成立する。

$$f|_{D^+}=g^++h^+ \quad であり \quad g^+\geqq|h_0(c)|+1>0 \quad かつ \quad h^+\leqq-|g_0(c)|-1<0$$

また $g^-=g_0|_{D^-}-M$, $h^-=h_0|_{D^-}+M$ と置くと、D^- 上で g^- は単調増加で h^- は単調減少で、

$$f|_{D^-}=g^-+h^- \quad であり \quad g^-\leqq-|h_0(c)|-1<0 \quad かつ \quad h^-\geqq|g_0(c)|+1>0$$

が成立する。さらに、D 上の双調関数 f_i $(i=1,2)$ が、D^+ 上の単調増加関数 $g_i^+\geqq0$ と単調減少関

数 $h_i^+ \leqq 0$ および D^- 上の単調増加関数 $g_i^- \leqq 0$ と単調減少関数 $h_i^- \geqq 0$ により $f_i|_{D^\pm} = g_i^\pm + h_i^\pm$ と表されたとすると、明らかに $g_1^+ \cdot g_2^+ + h_1^+ \cdot h_2^+$ と $g_1^- \cdot h_2^- + h_1^- \cdot g_2^-$ は単調増加であり、$g_1^+ \cdot h_2^+ + g_2^+ \cdot h_1^+$ と $g_1^- \cdot g_2^- + h_1^- \cdot h_2^-$ は単調減少である。ここで次が成立する。

$$f_1 \cdot f_2|_{D^\pm} = (g_1^\pm \cdot g_2^\pm + h_1^\pm \cdot h_2^\pm) + (g_1^\pm \cdot h_2^\pm + g_2^\pm \cdot h_1^\pm)$$

したがって $f_1 \cdot f_2$ は区分的に双調となるから、定理 B.2.2 より双調である。 終り.

定理 B.2.4 (合成関数) 双調関数 f と区分的単調関数 k の合成関数 $f \circ k$ は双調である。

証明: 定理 B.2.2 から、k は単調関数としてよい。f が単調増加関数 g と 単調減少関数 h により $f = g + h$ と表されたとすると、$f \circ k = g \circ k + h \circ k$ であり、明らかに $g \circ k$ と $h \circ k$ はともに単調関数である。したがって $f \circ k$ は双調関数である。 終り.

$I=[a,b] \subset D$ の分割 $\Delta : a=a_0<a_1<\cdots<a_m=b$ に対して、$V_\Delta(f) = \sum_{i=1}^{m} |f(a_i)-f(a_{i-1})|$ を f の **変動** と呼び、f の I での **全変動** を $\mathcal{V}_I(f) = \sup_\Delta V_\Delta(f)$ と定める。$\mathcal{V}_I(f) < \infty$ のとき f を **有界変動** であると言う。$x, y \in D$ に対して $I_x^y = [x,y]$ と置くとき、定義から次を得る：

$$|f(y)-f(x)| \leqq \mathcal{V}_{I_x^y}(f) \text{ かつ } \mathcal{V}_{I_x^y}(f) + \mathcal{V}_{I_y^z}(f) = \mathcal{V}_{I_x^z}(f) \ (x<y<z)$$

定理 B.2.5 (有界変動性) 区間 D 上の関数 f が D 上で双調であるためには、f が D 内の任意の閉区間上で有界変動であることが必要かつ十分である。

略証: 単調増加関数 g と単調減少関数 h により $f=g+h$ と表されるならば、閉区間 $I \subset D$ の分割 Δ に対して $\mathcal{V}_\Delta(f) \leqq \mathcal{V}_\Delta(g)+\mathcal{V}_\Delta(h) = |g(y)-g(x)|+|h(y)-h(x)| < \infty$ より f は I 上で有界変動である。逆に f が D 内の任意の閉区間上で有界変動ならば、任意に固定した $c \in D$ に対して、$g(x) = \epsilon \mathcal{V}_{I_c^x}(f)$, $h(x) = f(x)-\epsilon \mathcal{V}_{I_c^x}(f)$, $x \in D$ ($\epsilon = \mathrm{sgn}(x-c)$) と置くと、$f(x) = g(x)+h(x)$ かつ g は単調増加で h は単調減少であるので、f は D 上で双調である。 終り.

系 B.2.5.1 f が D 上双調で $\frac{1}{f}$ が任意の閉区間 $I \subset D$ 上有界ならば、$\frac{1}{f}$ は D 上双調である。

略証: 定理 B.2.5 より任意の閉区間 $I \subset D$ 上で有界変動を示せばよい：I 上で $\left|\frac{1}{f(x)}\right| \leqq M$ であるとすると、$V_\Delta(\frac{1}{f}) = \sum_{i=1}^{m} \left|\frac{1}{f(a_i)} - \frac{1}{f(a_{i-1})}\right| = \sum_{i=1}^{m} \left|\frac{f(a_{i-1})-f(a_i)}{f(a_i)f(a_{i-1})}\right| \leqq M^2 \mathcal{V}_I(f) < \infty$ を得る。 終り.

定理 B.2.6 (可積分性) 双調関数 f は閉区間上で Riemann 可積分であり、原始関数を持つ。

略証: 単調関数の場合に証明すれば十分である。閉区間 $I=[a,b] \subset D$ の定数 gauge δ_n に対して $\overline{S}_I^{\delta_n}(f) - \underline{S}_I^{\delta_n}(f) \leq \frac{|f(b)-f(a)| \cdot (b-a)}{n} \xrightarrow{n\to\infty} 0$ であるから $\underline{S}_I^{\text{定数}}(f) = \overline{S}_I^{\text{定数}}(f)$ を得る。 終り.

B.3　L'Hopital の定理

定理 B.3.1 (L'Hopital I)　$x=c$ $(a \leqq c \leqq b)$ を除き (a,b) 上微分可能な関数 $f(x)$ と $g(x)$ が $\lim_{x\to c} f(x) = \lim_{x\to c} g(x) = 0$ を満たすとき、$\lim_{x\to c}\frac{f'(x)}{g'(x)}$ が有限確定すれば $\lim_{x\to c}\frac{f(x)}{g(x)}$ も同じ値に収束する。ただし、$c=a, b$ ならば極限は片側極限として考える。

証明: 仮定から $f(c)=g(c)=0$ としてよい。$\lim_{x\to c}\frac{f'(x)}{g'(x)} = \alpha$ と置けば $\overline{\lim_{x\to c}}\left|\frac{f'(x)}{g'(x)}-\alpha\right| = \lim_{n\to\infty}\sup_{0<|x-c|<1/n}\left|\frac{f'(x)}{g'(x)}-\alpha\right| = 0$ となる。また平均値の定理から $\frac{f(x)}{g(x)} = \frac{f(x)-f(c)}{g(x)-g(c)} = \frac{f'(u)}{g'(u)}$ を満たす u が c と x の間にある。したがって $\sup_{0<|x-c<1/n}|\left|\frac{f(x)}{g(x)}-\alpha\right| \leq \sup_{0<|x-c|<1/n}\left|\frac{f'(x)}{g'(x)}-\alpha\right|$ となるので、$\overline{\lim_{x\to c}}\left|\frac{f(x)}{g(x)}-\alpha\right| = 0$ すなわち $\lim_{x\to c}\frac{f(x)}{g(x)} = \alpha$ が得られた。　終り.

問 B.3.2　$\lim_{x\to\pm\infty} f(x) = \lim_{x\to\pm 0} f(\frac{1}{x})$ を用いて、$c=\pm\infty$ の場合に定理 B.3.1 を証明しなさい。

定理 B.3.3 (L'Hopital II)　$x=c$ $(a \leqq c \leqq b)$ を除き (a,b) 上微分可能な関数 $f(x)$ と $g(x)$ が $\lim_{x\to c}|f(x)| = \lim_{x\to c}|g(x)| = \infty$ を満たすとき、$\lim_{x\to c}\frac{f'(x)}{g'(x)}$ が収束すれば $\lim_{x\to c}\frac{f(x)}{g(x)}$ も同じ値に収束する。ただし、$c=a, b$ の場合は極限は片側極限として考える。

証明: 仮定から $\lim_{x\to c}\frac{f'(x)}{g'(x)} = \alpha$ と置けば $\overline{\lim_{x\to c}}\left|\frac{f'(x)}{g'(x)}-\alpha\right| = \lim_{n\to\infty}\sup_{0<|x-c|<1/n}\left|\frac{f'(x)}{g'(x)}-\alpha\right| = 0$ となり、Cauchy の平均値の定理から $\sup_{0<\frac{x-c}{y-c}<1,\ |y-c|<1/n}\left|\frac{f(x)-f(y)}{g(x)-g(y)}-\alpha\right| \leq \sup_{0<|x-c|<1/n}\left|\frac{f'(x)}{g'(x)}-\alpha\right|$ となるので $\lim_{n\to\infty}\sup_{0<\frac{x-c}{y-c}<1,\ |y-c|<1/n}\left|\frac{f(x)-f(y)}{g(x)-g(y)}-\alpha\right| = 0$ であるから、次を得る。

$$\sup_{0<\frac{x-c}{y-c}<1,\ |y-c|<1/n}\left|\frac{f(x)-f(y)}{g(x)-g(y)}-\alpha\right| = \sup_{0<|y-c|<1/2n}\sup_{0<\frac{x-c}{y-c}<1}\left|\frac{f(x)-f(y)}{g(x)-g(y)}-\alpha\right|$$

さて、ここで $y>c$ を固定すれば $\sup_{0<\frac{x-c}{y-c}<1}\left|\frac{f(x)-f(y)}{g(x)-g(y)}-\alpha\right| \geqq \lim_{m\to\infty}\sup_{0<x-c<1/m}\left|\frac{f(x)-f(y)}{g(x)-g(y)}-\alpha\right| = \overline{\lim_{x\to c+0}}\left|\frac{f(x)-f(y)}{g(x)-g(y)}-\alpha\right|$ より $\overline{\lim_{y\to c+0}}\ \overline{\lim_{x\to c+0}}\left|\frac{f(x)-f(y)}{g(x)-g(y)}-\alpha\right| = 0$ を得る。このとき、さらに $\lim_{x\to c}\frac{f(y)}{f(x)} = \lim_{x\to c}\frac{g(y)}{g(x)} = 0$ より、c に十分近い x に対して $\frac{f(x)-f(y)}{g(x)-g(y)} = \frac{f(x)}{g(x)}\cdot\frac{1-\frac{f(y)}{f(x)}}{1-\frac{g(y)}{g(x)}}$ かつ $\lim_{x\to c}\frac{1-\frac{f(y)}{f(x)}}{1-\frac{g(y)}{g(x)}} = 1$ であり、$\overline{\lim_{x\to c+0}}\left|\frac{f(x)-f(y)}{g(x)-g(y)}-\alpha\right| = \overline{\lim_{x\to c+0}}\left|\frac{f(x)}{g(x)}-\alpha\right|$ を得る。最後の式は y に依存しないから、$\overline{\lim_{x\to c+0}}\left|\frac{f(x)}{g(x)}-\alpha\right| = \overline{\lim_{y\to c+0}}\ \overline{\lim_{x\to c+0}}\left|\frac{f(x)}{g(x)}-\alpha\right| = \overline{\lim_{y\to c+0}}\ \overline{\lim_{x\to c+0}}\left|\frac{f(x)-f(y)}{g(x)-g(y)}-\alpha\right| = 0$ より $\lim_{x\to c+0}\frac{f(x)}{g(x)} = \alpha$ を得る。同様に $\lim_{x\to c-0}\frac{f(x)}{g(x)} = \alpha$ も得るから $\lim_{x\to c}\frac{f(x)}{g(x)} = \alpha$ である。　終り.

問 B.3.4　$\lim_{x\to\pm\infty} f(x) = \lim_{x\to\pm 0} f(\frac{1}{x})$ を用いて、$c=\pm\infty$ の場合に定理 B.3.3 を証明しなさい。

B.4 逆関数定理

1 変数の狭義単調関数には逆関数がある。では、逆関数の導関数はどう表せるであろうか。

定理 B.4.1 (逆関数定理) 区間 D 上の関数 $y=f(x)$ に対して次が成立する。

(1) $f(x)$ が D 上で狭義単調ならば、$E=f(D)$ 上で f の逆関数となる狭義単調な関数 $x=g(y)$ がただ一つ存在する。ただし、E は実数の集合であって、区間とは限らない。

(2) $f(x)$ が点 $a\in D$ の近くで連続かつ狭義単調ならば、$b=f(a)$ の十分近くで f の逆関数となる連続かつ狭義単調な関数 $x=g(y)$ がただ一つ存在する。

(3) $f(x)$ が $x=a$ の近くで微分可能かつ $f'(x)\neq 0$ ならば、$b=f(a)$ の十分近くで連続な逆関数 $x=g(y)$ がただ一つ存在し、$y=b$ で微分可能で $g'(b)=\frac{1}{f'(a)}$ を満たす。

(4) $f(x)$ が D 上区分的に微分可能で $f'\neq 0$ ならば、$E=f(D)$ 上連続かつ区分的に微分可能な逆関数 $x=g(y)$ がただ一つ存在し、各小区間で $g'(y)=\frac{1}{f'(g(y))}$ が成立する。

証明: (1) は明らか。(2) を狭義単調増加の場合に示すが、減少の場合も同様である。

(存在) $f(x)$ が $D_a=(a-\epsilon,a+\epsilon)$ 上で連続かつ狭義単調増加であるとすると、$f(D_a)$ は $E_b=(f(a-\epsilon),f(a+\epsilon))\ni f(a)=b$ に含まれ、定理 2.1.24 より $f(D_a)=E_b$ である。f は D_a 上で狭義単調であるから、(1) より E_b 上で $y=f(x)$ の逆関数 $x=g(y)$ がただ一つ存在する。

(連続性) 任意の $a'\in D_a$ に対して $b'=f(a')$ と置く。$A_n=\{|f(x)-b'| \mid |x-a'|<\frac{1}{n}\}$ と置くと、f の単調性から $\sup A_n=\max\{|f(a'-\frac{1}{n})-b'|,|f(a'+\frac{1}{n})-b'|\}$ であり、$\alpha_n=\min\{|f(a'-\frac{1}{n})-b'|,|f(a'+\frac{1}{n})-b'|\}$ と置くと f の狭義単調性から $\alpha_n>0$ である。f の点 a' での連続性から $\lim_{n\to\infty}\sup A_n=0$ であり、$\lim_{n\to\infty}\alpha_n=0$ を得るから、十分大きな番号 n に対して $|y-b'|<\alpha_n$ のとき $y\in E_b$ としてよい。そこで $x=g(y)$ とすると、$|g(y)-a'|=|x-a'|<\frac{1}{n}$ である。実際、$|x-a'|\geqq\frac{1}{n}$ ならば $y=f(x)$ と f の単調性から $|y-b'|=|f(x)-b'|\geqq\alpha_n$ となる。したがって $\sup\{|g(y)-a'| \mid |y-b'|<\alpha_n\}\leqq\frac{1}{n}$ であり、g も E_b 上連続である。

以下 (3) を証明する。(4) は (2) と (3) より直ちに得られるので省略する。

(微分) まず定理 2.2.10 より f は狭義単調であるので、$0<|\Delta x|<\epsilon$ のとき $\Delta y=f(a+\Delta x)-b\neq 0$ を満たす。次に (2) より、f と g は共に連続であるので $\Delta x\longrightarrow 0\iff\Delta y\longrightarrow 0$ であり、$g(b+\Delta y)-g(b)=g(f(a+\Delta x))-a=\Delta x$ と $f'(a)\neq 0$ より次を得る。

$$\lim_{\Delta y\to 0}\frac{g(b+\Delta y)-g(b)}{\Delta y}=\lim_{\Delta x\to 0}\frac{\Delta x}{\Delta y}=\lim_{\Delta x\to 0}\frac{1}{\Delta y/\Delta x}=\frac{1}{f'(a)}$$

以上より、(3) が証明された。 終り.

B.5　弧度と円角

(弧度)　単位円 C 上の点 $B(x,y)$ に対して、$x \geqq 0$ のときの弧 $\overset{\frown}{\mathrm{AB}}$: $x=\sqrt{1-v^2}$, $y=v$ の弧長 θ は $\frac{dy}{dv}=\frac{\frac{1}{2}\cdot(-2v)}{\sqrt{1-v^2}}=\frac{-v}{\sqrt{1-v^2}}$ より $\theta=\int_0^y\sqrt{1+(\frac{dy}{dv})^2}\,dv=\int_0^y\frac{1}{\sqrt{1-v^2}}\,dv$ $(-1 \leqq y \leqq 1)$ で与えられ、$y \geqq 0$ のときの弧 $\overset{\frown}{\mathrm{AB}}$: $x=u$, $y=\sqrt{1-u^2}$ の弧長 θ は $\theta=\int_x^1\frac{1}{\sqrt{1-u^2}}\,du$ $(-1 \leqq x \leqq 1)$ で与えられ、$x>0$ のときの弧 $\overset{\frown}{\mathrm{AB}}$: $x=\frac{1}{\sqrt{1+t^2}}$, $y=\frac{t}{\sqrt{1+t^2}}$ の弧長 θ は $\frac{dx}{dt}=\frac{t}{\sqrt{1+t^2}^3}$, $\frac{dy}{dt}=\frac{1}{\sqrt{1+t^2}^3}$ より $\theta=\int_0^m\sqrt{(\frac{dx}{dt})^2+(\frac{dy}{dt})^2}\,dt=\int_0^m\frac{1}{1+t^2}\,dt$ $(-\infty<m<\infty)$ で与えられる。これらは $x>0$ のとき、次の関係にある。

命題 B.5.1　$\int_0^m\frac{1}{1+t^2}\,dt=\int_0^{y_m}\frac{1}{\sqrt{1-v^2}}\,dv,\ y_m=\frac{m}{\sqrt{1+m^2}};\ \left|\int_0^m\frac{1}{1+t^2}\,dt\right|=\int_{x_m}^1\frac{1}{\sqrt{1-u^2}}\,du,\ x_m=\frac{1}{\sqrt{1+m^2}}$

略証: $v=\frac{t}{\sqrt{1+t^2}}$ と置くと $t=\frac{v}{\sqrt{1-v^2}}$, $\frac{dt}{1+t^2}=\frac{dv}{\sqrt{1-v^2}}$ であり、$t:0\to m$ で $v:0\to y_m$ より $\int_0^m\frac{1}{1+t^2}\,dt=\int_0^{y_m}\frac{1}{\sqrt{1-v^2}}\,dv$ を得る。また $m>0$ のとき $u=\frac{1}{\sqrt{1+t^2}}$ と置くと $t=\frac{\sqrt{1-u^2}}{u}$, $\frac{dt}{1+t^2}=\frac{-du}{\sqrt{1-u^2}}$ であり、$t:0\to m$ で $u:1\to x_m$ より $\int_0^m\frac{1}{1+t^2}\,dt=\int_{x_m}^1\frac{1}{\sqrt{1-u^2}}\,du$ を得る。　終り.

扇形 OAB を第4-1象限（または第1-2象限）で考え、その面積を S とする。

定理 B.5.2 (円角)　$B(x,y)$ が第4-1象限（または第1-2象限）にあるとき、$\theta=\int_0^y\frac{1}{\sqrt{1-v^2}}\,dv$ $\in[-\frac{\pi}{2},\frac{\pi}{2}]$（または $\theta=\int_x^1\frac{1}{\sqrt{1-v^2}}\,dv \geqq 0$）であり、常に $|\theta|=2\cdot S$ が成立する。

略証: 第1象限にある場合：$\frac{1}{\sqrt{1-v^2}}-\sqrt{1-v^2}=\frac{v^2}{\sqrt{1-v^2}}=v\,\frac{v}{\sqrt{1-v^2}}=-v\,\frac{d}{dv}\left(\sqrt{1-v^2}\right)$ より

$$\int_0^y\left\{\frac{1}{\sqrt{1-v^2}}-\sqrt{1-v^2}\right\}dv=\left[-v\sqrt{1-v^2}\right]_{v=0}^y+\int_0^y\sqrt{1-v^2}\,dv=-xy+\int_0^y\sqrt{1-v^2}\,dv$$

であり、$\int_0^y\frac{1}{\sqrt{1-v^2}}\,dv=2\cdot\int_0^y\sqrt{1-v^2}\,dv-xy=2\cdot S$ を得る。他の場合も同様である。　終り.

定理 B.5.3 (円周率の積分表示)　円周率の定義と被積分関数が偶関数であることから、$\pi=\int_{-1}^1\frac{1}{\sqrt{1-v^2}}\,dv=\int_{-\infty}^{\infty}\frac{1}{1+t^2}\,dt$ および $\frac{\pi}{2}=\int_0^1\frac{1}{\sqrt{1-u^2}}\,du=\int_0^{\infty}\frac{1}{1+t^2}\,dt$ が成立する。

問 B.5.4　円周率の積分表示から $\frac{\pi}{4}=\int_0^1\frac{1}{1+t^2}\,dt$ を導きなさい。

B.6 陰関数定理

二つの変数 x, y の方程式 $F(x,y)=0$ の左辺の関数 $F(x,y)$ は C^1 級関数であるものとする。もし方程式 $F(x,y)=0$ を y に関して解くことができ、さらに解となる関数 $y=f(x)$ が点 a で微分可能であったとしよう。この場合は $b=f(a)$ と置き、点 a の近傍で成立する恒等式 $F(x,f(x))=0$ の両辺を点 a において x で微分すれば、定理 3.2.9 の連鎖律から次を得る：

$$F_x(a,b)+F_y(a,b)f'(a)=0$$

すなわち、$F_y(a,b)\neq 0$ であるかぎり $f'(a)=-\frac{F_x(a,b)}{F_y(a,b)}$ である。さらに a の近傍で同様な議論を行うと、陰関数 $f(x)$ が微分可能ならば $f(x)$ は $x=a$ の近傍で連続（C^0 級）な導関数 $-\frac{F_x(x,f(x))}{F_y(x,f(x))}$ をもち、陰関数 $f(x)$ は C^1 級であることになる。一般に次の定理が成立する。

定理 B.6.1 (陰関数定理) C^r 級（$r\geqq 1$）の $d+1$ 変数関数 $F(\mathbb{x},y)$, $\mathbb{x}=(x_1,\dots,x_d)$（変数 y の位置は右端以外の位置でも同様である）が $F(\mathbb{a},b)=0$ と $F_y(\mathbb{a},b)\neq 0$ を満たすとき、次の三条件を満たす開領域 $O\subset\mathbb{R}^d$ 上の C^r 級 d 変数関数 $y=f(\mathbb{x})$ がただ一つ定まる。

(1) $\mathbb{a}\in O$ かつ $f(\mathbb{a})=b$　(2) $F(\mathbb{x},f(\mathbb{x}))=0,\quad \mathbb{x}\in O$　(3) $f_{x_i}(\mathbb{x})=-\frac{F_{x_i}(\mathbb{x},f(\mathbb{x}))}{F_y(\mathbb{x},f(\mathbb{x}))}$

証明: まず開領域 O を定める。必要なら F を $-F$ と取り換え、$F_y(\mathbb{a},b)>0$ と仮定する。$r\geqq 1$ より F は C^1 級なので、さらに点 $(\mathbb{a},b)$ を内点として含む十分小さい閉矩形 $R=[\mathbb{c},\mathbb{d}]\times[c,d]$ 上で $F_y(\mathbb{x},y)>0$ としてよい。このとき関数 $F(\mathbb{a},y)$ は $c\leqq y\leqq d$ で狭義単調増加であり、$y=b$ では $F(\mathbb{a},b)=0$ を満たすので、$F(\mathbb{a},c)<0<F(\mathbb{a},d)$ を得る。

したがって $\mathbb{x}$ に関する二つの連続関数 $\mathbb{x}\mapsto F(\mathbb{x},c)$ と $\mathbb{x}\mapsto F(\mathbb{x},d)$ は、$F(\mathbb{a},c)<0$ かつ $F(\mathbb{a},d)>0$ より $\mathbb{a}$ を含む小さい開矩形 V を取れば $F(\mathbb{x},c)<0<F(\mathbb{x},d)$, $\mathbb{x}\in V$ を満たす。そこで $O=(\mathbb{c},\mathbb{d})\cap V$ と置くと O は $\mathbb{a}$ を含む開矩形、したがって開領域となり、$\mathbb{x}\in O$ かつ $c<y<d$ ならば $F(\mathbb{x},c)<0<F(\mathbb{x},d)$ および $F_y(\mathbb{x},y)>0$ が成立する。

次に関数 $y=f(\mathbb{x})$ を定義する：点 $\mathbb{x}\in O$ を任意に固定すると、y に関する関数 $y\mapsto F(\mathbb{x},y)$ は単調増加かつ $F(\mathbb{x},c)<0<F(\mathbb{x},d)$ であるので、中間値の定理より開区間 (c,d) の中に $F(\mathbb{x},y)=0$ を満たす実数 y が一つだけ存在する。そこで O 上の関数 $f(\mathbb{x})$ を次で定める。

$$f(\mathbb{x})=y \iff F(\mathbb{x},y)=0 \text{ かつ } (\mathbb{x},y)\in O\times(c,d)$$

この定義から条件 (1), (2) が従う。次に $y=f(\mathbb{x})$ が C^r 級であることを証明する。まず $f(\mathbb{x})$ が連続であることを示し、続いて各 i について x_i に関する偏導関数 f_{x_i} をもち、さらにこれが

C^{r-1} 級であることを示せばよい：さて

$$\Delta\mathbb{x} = (\Delta x_1, \cdots, \Delta x_d), \quad \Delta y = f(\mathbb{x}+\Delta\mathbb{x}) - f(\mathbb{x})$$

と置き、$\frac{\Delta y}{\Delta x}(\mathbb{x})$ が $\Delta x \to 0$ で C^{r-1} 級関数 $-\frac{F_{x_i}(\mathbb{x}, f(\mathbb{x}))}{F_y(\mathbb{x}, f(\mathbb{x}))}$ に収束することを証明する。実際、多変数関数の Taylor の定理から

$$\begin{aligned} F(\mathbb{x}+\Delta\mathbb{x}, f(\mathbb{x})+\Delta y) &= F(\mathbb{x}, f(\mathbb{x})) + \partial^1_{(\Delta\mathbb{x},\Delta y)}(F)(\mathbb{x}+\epsilon\Delta x, f(\mathbb{x})+\epsilon\Delta y) \\ &= F(\mathbb{x}, f(\mathbb{x})) + \sum_{i=1}^{d} \Delta x_i \cdot F_{x_i}(\mathbb{x}+\epsilon\Delta\mathbb{x}, f(\mathbb{x})+\epsilon\Delta y) + \Delta y \cdot F_y(\mathbb{x}+\epsilon\Delta x, f(\mathbb{x})+\epsilon\Delta y) \end{aligned}$$

（$\epsilon \in (0,1)$）を得るが、$F(\mathbb{x}+\Delta\mathbb{x}, f(\mathbb{x})+\Delta y) = F(\mathbb{x}, f(\mathbb{x})) = 0$ であるから次を得る。

$$\Delta y \cdot F_y(\mathbb{x}+\epsilon\Delta\mathbb{x}, f(\mathbb{x})+\epsilon\Delta y) = -\sum_{i=1}^{d} \Delta x_i \cdot F_{x_i}(\mathbb{x}+\epsilon\Delta\mathbb{x}, f(\mathbb{x})+\epsilon\Delta y)$$

ここで、$(\mathbb{x}, f(\mathbb{x}))$ と $(\mathbb{x}+\Delta\mathbb{x}, f(\mathbb{x})+\Delta y) = (\mathbb{x}+\Delta\mathbb{x}, f(\mathbb{x}+\Delta\mathbb{x}))$ は共に閉矩形 R の中にあり、閉矩形は凸集合であるので、$(\mathbb{x}+\epsilon\Delta\mathbb{x}, f(\mathbb{x})+\epsilon\Delta y)$ も R の中にあり、R の取り方から $F_y(\mathbb{x}+\epsilon\Delta\mathbb{x}, f(\mathbb{x})+\epsilon\Delta y) > 0$ である。$F_y(\mathbb{x}, f(\mathbb{x})) \neq 0$ より次が成立する。

$$\Delta y = -\sum_{i=1}^{d} \Delta x_i \cdot \frac{F_{x_i}(\mathbb{x}+\epsilon\Delta\mathbb{x}, f(\mathbb{x})+\epsilon\Delta y)}{F_y(\mathbb{x}+\epsilon\Delta\mathbb{x}, f(\mathbb{x})+\epsilon\Delta y)} \xrightarrow{\Delta\mathbb{x}\longrightarrow 0} -\sum_{i=1}^{d} 0 \cdot \frac{F_{x_i}(\mathbb{x}, f(\mathbb{x}))}{F_y(\mathbb{x}, f(\mathbb{x}))} = 0$$

これは $f(\mathbb{x})$ が連続であることを意味する。さらに、$\Delta x_j = 0$（$j \neq i$）とすると次を得る。

$$\frac{\Delta y}{\Delta x_i} = -\frac{F_{x_i}(\mathbb{x}+\epsilon\Delta\mathbb{x}, f(\mathbb{x})+\epsilon\Delta y)}{F_y(\mathbb{x}+\epsilon\Delta\mathbb{x}, f(\mathbb{x})+\epsilon\Delta y)} \xrightarrow{\Delta x_i\longrightarrow 0} -\frac{F_{x_i}(\mathbb{x}, f(\mathbb{x}))}{F_y(\mathbb{x}, f(\mathbb{x}))}$$

したがって $y = f(\mathbb{x})$ は開領域 O で変数 x_i について偏微分可能であり、その x_i に関する偏導関数 $-\frac{F_{x_i}(\mathbb{x}, f(\mathbb{x}))}{F_y(\mathbb{x}, f(\mathbb{x}))}$ は C^{r-1} 級であるから、$f(\mathbb{x})$ は C^r 級の関数であり条件 (3) も成立する。

最後に $y = f(\mathbb{x})$ の一意性を証明する。条件 (1), (2) を満たす連続関数 $y = g(\mathbb{x})$ が与えられたとする。まず、O 全域で $c < g(\mathbb{x}) < d$ が成立することを背理法により示す：まず条件 (1) より $g(\mathbb{a}) = b$ であるので $c < g(\mathbb{a}) < d$ が成立する。もし $g(\mathbb{x}), \mathbb{x}\in O$ の値が開区間 (c, d) からはみ出たとすると、$g(\mathbb{x})$ は開領域 O 全域で連続であるので中間値の定理から $g(\mathbb{b}) = d$（または c）となる点 $\mathbb{b} \in O$ が取れるから、条件 (2) より $F(\mathbb{b}, d) = F(\mathbb{b}, g(\mathbb{b})) = 0$（または $F(\mathbb{b}, c) = F(\mathbb{b}, g(\mathbb{b})) = 0$）でなければならない。ところが、これは O 全域で $F(\mathbb{x}, c) < 0 < F(\mathbb{x}, d)$ が成立することに反する。したがって O 全域で $c < g(\mathbb{x}) < d$ が成立している。

一方で $F(\mathbb{x}, y) = 0$ を満たす y は (c, d) の範囲には $y = f(\mathbb{x})$ しかないので、$g(\mathbb{x}) = f(\mathbb{x})$（$\mathbb{x}\in O$）が成立する。したがって、$O$ 全域で条件 (1), (2) を満たす連続関数はただ一つしかない。

終り.

B.7 逆写像定理

ここでは、$d=2$ の場合について逆写像定理を証明する。

定理 B.7.1 (逆写像定理) $\mathbb{f}=(f,g)$ を領域 U 上の 2 変数関数の組とする。

(1) $\mathbb{f}$ が点 $(a,b)\in U$ の近くで連続微分可能で $J(\mathbb{f})(a,b)\neq 0$ を満たすならば、等式 $\mathbb{g}(\mathbb{f}(a,b))=(a,b)$ と、恒等式 $\mathbb{f}(\mathbb{g}(u,v))=(u,v),\ (u,v)\in V$（$V$ は点 $(c,d)=\mathbb{f}(a,b)$ の近傍）を満たし V 上で微分可能な 2 変数関数の組 $\mathbb{g}=(\phi,\psi)$ がただ一つ存在する。また、これらは恒等式 $D(\mathbb{g})(c,d)=(D(\mathbb{f})(a,b))^{-1}$ を満たす。

(2) $\mathbb{f}$ が U 上で連続微分可能かつ領域 W の上への 1 対 1 写像で $J(\mathbb{f})\neq 0$ を満たすならば、二つの恒等式 $\mathbb{g}(\mathbb{f}(x,y))=(x,y),\ (x,y)\in U$ と $\mathbb{f}(\mathbb{g}(u,v))=(u,v),\ (u,v)\in W$ を満たし W 上で微分可能な 2 変数関数の組 $\mathbb{g}=(\phi,\psi)$ がただ一つ存在する。また、これらは恒等式 $D(\mathbb{g})(u,v)=(D(\mathbb{f})(x,y))^{-1}$（$(x,y)=\mathbb{g}(u,v),\ (u,v)\in W$）を満たす。

略証: (1) を示す：まず、適当な Affine 変換を合成すれば $(a,b)=(c,d)=(0,0),\ \frac{d(u,v)}{d(x,y)}(0,0)=I$（単位行列）と仮定して一般性を失わない。さて、一般に与えられた 2 次正方行列 $A=(a_{ij})$ が $(a_{11}-1)^2+a_{12}^2\leqq\frac{1}{6}$ と $(a_{21}-1)^2+a_{22}^2\leqq\frac{1}{6}$ を満たせばベクトルのノルムに関して次が成立する：

$$\frac{3}{2}\sqrt{h^2+k^2}\geqq\left\|A\begin{bmatrix}h\\k\end{bmatrix}\right\|>\frac{2}{3}\sqrt{h^2+k^2}\quad より\quad \|(A-I)\mathbb{h}\|\leqq\frac{1}{3}\|\mathbb{h}\|,\quad \mathbb{h}=\begin{bmatrix}h\\k\end{bmatrix}$$

そこで $[-\epsilon,\epsilon]^2\subset U$ 上で $(f_x-1)^2+(f_y)^2\leqq\frac{1}{6}$ かつ $(g_x)^2+(g_y-1)^2\leqq\frac{1}{6}$ となる $\epsilon>0$ を選ぶ。

（1 対 1）f,g は U 上微分可能なので、平均値の定理から次を満たす $0<\theta,\theta'<1$ が取れる。

$$f(x+h,y+k)-f(x,y)=h\,f_x(x+\theta\,h,y+\theta\,k)+k\,f_y(x+\theta\,h,y+\theta\,k)$$
$$g(x+h,y+k)-g(x,y)=h\,g_x(x+\theta'h,y+\theta'k)+k\,g_y(x+\theta'h,y+\theta'k)$$

これをベクトルと行列で表示してベクトルのノルムを取れば、仮定から次を得る。

$$\|\mathbb{f}(x+h,y+k)-\mathbb{f}(x,y)\|=\left\|\begin{bmatrix}f_x(x+\theta\,h,y+\theta\,k) & f_y(x+\theta\,h,y+\theta\,k)\\ g_x(x+\theta'h,y+\theta'k) & g_y(x+\theta'h,y+\theta'k)\end{bmatrix}\mathbb{h}\right\|>\frac{2}{3}\|\mathbb{h}\|$$

したがって $\|\mathbb{f}(x+h,y+k)-\mathbb{f}(x,y)\|>\frac{2}{3}\|\mathbb{h}\|$ であるから、$\mathbb{f}$ は R で 1 対 1 の写像である。

($\mathbb{f}$ の像) 点 $(c,d)=(0,0)$ の小さい近傍 $V=\{(u,v)\,|\,u^2+v^2<(2/3)\epsilon\}$ を取ると、$\mathbb{f}$ の像は V を含む。これを示すために、点 $\mathbb{y}\in V$ に対して点列 $\mathbb{x}_n$ を以下で帰納的に定める：

$$(1)\ \ \mathbb{x}_0=\mathbb{y},\qquad (2)\ \ \mathbb{x}_{n+1}=\mathbb{x}_n+\mathbb{f}(\mathbb{x}_n)-\mathbb{y}\ \ (n\geqq 0)$$

このとき上と同様にノルムの不等式 $\|\mathbb{f}(x+h,y+k)-\mathbb{f}(x,y)-\mathbb{h}\| \leqq \frac{1}{3}\|\mathbb{h}\|$ が成立するから、省略するが、$\|\mathbb{f}(\mathbb{x}_0)-\mathbb{x}_0\| \leqq \frac{1}{3}\|\mathbb{x}_0\| = \frac{1}{3}\|\mathbb{y}\|$ を用いて以下を帰納的に示すことができる（$n \geqq 1$）：

$$(3)\ \ \|\mathbb{f}(\mathbb{x}_{n-1})-\mathbb{y}\| \leqq \frac{1}{3^n}\|\mathbb{y}\|, \qquad (4)\ \ \|\mathbb{x}_n\| \leqq \frac{3}{2}(1-\frac{1}{3^n})\|\mathbb{y}\| < \frac{3}{2}\|\mathbb{y}\| < \epsilon$$

したがって点列 $\mathbb{x}_n$ は $(a,b)=(0,0)$ の小さい近傍 $O=\{(x,y)\mid x^2+y^2<\epsilon\}\subset R$ の中で収束し、その極限を $\mathbb{x}$ と置くと、$\mathbb{f}$ の連続性から $F(\mathbb{x})=\mathbb{y}$ となり、$\mathbb{f}(O)\supset V$ が成立する。

（ϕ, ψ の定義）写像 $\mathbb{g}(u,v)=(\phi(u,v),\psi(u,v))$ を $(u,v)\in V$ に対して次で定義する。

$$(\phi(u,v),\psi(u,v))=(x,y)\in O \iff \mathbb{f}(x,y)=(u,v)\in V$$

$F(O)$ が V を含み、F が $R\supset O$ 上で 1 対 1 であるので、各々の $(u,v)\in V$ に対して 上の式を満たす $(x,y)\in O$ はただ一つ存在する。また f,g が連続であるから、ϕ, ψ も連続となる。

（ただ一組）$\mathbb{g}$ と同様な性質をもち、U に値を取る連続写像 $\mathbb{g}_1=(\phi_1,\psi_1)$ が与えられたとする。このとき、$(c,d)=(0,0)$ の十分近くでは $\mathbb{g}_1$ の像も O に入るから、そこでは $\mathbb{g}_1=\mathbb{g}$ となっている。その上で、もし $\mathbb{g}_1(u,v)\neq\mathbb{g}(u,v)$ を満たす点 $(u,v)\in V$ があったとすると、

$$A=\{t\in[0,1]\mid \mathbb{g}_1(tu,tv)\neq\mathbb{g}(tu,tv)\}$$

として $t_0=\inf A$ と置くと、上述の理由から $t_0>0$ であることになる。ここで、$\mathbb{g}$ と $\mathbb{g}_1$ の連続性から $\mathbb{g}_1(t_0u,t_0v)=\mathbb{g}(t_0u,t_0v)\in O$ である。また (t_0u,t_0v) での $\mathbb{g}_1$ の連続性から t_0 に十分近い $t\in[0,1]$ を取ると $\mathbb{g}_1(tu,tv)$ は O に含まれる。したがって $\mathbb{g}_1(tu,tv)=\mathbb{g}(tu,tv)$ となる。ここでもし $t_0<1$ とすると $t_0=\inf A$ に反するから $t_0=1$ である。これは $\mathbb{g}_1(u,v)=\mathbb{g}(u,v)$ を意味し (u,v) の選び方に矛盾する。したがって、V 全体で $\mathbb{g}_1=\mathbb{g}$ が成立する。

（微分係数）$p=f(h,k)-f(0,0)=f(h,k)$, $q=g(h,k)-g(0,0)=g(h,k)$ と置くと、$\frac{3}{2}\sqrt{h^2+k^2}\geqq\sqrt{p^2+q^2}>\frac{2}{3}\sqrt{h^2+k^2}$ より、$(p,q)\longrightarrow\mathbb{0}$ と $(h,k)\longrightarrow\mathbb{0}$ は同値である。ここで

$$|\phi(p,q)-p|=|\phi(f(h,k),g(h,k))-f(h,k)|=|h-f(h,k)|$$
$$|\psi(p,q)-q|=|\psi(f(h,k),g(h,k))-g(h,k)|=|k-g(h,k)|$$

が成立していたから次の式を得る。

$$\frac{\sqrt{(\phi(p,q)-p)^2+\psi(p,q)-q)^2}}{\sqrt{p^2+q^2}}=\frac{\sqrt{(g(h,k)-k)^2+(f(h,k)-h)^2}}{\sqrt{h^2+k^2}}\frac{\sqrt{h^2+k^2}}{\sqrt{p^2+q^2}}\leqq\frac{1}{3}\frac{\sqrt{(g(h,k)-k)^2+(f(h,k)-h)^2}}{\sqrt{h^2+k^2}}\longrightarrow 0$$

これは $\phi(p,q)=1\cdot p+0\cdot q+o(\sqrt{p^2+q^2})$ と $\psi(p,q)=0\cdot p+1\cdot q+o(\sqrt{p^2+q^2})$ すなわち $D(\mathbb{g})(0,0)=I$ を意味するから $D(\mathbb{g})(0,0)=(D(\mathbb{f})(0,0))^{-1}$ を得る。(2) は (1) から明らかである。　終り.

問 B.7.2　定理 B.7.1 の一般次元の場合の証明を与えなさい。

B.8 測度と可測関数

定理 B.8.1 $A, B, C \subset \mathbb{R}^d$, $A' \subset \mathbb{R}^{d'}$ かつ A, B, A' は可測とする。

（空集合） 空集合 $\emptyset \subset \mathbb{R}^d$ は可測で、その測度は 0 である。

（差集合） $A \subset B$ のとき、$B \setminus A \subset \mathbb{R}^d$ も可測で、$\mu(B \setminus A) + \mu(A) = \mu(B)$ を満たす。

（積集合） $A \times A' \subset \mathbb{R}^{d+d'}$ も可測で、$\mu(A \times B) = \mu(A) \cdot \mu(B)$ を満たす。

（加法性） $A \cup B, A \cap B \subset \mathbb{R}^d$ も可測で、$\mu(A \cup B) + \mu(A \cap B) = \mu(A) + \mu(B)$ を満たす。

（完備性） $A \subset C \subset B$, $\mu(B \setminus A) = 0$ ならば $C \subset \mathbb{R}^d$ も可測で、$\mu(C) = \mu(A)$ を満たす。

略証:（空集合）、（積集合）、（完備性）は定義から明らかで、（差集合）は（加法性）に帰着するので、（加法性）を示す：煩雑さを避けるため A, B とも有界集合である場合に証明する。可算矩形塊 $\{I_k\}$, $\{J_h\}$ が各々 A, B を覆うとすると、$I_k \cap J_h$ も矩形であり可算矩形塊 $\{I_k \cap J_h\}$ が $A \cap B$ を覆う。また $I_k \cup J_h$ は矩形の和集合であるので、それ自体が可算矩形塊と考えてよいから

$$m(I_k \cup J_h) = m(I_k) + m(J_h) - m(I_k \cap J_h)$$

であり、可算矩形塊 $\{I_k \cup J_h\}$ は $A \cup B$ を覆う。したがって外測度の定義から

$$\overline{\mu}(A \cup B) + \overline{\mu}(A \cap B) \leqq \sum_{h,k} m(I_k \cup J_h) + \sum_{h,k} m(I_k \cap J_h) = \sum_k m(I_k) + \sum_h m(J_h)$$

より、可算矩形塊 $\{I_k\}$, $\{J_h\}$ として A, B を覆うもの全体を動かして右辺の下限を取れば

$$\overline{\mu}(A \cup B) + \overline{\mu}(A \cap B) \leqq \overline{\mu}(A) + \overline{\mu}(B)$$

という外測度の不等式を得る。さらに補集合を取れば、これから内測度の不等式

$$\underline{\mu}(A) + \underline{\mu}(B) \leqq \underline{\mu}(A \cup B) + \underline{\mu}(A \cap B)$$

も従う。さらに仮定から $\overline{\mu}(A) = \underline{\mu}(A) = \mu(A)$ かつ $\overline{\mu}(B) = \underline{\mu}(B) = \mu(B)$ なので、次を得る。

$$\underline{\mu}(A \cup B) + \underline{\mu}(A \cap B) = \overline{\mu}(A \cup B) + \overline{\mu}(A \cap B) = \mu(A) + \mu(B)$$

ここで外測度は内測度以上より前半の等号から $\underline{\mu}(A \cup B) = \overline{\mu}(A \cup B)$ と $\underline{\mu}(A \cap B) = \overline{\mu}(A \cap B)$ が従うから、$A \cup B$ と $A \cap B$ は共に可測である。また後半の等号から求める関係式を得る。 終り.

系 B.8.1.1 (単調性) $A \subset B$ ならば $\mu(A) \leqq \mu(B)$ を満たす。

証明: $C = B \setminus A$ と置くと、$B = A \cup C$ かつ $A \cap C = \emptyset$ であるので、（空集合）と（加法性）より $\mu(B) = \mu(A \cup C) = \mu(A \cup C) + \mu(A \cap C) = \mu(A) + \mu(C) \geqq \mu(A)$ を得る。 終り.

定理 B.8.2 (正規性) すべての矩形 I は可測で、その測度は $m(I)$ に等しい。

略証: ここでは議論を単純化するために $d=1$ の場合だけを議論するが、高次元の場合もまったく同様である。$D = [0,1]$（$[0,1)$, $(0,1]$, $(0,1)$ でも同じ）を覆う区間塊 $\{I_n\}_{n \geqq 1}$ を取る。$k \geqq 1$

を任意に固定し、次のように開区間（開集合）を定める：$O_n^{(k)} = (\inf I_n - \frac{1}{10^{n+k}}, \sup I_n + \frac{1}{10^{n+k}}) \supset I_n$
ここで $\{I_n\}$ が D を覆うので、$\{O_n^{(k)}\}$ は $[0,1]$ を覆う。ところが Heine Borel の被覆定理（補題 B.1.1）より、この中の有限個（初めの N_k 個とする）だけで $[0,1]$ は覆われるから、次を得る：

$$m([0,1]) < \sum_{n=1}^{N_k} m(O_n^{(k)}) = \sum_{n=1}^{N_k} \left(m(I_n) + \frac{2}{10^{n+k}}\right) < \sum_{n=1}^{N_k} m(I_n) + \sum_{n=1}^{N_k} \frac{2}{10^{n+k}} \leqq \sum_{n\geqq 1} m(I_n) + \frac{2/9}{10^k}$$

ここで $m([0,1])=1$ であり、$k \to \infty$ の極限を取れば $1 \leqq \sum_n m(I_n)$ を得るから $1 \leqq \overline{\mu}(D)$ である。また D は長さ 1 の区間より $\overline{\mu}(D) \leqq m(D)=1$ なので $\overline{\mu}(D)=1$ を得る。一方、区間の補集合は区間の有限個の和集合でもあるから同様に $\underline{\mu}(D) = 1$ となり、D は可測で $\mu(D) = 1$ である。終り.

系 B.8.2.1 可算矩形塊 $J = \cup_n J_n$，$\{J_n\}_{n\geqq 1}$ の測度は $\mu(J) = \sum_n m(J_n)$ で与えられる。

定理 B.8.3 (完全加法性) 可測集合列 $\{A_n\}$ の和集合 $\bigcup_{n\geqq 1} A_n$ は可測であり、互いに交わらない可測集合列 $\{D_n\}$ の和集合 $D = \bigcup_{n\geqq 1} D_n$ は $\mu(D) = \sum_{n=1}^{\infty} \mu(D_n)$ を満たす。

証明: 前半の可測性については、測度の定義から明らかである。後半の等号を示すために、D_n を覆う矩形の可算列 $\{I_k^{(n)}\}_{k\geqq 1}$ を取り、一列に並べる。まず $\ell = n+k$ の小さい順に並べ、ℓ が同じものたちは、n の小さい順に並べて次の列を得る：$I_1^{(1)}$, $I_2^{(1)}$, $I_1^{(2)}$, $I_3^{(1)}$, $I_2^{(2)}$, $I_1^{(3)}$, …
これを左から $I(1)$, $I(2)$, …, $I(m)$, … と置くと、$\bigcup_{n\geqq 1} D_n \subset \bigcup_{m\geqq 1} I(m)$ を得るから

$$\overline{\mu}(\bigcup_{n\geqq 1} D_n) \leqq \sum_{m\geqq 1} \mu(I(m)) = \sum_{n,k\geqq 1} \mu(I_k^{(n)}) = \sum_{n\geqq 1} \{ \sum_{k\geqq 1} \mu(I_k^{(n)}) \}$$

より、右辺の下限を取って $\overline{\mu}(\bigcup_{n\geqq 1} D_n) \leqq \sum_{n\geqq 1} \overline{\mu}(D_n)$ を得る。同様に $\underline{\mu}(\bigcup_{n\geqq 1} D_n) \geqq \sum_{n\geqq 1} \underline{\mu}(D_n)$ であり、D_n が可測より $\overline{\mu}(D_n) = \underline{\mu}(D_n) = \mu(D_n)$ であるから、$\overline{\mu}(\bigcup_{n\geqq 1} D_n) = \underline{\mu}(\bigcup_{n\geqq 1} D_n) = \sum_{n\geqq 1} \mu(D_n)$ を得る。したがって $\bigcup_{n\geqq 1} D_n$ も可測であり、その測度は $\mu(\bigcup_{n\geqq 1} D_n) = \sum_{n\geqq 1} \mu(D_n)$ を満たす。 終り.

さて開集合は内点全部の（開）近傍の和集合として表せるが、$\mathbb{a} \in U_{\frac{r}{\|\mathbb{1}\|}}(\mathbb{a}) \subset (\mathbb{a} - \frac{r}{\|\mathbb{1}\|} \cdot \mathbb{1}, \mathbb{a} + \frac{r}{\|\mathbb{1}\|} \cdot \mathbb{1}) \subset U_r(\mathbb{a})$ （$\mathbb{1} = (1, \ldots, 1)$）より、適当な（開）矩形の和集合として表すこともできる。

命題 B.8.4 開集合の族 $\{J_\lambda\}$ の和集合 O は、適当な可算部分族 $\{J_{\alpha_i}\}_{i\geqq 1}$ の和集合で表せる。

証明: 開集合の縮小列 $\{V_k\}_{k\geqq 1}$ を $V_k := \bigcup_{\mathbb{x} \notin O} U_{1/k}(\mathbb{x})$ で定めると、$\{V_k^c\}_{k\geqq 1}$ は閉集合の増大列であり、$O = \bigcup_k V_k^c$ を満たす。実際、$O^c \subset V_k$ より $O \supset \bigcup_k V_k^c$ である。逆に $\mathbb{a} \in O$ とすると、$U_{1/k}(\mathbb{a}) \subset O$ となる $k \geqq 1$ があり、$\mathbb{x} \notin O$ ならば $\mathbb{a} \notin U_{1/k}(\mathbb{x})$ より $\mathbb{a} \in \bigcup_k V_k^c$ を得る。

次に、原点 $\mathbb{0}$ を中心とする閉集合の増大列 $\{D_k(\mathbb{0})\}_{k\geqq 1}$ を取ると、$\bigcup_k D_k(\mathbb{0}) = \mathbb{R}^d$ であるから、

有界閉集合の増大列 $\{F_k\}_{k \geqq 1}$ を $F_k := V_k^c \cap D_k(\mathbb{0})$ で定める。このとき、次が成立する。

$$\bigcup_k F_k = \mathbb{R}^d \cap (\bigcup_k F_k) = \bigcup_\ell D_\ell(\mathbb{0}) \cap (\bigcup_k F_k) = \bigcup_\ell (\bigcup_k V_k^c) \cap D_\ell(\mathbb{0}) = (\bigcup_k V_k^c) \cap \mathbb{R}^d = \bigcup_k V_k^c = O$$

$F_k \subset O = \bigcup_\lambda J_\lambda$ より、F_k は $\{J_\lambda\}$ で覆われる有界閉集合なので、定理 B.1.2 から $\{J_\lambda\}$ の有限個の部分族 $\{J_{\lambda_i^{(k)}}\}_{1 \leqq i \leqq r_k}$ で覆われ、その番号 $\lambda_i^{(k)}$ は k 毎にまとめて左から順に置けば列をなす：

$$\lambda_1^{(1)}, \lambda_2^{(1)}, \cdots, \lambda_{r_1}^{(1)}, \lambda_1^{(2)}, \lambda_2^{(2)}, \cdots, \lambda_{r_2}^{(2)}, \cdots, \lambda_1^{(k)}, \lambda_2^{(k)}, \cdots, \lambda_{r_k}^{(k)}, \cdots$$

したがって、$O = \bigcup_k F_k$ は $\{J_\lambda\}$ の可算部分族 $\{J_{\lambda_i^{(k)}}\}$ の和集合で表せる。 終り.

系 B.8.4.1 開集合は可算個の矩形の和集合として可測であり、閉集合も可測である。

系 B.8.4.2 (境界) 集合 A が求積可能ならば $\mu(\partial A)=0$ である。

略証: A が閉矩形 R に含まれる場合のみ示す：まず集合 B を含む有限矩形塊は $\mathrm{Cl}\,B$ を含むから、$\overline{m}(\mathrm{Cl}\,B) = \overline{m}(B)$ である。さて、系 B.8.4.1 より $\mu(\mathrm{Cl}\,A) = \overline{\mu}(\mathrm{Cl}\,A) \leqq \overline{m}(\mathrm{Cl}\,A) = \overline{m}(A)$ であり、同様に $\mu(\mathrm{Cl}\,A) \geqq \underline{\mu}(\mathrm{Int}\,A) \geqq \underline{m}(A)$ である。A が求積可能なら $\underline{m}(A) = \overline{m}(A)$ より $\mu(\mathrm{Cl}\,A) = \mu(\mathrm{Int}\,A)$ となり、$\mu(\partial A) = \mu(\mathrm{Cl}\,A \setminus \mathrm{Int}\,A) = \mu(\mathrm{Cl}\,A) - \mu(\mathrm{Int}\,A) = 0$ を得る。 終り.

命題 B.8.5 可測集合 D 上ほとんど全域で連続な関数 f による開区間の逆像は可測である。

証明: f が連続でない点の集合を $K \subset D$ とする。開区間 I に対して、点 $\mathbb{a} \in f^{-1}(I) \setminus K$ を固定すると $f(\mathbb{a}) \in I$ の十分小さな近傍 $U_\varepsilon(f(\mathbb{a}))$ が I に含まれる一方、$\lim_{\mathbb{x} \to \mathbb{a}} f(\mathbb{x}) = f(\mathbb{a})$ が成立するので、$\lim_{n \to \infty} \sup\{\,|f(\mathbb{x}) - f(\mathbb{a})| \mid \mathbb{x} \in U_{1/n}(\mathbb{a})\} = 0$ である。そこで十分大きな $n_{\mathbb{a}}$ を選べば $\sup\{\,|f(\mathbb{x}) - f(\mathbb{a})| \bigm| \mathbb{x} \in U_{1/n_{\mathbb{a}}}(\mathbb{a})\} < \varepsilon$ となり、$U_{1/n_{\mathbb{a}}}(\mathbb{a}) \cap D \subset f^{-1}(I)$ を得る。仮定から和集合 $A = \bigcup_{\mathbb{a}} U_{1/n_{\mathbb{a}}}(\mathbb{a})$ は $A \supset f^{-1}(I) \setminus K$ を満たし、次の包含関係が得られる。

$$D \cap A \subset f^{-1}(I) \subset (D \cap A) \cup K$$

ここで命題 B.8.4 より $A = \bigcup_{i \geqq 1} U_{1/n_i}(\mathbb{a}_i)$ と表せるから A は可測であり、両端の集合は可測でその差は零集合 K に含まれ、測度の完備性から $f^{-1}(I)$ も可測である。 終り.

定義 B.8.6 (**可測関数**) 区間 D 上の関数 f が 可測とは、任意の右半開区間 $I = [a, b)$ あるいは右半直線 $I = [c, \infty)$（$a, b, c \in \mathbb{R}$）に対して、$f^{-1}(I)$ が常に可測集合となることである。

定理 B.8.7 (Lebesgue) (1) 領域 D 上（ほとんど全域で）連続な関数は可測である。

(2) 任意の開右半直線の逆像が可測集合である関数は可測である。

略証: 命題 B.8.5 より (1) は (2) に帰着する。(2) を示す：任意の $a, b, c \in \mathbb{R}$ に対して、$[c, \infty) = \mathbb{R} \setminus (-\infty, c)$, $[a, b) = (-\infty, b) \setminus (-\infty, a)$（$a < b$）より明らかである。 終り.

定義 B.8.8　可測集合の特性関数の１次結合として表せる関数を **単関数** と呼ぶ。

例 B.8.9　(1) 可測集合上の単関数は可測である。　(2) 領域上の連続関数は可測である。

補題 B.8.10　D 上の可測関数列 $\{f_n\}$ に対し、$\sup_n f_n$ と $\inf_n f_n$ は可測関数である。

証明: $\overline{f} := \sup_n f_n$ が可測であることを示せば十分である：$\overline{f}(\mathbb{x})>a \iff \sup_n f_n(\mathbb{x})>a \iff$ どれかの m で $f_m(\mathbb{x})>a \iff \mathbb{x}\in\cup_n f_n^{-1}(a,\infty)$ より $\overline{f}^{-1}(a,\infty) = \cup_n f_n^{-1}(a,\infty)$ である。ここで、右辺は仮定から可測で定理 B.8.7 ((2)) と可測関数の定義から $\overline{f}$ は可測である。　終り.

定義 B.8.11　関数列 $\{f_n\}$ が関数 f に **概収束** する $\iff$ $\lim_{n\to\infty} f_n(\mathbb{x}) = f(\mathbb{x})$ $(a.e.\ \mathbb{x}\in D)$

定理 B.8.12 (Lebesgue)　可測関数列 $\{f_n\}$ が関数 f に概収束すれば、f も可測である。

証明: D 上の可測関数列 $\{f_n\}$ が関数 f に概収束すれば、その極限を f に取り換えて $\{f_n\}$ が f に各点収束するとしてよい。このとき $f = \sup_n \underline{f}_n$ かつ $\underline{f}_n = \inf_k f_{n+k}$ であり、補題 B.8.10 より関数 $\underline{f}_n$ は可測となり、したがってさらに f も可測関数である。　終り.

系 B.8.12.1　関数 f, g が D 上可測ならば、$kf+\ell g$ (k, ℓ は実数) も D 上可測である。

証明: 簡単のため f, g は広義正数値関数とする。f, g が可測なので、$f_n = \mathrm{Step}_D^{\nabla_n}(f)$, $g_n = \mathrm{Step}_D^{\nabla_n}(g)$ $(n\geqq 1)$ は単関数であり、したがって $kf_n+\ell g_n$ も単関数であり、可測である。さらに $\lim_{n\to\infty}(kf_n+\ell g_n) = kf+\ell g$ より、定理 B.8.12 を用いて関数 $kf+\ell g$ は可測となる。終り.

定理 B.8.13 (１変数関数の導関数)　区間 I 上の１変数関数 f が区間 I 上（ほとんど）全域で微分可能ならば、導関数 f' は I 上（ほとんど）全域で定義された可測関数である。

証明: f は I 上で測度 0 の集合 $K \subset I$ を除いて微分可能とする。$a_0 \in I\setminus K$ ならば $f_{a_0}(x) = \frac{f(a_0)-f(x)}{a_0-x}$ ($x=a_0$ のときは $f_{a_0}(a_0) = f'(a_0)$ とする) は I 上の連続関数となる。そこで、各々の $n\geqq 1$ と $k\in\mathbb{Z}$ に対して $\frac{k}{2^n} < a_{n,k} < \frac{k+1}{2^n}$ かつ $x=a_{n,k}$ で f が微分可能となる点 $a_{n,k}$ を固定し、関数 g_n を $g_n|_{I\cap[\frac{k}{2^n},\frac{k+1}{2^n})}(x) = f_{a_{n,k}}(x)$, $\frac{k}{2^n} \leqq x < \frac{k+1}{2^n}$ で定める。ここで g_n は可算集合 $C_n = I\cap\left\{\frac{k}{2^n} \;\middle|\; k\in\mathbb{Z}\right\}$ でのみ不連続となるから、定理 B.8.7 (1) より I 上で可測である。また、任意の点 $x\in I\setminus(\bigcup_n C_n\cup K)$ で f は微分可能であり、各 n に対して $\frac{k}{2^n} < x < \frac{k+1}{2^n}$ となる $k = k(x,n)$ を選べば、f の x での微分可能性から次が成立する。

$$|g_n(x)-f'(x)| = |f_{a_{n,k}}(x)-f'(x)| \leqq \sup_{t\,:\,0<|t-x|<\frac{1}{2^n}} \left|\frac{f(t)-f(x)}{t-x} - f'(x)\right| \xrightarrow{n\to\infty} 0$$

したがって g_n は f' に概収束し、定理 B.8.12 より f' は I 上で可測である。　終り.

B.9 積分の基本性質

$D \subset \mathbb{R}^d$ を可測集合とする。

例 B.9.1 D 上の関数 $f(\mathbb{x}) \geqq 0$ に対して $\mathrm{Trunc}^n(f)(\mathbb{x}) = \begin{cases} 0, & |f(\mathbb{x})| < 10^{-n} \\ \min\{f(\mathbb{x}), 10^n\}, & |f(\mathbb{x})| \geqq 10^{-n} \end{cases}$ と置くと、$\mathrm{Trunc}^n(f)$ は D 上の可積分関数の単調増加列で f に各点収束する。

補題 B.9.2 可測集合 D 上の可積分関数の単調増加列 $g_k \geqq 0$ の極限を $g(\mathbb{x}) = \sup\limits_k g_k(\mathbb{x})$ で定めると、$\sup\limits_k \int_D g_k\, d\mu = \alpha < \infty$ ならば g は可積分であり、$\int_D g\, d\mu = \alpha$ が成立する。

証明:$G_n = \mathrm{Trunc}^n(g)$, $G_{k,n} = \mathrm{Trunc}^n(g_k)$, $D_n = \{\mathbb{x} \in D \mid \frac{1}{10^n} \leqq g(\mathbb{x}) \leqq 10^n\}$ $(n \geqq 1)$ と置き、分割 ∇ に対して $S_D^{\nabla}(g) = S_{D_n}^{\nabla}(G_n) \leqq \int_{D_n} G_n\, d\mu$ を満たす十分大きな n を取る。次に $t \in (0,1)$ を任意に固定し、$D_{k,n}^t = \{\mathbb{x} \in D_n \mid G_{k,n}(\mathbb{x}) > t \cdot G_n(\mathbb{x})\}$ と置く。$\mathbb{x} \in D_n$ ならば $0 < t \cdot G_n(\mathbb{x}) < G_n(\mathbb{x}) = \sup\limits_k G_{k,n}(\mathbb{x})$ なので、k が十分大きければ、$t \cdot G_n(\mathbb{x}) < G_{k,n}(\mathbb{x})$ より $\mathbb{x} \in D_{k,n}^t$ となるから $D_n = \bigcup\limits_k D_{k,n}^t$ を得る。ここで $h_{k,n}^t = G_{k,n} - t \cdot G_n$ が D_n 上で可測より、$D_{k,n}^t = (h_{k,n}^t)^{-1}(0,\infty)$ は可測集合である。他方 $\{G_{k,n}\}_{k \geqq 1}$ は単調増加関数列なので、$D_{k,n}^t \subset D_{k+1,n}^t$ $(k \geqq 1)$ が成立する。

一方、g_n が $D_n = \{\mathbb{x} \in D \mid \frac{1}{10^n} \leqq g(\mathbb{x}) \leqq 10^n\}$ 上可積分より $\mu(D_n) < \infty$ である。また $\int_{D_n} G_n\, d\mu - \int_{D_{k,n}^t} G_n\, d\mu = \int_{D_n \setminus D_{k,n}^t} G_n\, d\mu \leqq \int_{D_n \setminus D_{k,n}^t} n\, d\mu = n\mu(D_n \setminus D_{k,n}^t) \underset{k \to \infty}{\longrightarrow} 0$ より $\int_{D_n} t \cdot G_n\, d\mu = \lim\limits_{k \to \infty} \int_{D_{k,n}^t} t \cdot G_n\, d\mu \leqq \lim\limits_{k \to \infty} \int_{D_{k,n}^t} G_{k,n}\, d\mu \leqq \lim\limits_{k \to \infty} \int_{D_n} G_{k,n}\, d\mu \leqq \lim\limits_{k \to \infty} \int_D g_k\, d\mu$ である。したがって $t \cdot S_D^{\nabla}(g) \leqq \int_{D_n} t \cdot G_n\, d\mu \leqq \lim\limits_{k \to \infty} \int_D g_k\, d\mu$ より $t \cdot \int_D g\, d\mu \leqq \lim\limits_{k \to \infty} \int_D g_k\, d\mu$ が成立するから $\int_D g\, d\mu = \sup\limits_{0<t<1} t \cdot \int_D g\, d\mu \leqq \sup\limits_k \int_D g_k\, d\mu$ を得る。逆に、常に $g(\mathbb{x}) \geqq g_k(\mathbb{x})$ であるから $\int_D g\, d\mu \geqq \sup\limits_k \int_D g_k\, d\mu$ は明らかであり、したがって $\sup\limits_n \int_D g_k\, d\mu = \int_D g\, d\mu$ を得る。　終り.

定理 B.9.3 D 上の可積分関数 $f, g \geqq 0$ は $\int_D (f+g)\, d\mu = \int_D f\, d\mu + \int_D g\, d\mu$ を満たす。

証明: $f_n = \mathrm{Step}_D^{\nabla_{10^n}}(f)$, $g_n = \mathrm{Step}_D^{\nabla_{10^n}}(g)$ と置くと $\{f_n\}, \{g_n\}, \{f_n + g_n\}$ は各々単調増加で f, g, $f+g$ に各点収束し、補題 B.9.2 より $\int_D (f+g)\, d\mu = \int_D f\, d\mu + \int_D g\, d\mu$ である。　終り.

系 B.9.3.1 f, g が可積分ならば $f+g$ もそうで $\int_D (f+g)\, d\mu = \int_D f\, d\mu + \int_D g\, d\mu$ を満たす。

証明: 単純な場合分けにより $(f^{+}+g^{+})(x) \geqq (f+g)^{+}(x) \geqq 0$ かつ $(f^{-}+g^{-})(x) \geqq (f+g)^{-}(x) \geqq 0$ が分かるので、定理 4.2.2 (4) から $(f+g)^{+}$ と $(f+g)^{-}$ が可積分となり、$f+g$ も可積分である。さらに $(f^{+}+g^{+})(x)-(f+g)^{+}(x) = (f^{-}+g^{-})(x)-(f+g)^{-}(x)$ より定理 B.9.3 から $\int_D (f+g)\,d\mu = \int_D (f+g)^{+}\,d\mu - \int_D (f+g)^{-}\,d\mu = \int_D (f^{+}+g^{+})\,d\mu - \int_D (f^{-}+g^{-})\,d\mu = \int_D f^{+}\,d\mu + \int_D g^{+}\,d\mu - \int_D f^{-}\,d\mu - \int_D g^{-}\,d\mu = \int_D f\,d\mu + \int_D g\,d\mu$ を得る。 終り.

補題 B.9.4 可測集合 D 上の関数 f, g が $f = g$ *(a.e.)* を満たし、g が可積分ならば、f も可積分で $\int_D f\,d\mu = \int_D g\,d\mu$ が成立する。

証明: 積分の定義から一般性を失わずに $f, g \geqq 0$ と仮定してよい。$f_n = \mathrm{Step}_D^{\nabla_{10^n}}(f)$, $g_n = \mathrm{Step}_D^{\nabla_{10^n}}(g)$ と置くと、仮定から $\int_D f_n\,d\mu = \int_D \mathrm{Step}_D^{\nabla_{10^n}}(f)\,d\mu = \int_D \mathrm{Step}_D^{\nabla_{10^n}}(g)\,d\mu = \int_D g_n\,d\mu$ なので、補題 B.9.2 より $\int_D f\,d\mu = \int_D g\,d\mu$ を得る。 終り.

定理 B.9.5 (積分の性質) f, g, h を可測集合 D 上の可測関数 (f, g は可積分) とする。

(1) 実数 λ に対して、$\int_D \lambda\,d\mu = \lambda\cdot\mu(D)$ が成立する。

(2) 実数 a, b に対して、$\int_D (a\cdot f+b\cdot g)\,d\mu = a\cdot\int_D f\,d\mu + b\cdot\int_D g\,d\mu$ が成立する。

(3) D 上 $f \leqq g$ *(a.e.)* ならば $\int_D f\,d\mu \leqq \int_D g\,d\mu$ が成立する。

(4) f の絶対値 $|f|$ も可積分であり、$\left|\int_D f\,d\mu\right| \leqq \int_D |f|\,d\mu$ が成立する。

(5) 可測集合 $D_1, D_2 \subset D$ が交わらないとき $\int_{D_1 \cup D_2} f\,d\mu = \int_{D_1} f\,d\mu + \int_{D_2} f\,d\mu$ が成立する。

(6) D 上 $f \leqq h \leqq g$ *(a.e.)* ならば h も可積分関数である。

証明: (1), (5) 積分の定義と測度の加法性から明らか。

(2) 積分の定義から明らかに $\int_D a f\,d\mu = a\int_D f\,d\mu$ であるから、系 B.9.3.1 を用いて $\int_D (a f+b g)\,d\mu = \int_D a f\,d\mu + \int_D b g\,d\mu = a\int_D f\,d\mu + b\int_D g\,d\mu$ を得る。

(3) $h = (g-f)_{+}$ と置くと、仮定から $h = g-f$ *(a.e.)* なので、補題 B.9.4 より $\int_D (g-f)\,d\mu = \int_D h\,d\mu \geqq 0$ を得る。したがって $\int_D g\,d\mu = \int_D f\,d\mu + \int_D h\,d\mu \geqq \int_D f\,d\mu$ である。

(4) f が可積分ならば f_{+}, f_{-} も可積分なので、定理 B.9.3 より $|f| = f_{+} + f_{-}$ も可積分で $\int_D |f|\,d\mu = \int_D f_{+}\,d\mu + \int_D f_{-}\,d\mu \geqq \left|\int_D f_{+}\,d\mu - \int_D f_{-}\,d\mu\right| = \left|\int_D f\,d\mu\right|$ を得る。

(6) $h'_+ = \min\{h_+, g_+\}$, $h'_- = \min\{h_-, f_-\}$ と置く。$0 \leqq h'_+ \leqq g_+$ かつ $0 \leqq h'_- \leqq f_-$ なので、補題 B.9.4 より $h_+ = h'_+$ *(a.e.)* と $h_- = h'_-$ *(a.e.)* が可積分であり、h も可積分である。 終り.

定理 B.9.6 (B.9.5 (3) 続) $f \leqq g$ ならば $f = g$ *(a.e.)* $\overset{\text{同値}}{\Longleftrightarrow} \int_D f\,d\mu = \int_D g\,d\mu$ である。

証明: $f = g$ *(a.e.)* ならば等号は明らかである。そうでないなら、$\mu(\{\mathbb{x} \mid f(\mathbb{x}) < g(\mathbb{x})\}) > 0$ となる。ここで、$M_n := \{\mathbb{x} \mid g(\mathbb{x}) - f(\mathbb{x}) \geqq 1/n\}$ と置くと、$\{\mathbb{x} \mid f(\mathbb{x}) < g(\mathbb{x})\} = \bigcup_n M_n$ と完全加法性から十分大きな $n_0 > 0$ に対して $\mu(M_{n_0}) > 0$ であり、したがって次を得る。

$$\int_D g\,d\mu - \int_D f\,d\mu = \int_D (g-f)\,d\mu \geqq \int_{M_{n_0}} (g-f)\,d\mu \geqq \int_{M_{n_0}} \frac{1}{n_0}\,d\mu = \frac{\mu(M_{n_0})}{n_0} > 0$$

終り.

定理 B.9.7 (不定積分の単調性) $[a,b]$ 上の可積分関数 f が $f(x) > 0$ *(a.e.)* を満たすならば、$F(x) = \int_{[a,x]} f\,d\mu$ で定まる関数 F は $[a,b]$ 上狭義単調増加である。

証明: 任意の $[c,d] \subset [a,b]$ に対して、仮定から $[c,d]$ 上ほとんど全域で $f(x) > 0$ なので、定理 B.9.6 より $F(d) - F(c) = \int_{[c,d]} f\,d\mu > 0$ であり、F は $[a,b]$ 上狭義単調増加である。終り.

定理 B.9.8 (単調収束定理) 可測集合 D 上の可積分関数の単調増加（減少）列 $\{f_n\,;\,n \geqq 1\}$ が関数 f にほとんど全域で収束するとき、f が可積分であるためには $\lim_{n\to\infty} \int_D f_n\,d\mu$ が有限確定することが必要十分であり、このとき $\int_D f\,d\mu = \lim_{n\to\infty} \int_D f_n\,d\mu$ が成立する。

略証: 増加の場合を示す。必要性は明らかで、十分性は定理 B.8.12 と補題 B.9.4 より $f - f_1 = \sup_k (f_k - f_1)$ に収束する単調増加列 $f_n - f_1 \geqq 0$ に補題 B.9.2 を適用すればよい。終り.

定理 B.9.9 (変格積分) 測度有限な可測集合 D の可測部分集合の増大列が $\mu(D \setminus \bigcup_{m=1}^{\infty} K_m) = 0$ を満たすとする。D 上広義正数値の可測関数 f に対して $\lim_{n\to\infty} \int_{K_n} f\,d\mu$ が有限確定するならば f は D 上可積分となり、$\int_D f\,d\mu = \lim_{n\to\infty} \int_{K_n} f\,d\mu$ が成立する。

証明:一般性を失わずに $f \geqq 0$ と仮定する。$f_n(\mathbb{x}) = f(\mathbb{x}) \cdot \chi_D^{K_n}(\mathbb{x})$ と定めると、$\{f_n\}$ は単調増加関数列かつ D 上ほとんど全域で f に収束する。したがって定理 B.9.8 より定理を得る。終り.

系 B.9.9.1 交わりのない可測集合列の総和 $D = \bigcup_n D_n$ 上の可積分関数 f に対して (B.9.5 (5) 改) $\int_D f\,d\mu = \sum_n \int_{D_n} f\,d\mu$ が成立する。

定理 B.9.10 (優収束定理) 可測集合 D 上の可測関数列 $\{f_n\,;\,n\geqq 1\}$ が関数 f にほとんど全域で収束し、可積分関数 h, g が存在して D 上で n によらずに不等式 $h(\mathbb{x}) \leqq f_n(\mathbb{x}) \leqq g(\mathbb{x}),\ \mathbb{x}\in D$ が成立するならば f も可積分となり、$\displaystyle\lim_{n\to\infty}\int_D f_n\,d\mu = \int_D f\,d\mu$ が成立する。

証明: まず定理 B.8.12 と補題 B.9.4 より $\{f_k\}$ は f に各点収束するとしてよい。仮定から $\displaystyle\lim_{n\to\infty}|f-f_n| = 0$、すなわち $\displaystyle\sup_k|f-f_{n+k}| \underset{n\to\infty}{\longrightarrow} 0$ である一方、$h \leqq f_{n+k},\ f \leqq g$ $(n,\ k \geqq 0)$ より $0 \leqq |f-f_n| \leqq g-h$ であるから $|f-f_n|$ および単調減少列 $\sup_k |f-f_{n+k}|$ も可積分であり、

$$\left|\int_D f\,d\mu - \int_D f_n\,d\mu\right| \leqq \int_D |f-f_n|\,d\mu \leqq \int_D \sup_k |f-f_{n+k}|\,d\mu$$

を得る。ここで、定理 B.9.8 より $\displaystyle\lim_{n\to\infty}\int_D \sup_k|f-f_{n+k}|\,d\mu = \int_D \lim_{n\to\infty}\sup_k |f-f_{n+k}|\,d\mu = 0$ であり、$\displaystyle\lim_{n\to\infty}\left|\int_D f\,d\mu - \int_D f_n\,d\mu\right| = 0$ より $\displaystyle\lim_{n\to\infty}\int_D f_n\,d\mu = \int_D f\,d\mu$ が成立する。　終り.

系 B.9.10.1 $\displaystyle\int_D f\,d\mu = \lim_{n\to\infty}\int_D \mathrm{Step}_D^{\nabla_n}(f)\,d\mu = \lim_{n\to\infty}\int_D \mathrm{Trunc}^n(f)\,d\mu$ が成立する。

用語 B.9.11　矩形 $J = [\mathbb{a}, \mathbb{b}]$ に対して、$\mathrm{diam}\,J = \|\mathbb{b}-\mathbb{a}\|$（対角線の最大長）と定める。

例 B.9.12　各軸で n 等分し、閉矩形 I を小矩形族 $\{I_{i_1,\ldots,i_d}\}$ $(I_{i_1,\ldots,i_d}=[\mathbb{a}_{i_1,\ldots,i_d}, \mathbb{b}_{i_1,\ldots,i_d}])$ に分割する。f が I 上連続ならば、$f_n(\mathbb{x})=f(\mathbb{a}_{i_1,\ldots,i_d}),\ \mathbb{x}\in I_{i_1,\ldots,i_d}$ で定まる関数列 $\{f_n\}$ は f に各点収束する。

証明:　f の連続性から、I の各点 $\mathbb{a}$ と正数 $\varepsilon > 0$ に対して $\|\mathbb{x}-\mathbb{a}\| \leqq \dfrac{\mathrm{diam}\,I}{n}$ ならば $|f(\mathbb{x})-f(\mathbb{a})| < \varepsilon$ が成立するように十分大きな n を選ぶことができる。さらにこのとき $\mathrm{diam}\,I_{i_1,\ldots,i_d} = \dfrac{\mathrm{diam}\,I}{n}$ であるので $|f_n(\mathbb{a})-f(\mathbb{a})| < \varepsilon$ となり、$|\displaystyle\lim_{n\to\infty} f_n(\mathbb{a})-f(\mathbb{a})| \leqq \varepsilon$ が全ての $\varepsilon>0$ で成立する。よって左辺は 0 であり、$\displaystyle\lim_{n\to\infty} f_n(\mathbb{a}) = f(\mathbb{a})$ が成立する。　終り.

定理 B.9.13 (区分求積) 閉矩形 I 上の連続関数 f に対して、例 4.2.8 のように I を各軸の等分で小矩形族 $\{I_{i_1,\ldots,i_d}\}$ に分割すると $\displaystyle\int_I f\,d\mu = \lim_{n\to\infty}\sum_{i_1,\ldots,i_d} f(\mathbb{a}_{i_1,\ldots,i_d})\cdot m(I_{i_1,\ldots,i_d})$ が成立する。

証明: 補題 B.1.6 より $-M \leqq f(\mathbb{x}) \leqq M$ を満たす正数 M が存在するから、f_n の定義より $-M \leqq f_n(\mathbb{x}) \leqq M$ が成立する。一方、定数関数は可積分 $\left(\displaystyle\int_I M\,d\mu = M\cdot\mu(I)\right)$ なので定理 B.9.10 より f も可積分となり、$\displaystyle\int_I f\,d\mu = \lim_{n\to\infty}\int_I f_n\,d\mu$ が成立するから、次式より求める式を得る。

$$\int_I f_n\,d\mu = \sum_{i_1,\ldots,i_d}\int_{I_{i_1,\ldots,i_d}} f(\mathbb{a}_{i_1,\ldots,i_d})\,d\mu = \sum_{i_1,\ldots,i_d} f(\mathbb{a}_{i_1,\ldots,i_d})\cdot m(I_{i_1,\ldots,i_d})$$

終り.

B.10 重積分の変数変換

D, E を各々 xy-平面および uv-平面の前領域で、連続な写像 $\mathbb{g}=(\varphi,\psi): E\to D$（$\mathbb{g}(E)=D$）が開集合 $U\subset E$ と $V=\mathbb{g}(U)\subset D$（$\mu(E\setminus U)=\mu(D\setminus V)=0$）に対し U 上で C^1-級かつ 1 対 1 で $\det J(\phi,\psi)\neq 0$ を満たすとする。このとき、逆写像定理（定理 3.3.13）から $\mathbb{g}: U\to V$ は C^1-級の逆写像 $\mathbb{g}^{-1}: V\to U$ をもち、$\mathbb{g}$ による有界閉領域 $K\subset U$ の像 $\mathbb{g}(K)$ はまた有界閉領域である。さらに $J(\mathbb{g})(\mathbb{x})$ を $\mathbb{g}=(\varphi,\psi)$ の点 $\mathbb{x}\in U$ でのヤコビ行列とすれば、2 変数関数の Taylor の定理から $\mathbb{a}=\begin{bmatrix}a\\b\end{bmatrix}$, $\mathbb{h}=\begin{bmatrix}h\\k\end{bmatrix}$ に対して次が成立する。

$$\mathbb{g}(\mathbb{a}+\mathbb{h})-\mathbb{g}(\mathbb{a})=J(\mathbb{g})(\mathbb{a}+\theta\mathbb{h})\,\mathbb{h},\quad \theta=\theta_{\mathbb{h}}\in(0,1).$$

さて、$J(\mathbb{g})$ は連続であり、有界閉領域 $K\subset U$ 上で $J(\mathbb{g})$ は一様連続なので、$M_r=\sup_{\mathbb{a}\in K}\left\{\|J(\mathbb{g})(\mathbb{a}+\mathbb{h})-J(\mathbb{g})(\mathbb{a})\|\;\middle|\;\|\mathbb{h}\|<r\right\}$ と置くと $\lim_{r\to 0}M_r=0$ である。ただし、$\|\cdot\|$ は行列のすべての成分の 2 乗の和の平方根を表す。閉矩形の連続写像による逆像は可測であるので、特に $J_0=[a-h,a+h]\times[b-k,b+k]\subset K$ に対して $\mathbb{g}(J_0)=(\mathbb{g}^{-1})^{-1}(J_0)$ も可測である。

補題 B.10.1 可算矩形塊 J_0 に対して、$\mu(\mathbb{g}(J_0))=\displaystyle\int_{J_0}|\det J(\mathbb{g})|\,d\mu$ が成立する。

略証: $\mathbb{g}$ は 1 対 1 なので、J_0 は閉矩形であるとしてよい。閉矩形 J_0 を n^2 個の矩形 $J_j=[a_j-\frac{h}{n},a_j+\frac{h}{n}]\times[b_j-\frac{k}{n},b_j+\frac{k}{n}]$（$1\leqq j\leqq n^2$）に分割（$J_0=\bigcup_{j=1}^{n^2}J_j$ で、$i\neq j$ なら J_i と J_j は境界のみで交わる）すると、$\mu(J_0)=4hk$, $\mu(J_j)=4hk/n^2$ を得る。次に $\mathbb{a}_j=(a_j,b_j)\in J_j$, $H=\begin{bmatrix}h&0\\0&k\end{bmatrix}$, $I=[-1,1]^2\ni\mathbb{x}\neq\mathbb{0}$ と置くと、Taylor の定理より $\mathbb{h}=(1/n)H\mathbb{x}$ に対し

$$n\cdot(\mathbb{g}(\mathbb{a}_j+(1/n)H\mathbb{x})-\mathbb{g}(\mathbb{a}_j))=J(\mathbb{g})(\mathbb{a}_j+(\theta/n)H\mathbb{x})\,H\mathbb{x},\quad 0<\theta=\theta_{\mathbb{h}}<1$$

が成立する。また、一般に行列 A とベクトル $\mathbb{x}$ に対して $\|A\mathbb{x}\|\leqq\|A\|\cdot\|x\|$ が成立するから

$$\begin{aligned}\|n\cdot(\mathbb{g}(\mathbb{a}_j+(1/n)H\mathbb{x})-\mathbb{g}(\mathbb{a}_j))-J(\mathbb{g})(\mathbb{a}_j)\,H\mathbb{x}\|&=\left\|\big(J(\mathbb{g})(\mathbb{a}_j+(\theta/n)H\mathbb{x})-J(\mathbb{g})(\mathbb{a}_j)\big)\,H\mathbb{x}\right\|\\&=\|J(\mathbb{g})(\mathbb{a}_j+(\theta/n)H\mathbb{x})-J(\mathbb{g})(\mathbb{a}_j)\|\cdot\|H\mathbb{x}\|\leqq M_{(h^2+k^2)/n}\cdot\sqrt{h^2+k^2}\end{aligned}$$

が得られる。ここで仮定から $J(\mathbb{g})(\mathbb{x})$ は J_0 上で連続な逆行列をもち、定数行列 H も正則であるから、$\sup_{\mathbb{x}\in J_0}\|H^{-1}J(\mathbb{g})(\mathbb{x})^{-1}\|=L$ とすると、$\|\mathbb{h}\|=\sqrt{h^2+k^2}$ より次を得る。

$$\|H^{-1}J(\mathbb{g})(\mathbb{a}_j)^{-1}(n\cdot(\mathbb{g}(\mathbb{a}_j+(1/n)H\mathbb{x})-\mathbb{g}(\mathbb{a}_j)))-\mathbb{x}\|\leqq L\cdot M_{\|\mathbb{h}\|/n}\cdot\|\mathbb{h}\|\longrightarrow 0\quad(n\longrightarrow\infty)$$

つまり、$G_{j,n}(\mathbb{x})=n\cdot(\mathbb{g}(\mathbb{a}_j+(1/n)H\mathbb{x})-\mathbb{g}(\mathbb{a}_j))$ と置けば、$n\longrightarrow\infty$ のとき、矩形 I と図形 $H^{-1}J(\mathbb{g})(\mathbb{a}_j)^{-1}G_{j,n}(I)$ とのズレは j によらずにどんどん小さくなる。すなわち

$$\epsilon_n = \inf\left\{\epsilon \;\middle|\; [-1+\epsilon, 1-\epsilon]^2 \subset H^{-1}J(\mathbb{g})(\mathbb{a}_j)^{-1}G_{j,n}(I) \subset [-1-\epsilon, 1+\epsilon]^2\right\}$$

と定めると $\lim_{n\to\infty} \epsilon_n = 0$ となる。さらに ϵ_n の定義から、包含関係

$$J(\mathbb{g})(\mathbb{a}_j)(H([-1+\epsilon_n, 1-\epsilon_n]^2)) \subset G_{j,n}(I) \subset J(\mathbb{g})(\mathbb{a}_j)(H([-1-\epsilon_n, 1+\epsilon_n]^2))$$

が得られる。ここで、$\mu(J(\mathbb{g})(\mathbb{a}_j)(H([-1\mp\epsilon_n, 1\pm\epsilon_n]^2))) = \mu(J_0)\cdot(1\pm\epsilon_n)^2\cdot\left|J(\mathbb{g})(\mathbb{a}_j)\right|$ および $\mu(G_{j,n}(I)) = \mu(n\cdot\mathbb{g}(J_j)) = n^2\cdot\mu(\mathbb{g}(J_j))$ より j の値によらずに次の不等式が成立する。

$$\left|J(\mathbb{g})(\mathbb{a}_j)\right| \mu(J)\cdot(1-\epsilon_n)^2 \leqq n^2\cdot\mu(\mathbb{g}(J_j)) \leqq \left|J(\mathbb{g})(\mathbb{a}_j)\right|\cdot\mu(J)\cdot(1+\epsilon_n)^2$$

さらに $\mu(J_0) = n^2\cdot\mu(J_j)$ および $\sum_j \mu(\mathbb{g}(J_j)) = \mu(\mathbb{g}(J_0))$ に注意して次を得る。

$$\frac{\mu(\mathbb{g}(J_j))}{(1+\epsilon_n)^2} \leqq \left|J(\mathbb{g})(\mathbb{a}_j)\right|\cdot\mu(J_j) \leqq \frac{\mu(\mathbb{g}(J_j))}{(1-\epsilon_n)^2},\quad \frac{\mu(\mathbb{g}(J_0))}{(1+\epsilon_n)^2} \leqq \sum_j \left|J(\mathbb{g})(\mathbb{a}_j)\right|\cdot\mu(J_j) \leqq \frac{\mu(\mathbb{g}(J_0))}{(1-\epsilon_n)^2}$$

そこで、$n \geq 1$ に対して多変数関数 $f_n : J_0 \to \mathbb{R}$ を $f_n|_{J_j}(\mathbb{x}) = \left|\det J(\mathbb{g})(\mathbb{a}_j)\right|$ により定めれば、f_n は可積分であり、上の不等式から $\int_{J_0} f_n\, d\mu = \sum_j \left|\det J(\mathbb{g})(\mathbb{a}_j)\right|\cdot\mu(J_j)$ は $n \longrightarrow \infty$ で $\mu(\mathbb{g}(J_0))$ に収束する。一方で $f(\mathbb{x}) = \left|\det J(\mathbb{g})(\mathbb{x})\right|$ は連続関数であるから、詳細は略すが、J_0 上の各点で関数列 f_n は f に収束することが分かる。また f の連続性から、関数 f および関数列 f_n は、閉矩形 J_0 上で上に有界である。したがって Lebesgue の優収束定理を用いることができ、$\int_{J_0} |\det J(\mathbb{g})|\, d\mu = \int_{J_0} f\, d\mu = \lim_{n\to\infty}\int_{J_0} f_n\, d\mu = \mu(\mathbb{g}(J_0))$ を得る。　終り.

命題 B.10.2　可測集合 $A \subset K$ の像 $\mathbb{g}(A)$ も可測で、$\mu(\mathbb{g}(A)) = \int_A |\det J(\mathbb{g})|\, d\mu$ を満たす。

証明: まず $\inf\left\{\mu(J) \;\middle|\; A \subset J \text{ は可算矩形塊}\right\} = \sup\left\{\mu(K)-\mu(J') \;\middle|\; K \setminus A \subset J' \text{ は可算矩形塊}\right\}$ $= \mu(A)$ であり、$\mu(J) - (\mu(K)-\mu(J')) = \mu(J \cap J')$ より次を得る。

$$\inf\left\{\mu(J\cap J') \;\middle|\; J, J' \text{ は各々 } A, K\setminus A \text{ を含む可算矩形塊}\right\} = 0$$

上式中の J, J' を取れば $J \setminus J' = J \setminus (J \cap J')$ は可測であり、$\mathbb{g}(J)$, $\mathbb{g}(J \cap J')$ は可算矩形塊の像なので補題 B.10.1 より可測で $\int_{J\setminus J'} |\det J(\mathbb{g})|\, d\mu = \int_J |\det J(\mathbb{g})|\, d\mu - \int_{J\cap J'} |\det J(\mathbb{g})|\, d\mu$ $= \mu(\mathbb{g}(J)) - \mu(\mathbb{g}(J\cap J')) = \mu(\mathbb{g}(J) \setminus \mathbb{g}(J \cap J')) = \underline{\mu}(\mathbb{g}(J) \setminus \mathbb{g}(J \cap J')) \leqq \underline{\mu}(\mathbb{g}(A)) \leqq \overline{\mu}(\mathbb{g}(A)) \leqq$ $\overline{\mu}(\mathbb{g}(J)) = \mu(\mathbb{g}(J)) = \int_J |\det J(\mathbb{g})|\, d\mu$ を満たし、一方で $\int_{J\setminus J'} |\det J(\mathbb{g})|\, d\mu \leqq \int_A |\det J(\mathbb{g})|\, d\mu \leqq$ $\int_J |\det J(\mathbb{g})|\, d\mu$ が成立する。$|\det J(\mathbb{g})|$ が K 上連続なので、その最大値を M とすると、$\mu(\mathbb{g}(J\cap J'))$ $= \int_{J\cap J'} |\det J(\mathbb{g})|\, d\mu \leqq M\cdot\mu(J \cap J')$ の右辺の下限は 0 より $\overline{\mu}(\mathbb{g}(A)) = \underline{\mu}(\mathbb{g}(A)) = \int_A |\det J(\mathbb{g})|\, d\mu$ が成立する。　終り.

系 B.10.2.1 $\mathbb{g}^{-1}$ も C^1-級かつ1対1であるので、$\mathbb{g}$ による可測集合の逆像は可測である。

命題 B.10.3 有界可測集合 $A \subset \mathbb{g}(K)$ に対して $\mu(A) \leqq \int_{\mathbb{g}^{-1}(A)} |J(\mathbb{g})|\,d\mu$ が成立する。

証明: まず $|J(\mathbb{g})|$ は有界閉領域 K 上の連続関数であるので、最大値 M を取る。また、$\mathbb{g}^{-1}$ による像 $\mathbb{g}^{-1}(A)$ も可測なので $\inf\{\mu(J) - \mu(\mathbb{g}^{-1}(A)) \mid J$ は $\mathbb{g}^{-1}(A)$ を含む可算矩形塊$\} = 0$ である。ここで、$\mathbb{g}^{-1}(A) \subset J = \bigcup_i J_i$ のとき $A \subset \bigcup_i \mathbb{g}(J_i)$ であることに注意すれば、$\mu(A) \leqq \sum_i \mu(\mathbb{g}(J_i)) = \sum_i \int_{J_i} |J(\mathbb{g})|\,d\mu = \int_J |J(\mathbb{g})|\,d\mu$ を得る。一方で次が成立する：

$$0 \leqq \int_J |J(\mathbb{g})|\,d\mu - \int_{\mathbb{g}^{-1}(A)} |J(\mathbb{g})|\,d\mu = \int_{J \setminus \mathbb{g}^{-1}(A)} |J(\mathbb{g})|\,d\mu \leqq M\cdot(\mu(J) - \mu(\mathbb{g}^{-1}(A)))$$

これより $\mu(A) \leqq \inf\left\{\int_J |J(\mathbb{g})|\,d\mu \,\middle|\, J\,(\supset \mathbb{g}^{-1}(A))\text{ は可算矩形塊}\right\} = \int_{\mathbb{g}^{-1}(A)} |J(\mathbb{g})|\,d\mu$ が従う。終り.

補題 B.10.4 $\mathbb{g}(K)$ 上の広義正数値可測関数 f は $\int_{\mathbb{g}(K)} f\,d\mu \leqq \int_K (f\circ\mathbb{g})|J(\mathbb{g})|\,d\mu$ を満たす。

証明: 定積分の定義と命題 B.10.3 より $S^{\nabla}_{\mathbb{g}(K)}(f) = \sum_j y_j \mu(f^{-1}(\nabla_j)) \leqq \sum_j \int_{(f\circ\mathbb{g})^{-1}(\nabla_j)} y_j |J(\mathbb{g})|\,d\mu$ を得る。そこで関数 χ_j を $\chi_j(\mathbb{u}) = \begin{cases} 1, & \mathbb{u} \in (f\circ\mathbb{g})^{-1}(\nabla_j) \\ 0, & \mathbb{u} \notin (f\circ\mathbb{g})^{-1}(\nabla_j) \end{cases}$ と置くと、$\sum_j y_j \chi_j \leqq f\circ\mathbb{g}$ より

$$S^{\nabla}_{\mathbb{g}(K)}(f) \leqq \sum_j \int_{(f\circ\mathbb{g})^{-1}(\nabla_j)} y_j |J(\mathbb{g})|\,d\mu = \int_K \sum_j y_j \chi_j |J(\mathbb{g})|\,d\mu \leqq \int_K (f\circ\mathbb{g})|J(\mathbb{g})|\,d\mu$$

を得る。さらに左辺の上限を取れば $\int_{\mathbb{g}(K)} f\,d\mu \leqq \int_K (f\circ\mathbb{g})|J(\mathbb{g})|\,d\mu$ が成立する。 終り.

定理 B.10.5 $\mathbb{g}(K)$ 上の広義正数値可測関数 f は $\int_{\mathbb{g}(K)} f\,d\mu = \int_K (f\circ\mathbb{g})|J(\mathbb{g})|\,d\mu$ を満たす。

証明: 関数 h を $h(\mathbb{u}) = (f\circ\mathbb{g})(\mathbb{u})\cdot|J(\mathbb{g})(\mathbb{u})|$ で定めると、$f(\mathbb{x}) = (h\circ\mathbb{g}^{-1})(\mathbb{x})\cdot|J(\mathbb{g})(\mathbb{g}^{-1}(\mathbb{x}))|^{-1}$ $= (h\circ\mathbb{g}^{-1})(\mathbb{x})\cdot|J(\mathbb{g}^{-1})(\mathbb{x})|$ であり、有界閉領域 $\mathbb{g}(K)$ に対して補題 B.10.4 を適用すれば

$$\int_K (f\circ\mathbb{g})|J(\mathbb{g})|\,d\mu = \int_K h\,d\mu \leqq \int_{\mathbb{g}(K)} (h\circ\mathbb{g}^{-1})\cdot|J(\mathbb{g}^{-1})(\mathbb{x})|\,d\mu = \int_{\mathbb{g}(K)} f\,d\mu$$

を得る。したがってまた補題 B.10.4 より $\int_{\mathbb{g}(K)} f\,d\mu = \int_K (f\circ\mathbb{g})|J(\mathbb{g})|\,d\mu$ が成立する。 終り.

有界閉領域の増大列 $\{K_m\}$（$\lim_{m\to\infty} \mu(U \setminus K_m) = 0$）を取れば、定理 4.2.11 より次を得る。

系 B.10.5.1 D 上の可積分関数 f に対して $\int_D f\,d\mu = \int_E (f\circ\mathbb{g})|J(\mathbb{g})|\,d\mu$ が成立する。

B.11　原始関数の一意性

この節では（広義）原始関数の一意性について若干の解説を行う。

定義 B.11.1 ほぼ全域で微分可能な連続関数を、その導関数の **広義原始関数** と呼ぶ。

補題 B.11.2 (正則性) 区間 $[a,b]$ 内の可算集合 C に対して、関数 f, g が $[a,b]$ 上 連続 かつ $[a,b]\setminus C$ で微分可能で $f'(x)=g'(x)$ であるならば、$f(x)$ と $g(x)$ の差は定数である。

証明: 仮定から不連続点全体に 2 点 a, b を含めた集合 C は可算集合であり、$C=\{a_n\}$ と表すことができるので $\delta(a_n)=1/2^n$ と置くと、有限部分和は常に $\sum_{i=1}^{m}\delta(a_{n_i})<1$ を満たす。また、$h(x)=f(x)-g(x)$ は $[a,b]$ 上連続で、$[a,b]\setminus C$ で微分可能かつ $h'(x)=0$ である。

$(x=c\in C)$　h は x で連続なので $\lim_{n\to\infty}\sup\left\{|h(y)-h(x)|\;\middle|\;0<|y-x|<\frac{\delta(x)}{n}\right\}=0$ であり、$|h(z)-h(y)|=|(h(z)-h(x))-(h(y)-h(x))|\leqq|h(z)-h(x)|+|h(y)-h(x)|$ となるから

$$\sup\left\{\frac{|h(z)-h(y)|}{\delta(x)}\;\middle|\;x-\frac{\delta(x)}{n}<y<x<z<x+\frac{\delta(x)}{n}\right\}\leqq 2\cdot\sup\left\{\frac{|h(y)-h(x)|}{\delta(x)}\;\middle|\;0<|y-x|<\frac{\delta(x)}{n}\right\}\xrightarrow[n\to\infty]{}0$$

を得る。したがってどんな $\varepsilon>0$ に対しても n_x を十分大きく取ると、$x-\frac{\delta(x)}{n_x}<y<x<z<x+\frac{\delta(x)}{n_x}$ であるかぎり $\frac{|h(z)-h(y)|}{\delta(x)}<2\varepsilon$ より $|h(z)-h(y)|<2\varepsilon\cdot\delta(x)$ が成立する。

$(x\notin C)$　h は x で微分可能なので $\sup\left\{\left|\frac{h(y)-h(x)}{y-x}\right|\;\middle|\;0<|y-x|<\frac{1}{n}\right\}\longrightarrow 0$ であり、$x-\frac{1}{n}<y<x<z<x+\frac{1}{n}$ ならば $\left|\frac{h(z)-h(y)}{z-y}\right|=\left|\frac{\frac{h(z)-h(x)}{z-x}(z-x)+\frac{h(y)-h(x)}{y-x}(x-y)}{(z-x)+(x-y)}\right|\leqq\max\left\{\left|\frac{h(z)-h(x)}{z-x}\right|,\left|\frac{h(y)-h(x)}{y-x}\right|\right\}$ であるので

$$\sup\left\{\left|\frac{h(z)-h(y)}{z-y}\right|\;\middle|\;x-\frac{1}{n}<z<x<y<x+\frac{1}{n}\right\}\leqq\sup\left\{\left|\frac{h(y)-h(x)}{y-x}\right|\;\middle|\;0<|y-x|<\frac{1}{n}\right\}\xrightarrow[n\to\infty]{}0$$

を得る。そこで $\delta(x)=1,\ x\notin C$ と置けば、どんな正数 $\varepsilon>0$ に対しても n_x を十分大きく取ると $x-\frac{\delta(x)}{n_x}<y<x<z<x+\frac{\delta(x)}{n_x}$ であるかぎり $\left|\frac{h(z)-h(y)}{z-y}\right|<\varepsilon$ より $|h(z)-h(y)|<\varepsilon(z-y)$ が成立する。

さて任意の $\varepsilon>0$ と $d>a$ に対し、$[a,d]$ は $U_x=(x-\frac{\delta(x)}{n_x},x+\frac{\delta(x)}{n_x})$ $(a\leqq x\leqq d)$ 全部の和集合で覆われ、補題 B.1.1 からその中の有限個 $\{U(x_i)\}_{1\leqq i\leqq n}$ の和集合で覆われる。したがって点列 $\{a_i\}$ $(a_0=a,\ a_n=d)$ で $x_i-\frac{\delta(x_i)}{n_i}<a_{i-1}<x_i<a_i<x_i+\frac{\delta(x_i)}{n_i}$ $(n_i=n_{x_i})$ を満たすものが取れ、

$$|h(d)-h(a)|\leqq\sum_{i=1}^{n}|h(a_i)-h(a_{i-1})|\leqq\sum_{i=1}^{n}\varepsilon(a_i-a_{i-1})+\sum_{i\,:\,x_i\in C}2\varepsilon\delta(x_i)\leqq\varepsilon(d-a)+2\varepsilon$$

となる。$\varepsilon>0$ は任意なので $|h(d)-h(a)|=0$ であるから $h(x)$ は定数関数であり、すなわち $f(x)$ と $g(x)$ の差は定数である。　終り.

定理 B.11.3 ほぼ全域で連続な可積分関数には、定数を除いて唯一の広義原始関数がある。

B.12 密度と定積分

補題 B.12.1 (可積分条件) $f(x)$ が閉区間 I 上可積分であるためには、gauge の列 $\{\delta_n\}_{n\geqq 1}$ で $\displaystyle\sup_{(\Delta,\Xi),(\Delta',\Xi')\in P(\delta_n)}\left|S_{\Delta,\Xi}(f)-S_{\Delta',\Xi'}(f)\right|\leqq\frac{1}{n}$ となるものが存在することが必要十分である。

上の補題の証明は略すが、これを用いて gauge 積分の性質が次のように示される。

定理 B.12.2 (区間分割) $[a,b]$ 上の関数 $f(x)$ と点 $c\in(a,b)$ に対して、次は同値である。

(1) $f(x)$ は $[a,b]$ 上で可積分である。 (2) $f(x)$ は $[a,c]$ 上と $[c,b]$ 上で可積分である。

このときさらに $\displaystyle\int_a^b f(t)\,dt=\int_a^c f(t)\,dt+\int_c^b f(t)\,dt$ が成立する。

略証: (2) ⇒ (1) は明らかなので (1) ⇒ (2) を示す。以下 $I_1=[a,c]$, $I_2=[c,b]$ とする。

仮定から f が区間 I 上可積分であるから、補題 B.12.1 より 任意の $n\geqq 1$ に対して I 上の gauge の列 $\{\delta_n\}$ で $\displaystyle\sup_{(\Delta,\Xi),(\Delta',\Xi')\in P(\delta_n)}\left(S_{\Delta,\Xi}(f)-S_{\Delta',\Xi'}(f)\right)\leqq\frac{1}{n}$ を満たすものが (正確には **選択公理** を用いることで) 取れることが分かる。そこで、$f_1=f|_{I_1}$, $f_2=f|_{I_2}$ と置き、I_1, I_2 上の gauge の列 $\{\delta_n'\}$, $\{\delta_n''\}$ を各々 $\delta_n'=\delta_n|_{I_1}\in G(I_1)$, $\delta_n''=\delta_n|_{I_2}\in G(I_2)$ により定める。

i) $(\Delta_1',\Xi_1'),(\Delta_1'',\Xi_1'')\in P(\delta_n')$ を任意に取れば、適当に定めた $(\Delta_2,\Xi_2)\in P(\delta_n'')$ と合併して得られる $(\hat{\Delta}_1',\hat{\Xi}_1'),(\hat{\Delta}_1'',\hat{\Xi}_1'')\in P(\delta_n)$ は各々 I_1 への制限が (Δ_1',Ξ_1') と (Δ_1'',Ξ_1'') となり、$\left|S_{\Delta_1',\Xi_1'}(f_1)-S_{\Delta_1'',\Xi_1''}(f_1)\right|=\left|S_{\hat{\Delta}_1',\hat{\Xi}_1'}(f)-S_{\hat{\Delta}_1'',\hat{\Xi}_1''}(f)\right|\leqq\frac{1}{n}$ より $\left|\overline{S}_{I_1}^{\delta_n'}(f_1)-\underline{S}_{I_1}^{\delta_n'}(f_1)\right|\leqq\frac{1}{n}$ を得る。

ii) $(\Delta_2',\Xi_2'),(\Delta_2'',\Xi_2'')\in P(\delta_n'')$ を任意に取れば、適当に定めた $(\Delta_1,\Xi_1)\in P(\delta_n')$ と合併して得られる $(\hat{\Delta}_2',\hat{\Xi}_2'),(\hat{\Delta}_2'',\hat{\Xi}_2'')\in P(\delta_n)$ は各々 I_2 への制限が (Δ_2',Ξ_2') と (Δ_2'',Ξ_2'') となり、$\left|S_{\Delta_2',\Xi_2'}(f_2)-S_{\Delta_2'',\Xi_2''}(f_2)\right|=\left|S_{\hat{\Delta}_2',\hat{\Xi}_2'}(f)-S_{\hat{\Delta}_2'',\hat{\Xi}_2''}(f)\right|\leqq\frac{1}{n}$ より $\left|\overline{S}_{I_2}^{\delta_n''}(f_1)-\underline{S}_{I_2}^{\delta_n''}(f_1)\right|\leqq\frac{1}{n}$ を得る。

補題 B.12.1 より f_1, f_2 は I_1, I_2 上で可積分であり、上の証明から $\displaystyle\int_a^c f_1(t)\,dt+\int_c^b f_2(t)\,dt$ と $\displaystyle\int_a^b f(t)\,dt$ の gauge 和の差はいくらでも小さくなり、求める式を得る。 終り.

集合関数 閉区間 $R\subset\mathbb{R}$ に含まれる有界な閉区間全体を $\mathcal{I}(R)$ で表す。また、集合関数 $F:\mathcal{I}(R)\to\mathbb{R}$ が **加法的** であるとは、閉区間 $I=[a,b]\in\mathcal{I}(R)$ の有限個の小閉区間による分割 $\Delta=\{\Delta_i\}$ に対して等式 $F(I)=\sum_i F(\Delta_i)$ が成立することとする。

例 B.12.3 (**不定積分**) 有界閉区間 R 上の関数 f が可積分のとき、定理 B.12.2 を帰納的に用いれば不定積分 $F(I)=\displaystyle\int_a^b f(x)\,dx$ $(I=[a,b]\in\mathcal{I}(\mathbb{R}))$ は加法的集合関数であることが分かる。

加法的な集合関数 $F:\mathcal{I}(R)\to\mathbb{R}$ に対する上下の密度 $\overline{D}F, \underline{D}F:R\to\mathbb{R}$ を次で定める：

(1) $\underline{D}F(x)=\sup_{h>0}\inf\left\{\frac{F(I)}{|I|}\,\middle|\,x\in I,\ 0<|I|<h\right\}$　(2) $\overline{D}F(x)=\inf_{h>0}\sup\left\{\frac{F(I)}{|I|}\,\middle|\,x\in I,\ 0<|I|<h\right\}$

特に $\underline{D}F(x)=\overline{D}F(x)=m$ のとき、点 $x\in R$ で F の密度が m であると言い、$DF(x)=m$ で表す。

補題 B.12.4 $DF(x)=m \iff \inf_{h>0}\sup\left\{\left|\frac{F(I)}{|I|}-m\right|\,\middle|\,x\in I,\ 0<|I|<h\right\}=0\ (x\in R)$

証明: $DF(x)=m$ となるには、$\underline{D}F(x)=\overline{D}F(x)=m \overset{\text{同値}}{\iff} \inf_{h>0}\sup\left\{\frac{F(I)}{|I|}\,\middle|\,x\in I,\ 0<|I|<h\right\}$ $=\sup_{h>0}\inf\left\{\frac{F(I)}{|I|}\,\middle|\,x\in I,\ 0<|I|<h\right\}=m$ が成立することが必要かつ十分である。さらに、この等式は $\inf_{h>0}\sup\left\{\frac{F(I)}{|I|}-m,\ m-\frac{F(I)}{|I|}\,\middle|\,x\in I,\ 0<|I|<h\right\}=0$ であることと同値であり、$\left|\frac{F(I)}{|I|}-m\right|=\max\left\{\frac{F(I)}{|I|}-m,\ m-\frac{F(I)}{|I|}\right\}$ より、$\inf_{h>0}\sup\left\{\left|\frac{F(I)}{|I|}-m\right|\,\middle|\,x\in I,\ 0<|I|<h\right\}=0$ と同値である。　終り.

Saks-Henstock の補題　この節では以後、$I=[c,d]\in\mathcal{I}(R)$ とし、積分の記号 $\int_c^d\cdots$ を簡単に $\int_I\cdots$ などと表す。次の補題が Saks-Henstock の補題として知られている：

補題 B.12.5 f が I 上可積分ならば $\inf_{\delta\in G(R)}\sup_{(\Delta,\Xi)\in P(\delta)}\sum_{i=1}^{n}\left|f(\xi^{(i)})|\Delta_i|-\int_{\Delta_i}f(x)dx\right|=0$ である。

証明:　まず $\sum_{i=1}^{n}f(\xi^{(i)})|\Delta_i|-\int_R f(x)dx=\sum_{i=1}^{n}\left\{f(\xi^{(i)})|\Delta_i|-\int_{\Delta_i}f(x)dx\right\}$ より、仮定から $\inf_{\delta\in G(R)}\sup_{(\Delta,\Xi)\in P(\delta)}\left|\sum_{i=1}^{n}\left\{f(\xi^{(i)})|\Delta_i|-\int_{\Delta_i}f(x)dx\right\}\right|=0$ である。与えられた $\delta\in G(I)$ に対して (Δ,Ξ) $\in P(\delta)$ を任意に定め、$A_i=f(\xi^{(i)})|\Delta_i|-\int_{\Delta_i}f(x)dx$ と置いて、$I_+, I_0, I_-, I'_\pm$ を次で定める。

$$I_+=\bigcup_{A_i>0}\Delta_i,\quad I_0=\bigcup_{A_i=0}\Delta_i,\quad I_-=\bigcup_{A_i<0}\Delta_i,\quad \hat{I}_\pm=I_0\cup I_\pm$$

次に $\{\delta^-\in G(I_-),\ \delta^+\in G(I_+)\}$ に対して $\hat{\delta}^\mp\in G(I)$ を $\hat{\delta}^\mp|_{\hat{I}_\pm}=\delta|_{\hat{I}_\pm}>0,\ \hat{\delta}^\mp|_{I_\mp}=\min\{\delta|_{I_\mp},\delta^\mp\}>0$ により定め、$(\Delta^\mp,\Xi^\mp)\in P(\delta^\mp)$ に対して $(\hat{\Delta}^\mp,\hat{\Xi}^\mp)=(\Delta|_{\hat{I}_\pm},\Xi|_{\hat{I}_\pm})\cup(\Delta^\mp,\Xi^\mp)$ と置くと、$S_{\hat{\Delta}^\mp,\hat{\Xi}^\mp}(f)-\int_I f(x)dx=S_{\Delta|_{\hat{I}_\pm},\Xi|_{\hat{I}_\pm}}(f)-\int_{\hat{I}_\pm}f(x)dx+S_{\Delta^\mp,\Xi^\mp}(f)-\int_{I_\mp}f(x)dx$ より次が成立する：

$$\left|S_{\Delta|_{\hat{I}_\pm},\Xi|_{\hat{I}_\pm}}(f)-\int_{\hat{I}_\pm}f(x)dx\right|\leqq\left|S_{\hat{\Delta}^\mp,\hat{\Xi}^\mp}(f)-\int_I f(x)dx\right|+\left|S_{\Delta^\mp,\Xi^\mp}(f)-\int_{I_\mp}f(x)dx\right|$$

したがって上限を取れば $\sup_{(\Delta,\Xi)\in P(\delta)}\left|S_{\Delta|_{\hat{I}_\pm},\Xi|_{\hat{I}_\pm}}(f)-\int_{\hat{I}_\pm}f(x)dx\right|\leqq\sup_{(\hat{\Delta}^\mp,\hat{\Xi}^\mp)\in P(\hat{\delta}^\mp)}\left|S_{\hat{\Delta}^\mp,\hat{\Xi}^\mp}(f)-\int_I f(x)dx\right|$ $+\sup_{(\Delta^\mp,\Xi^\mp)\in P(\delta^\mp)}\left|S_{\Delta^\mp,\Xi^\mp}(f)-\int_{I_\mp}f(x)dx\right|$ を得る。一方で $\delta^\mp\in G(I_\mp)$ が任意であることから $\inf_{\delta^\mp\in G(I_\mp)}\sup_{(\hat{\Delta}^\mp,\hat{\Xi}^\mp)\in P(\hat{\delta}^\mp)}\left|S_{\hat{\Delta}^\mp,\hat{\Xi}^\mp}(f)-\int_I f(x)dx\right|\leqq\sup_{(\Delta,\Xi)\in P(\delta)}\left|S_{\Delta,\Xi}(f)-\int_I f(x)dx\right|$ であり、他方で $I_\mp$ で

の f の可積分性から $\inf_{\delta^{\mp}\in G(I_{\mp})}\sup_{(\Delta^{\mp},\Xi^{\mp})\in P(\delta^{\mp})}\left|S_{\Delta^{\mp},\Xi^{\mp}}(f)-\int_{I_{\mp}}f(x)dx\right|=0$ であるので、次を得る。

$$\sup_{(\Delta,\Xi)\in P(\delta)}\left|S_{\Delta|_{\hat{I}_{\pm}},\Xi|_{\hat{I}_{\pm}}}(f)-\int_{\hat{I}_{\pm}}f(x)dx\right|\leqq\sup_{(\Delta,\Xi)\in P(\delta)}\left|S_{\Delta,\Xi}(f)-\int_{I}f(x)dx\right|$$

ここで $\sum_{i=1}^{n}\left|f(\xi^{(i)})|\Delta_i|-\int_{\Delta_i}f(x)dx\right| = \left|S_{\Delta|_{\hat{I}_+},\Xi|_{\hat{I}_+}}(f)-\int_{\hat{I}_+}f(x)dx\right| + \left|S_{\Delta|_{\hat{I}_-},\Xi|_{\hat{I}_-}}(f)-\int_{\hat{I}_-}f(x)dx\right| \leqq$ $2\sup_{(\Delta,\Xi)\in P(\delta)}\left|S_{\Delta,\Xi}(f)-\int_{I}f(x)dx\right|$ が成立するから、$\inf_{\delta\in G(R)}\sup_{(\Delta,\Xi)\in P(\delta)}\sum_{i=1}^{n}\left|f(\xi^{(i)})|\Delta_i|-\int_{\Delta_i}f(x)dx\right|\leqq$ $2\inf_{\delta\in G(R)}\sup_{(\Delta,\Xi)\in P(\delta)}\left|S_{\Delta,\Xi}(f)-\int_{I}f(x)dx\right|=0$ を得る。 終り.

Vitali の補題 区間の集合 $\mathcal{J}$ が $X\subset R$ を「Vitali の意味で覆う」とは、次が成立することである。

『任意の $x\in X$ と $\varepsilon>0$ に対して、$x\in J$ かつ $0<|J|<\varepsilon$ である $J\in\mathcal{J}$ が存在する』

補題 B.12.6 $\mathcal{J}$ が X を Vitali の意味で覆うとする。もし内部に交わりのない $\mathcal{J}$ のいかなる有限個の閉区間でも X が覆われないとするならば、内部に交わりのない $\mathcal{J}$ の閉区間の列 $\{J_i\}_{i\geqq 1}$ が取れて、$\lim_{n\to\infty}\overline{\mu}(X\setminus\bigcup_{i=1}^{n}J_i)=0$ が成立する。

証明: 内部に交わりのない $\mathcal{J}$ の閉区間の列 $\{J_i\}_{1\leqq i\leqq n}$ を次のように帰納的に構成する。

(J_n **の構成**) J_1 から J_{n-1} まで構成されたとし、$J(n)=J_1\cup\cdots\cup J_{n-1}$ と置く。仮定から $X\setminus J(n)\neq\emptyset$ なので $a_n\in X\setminus J(n)$ とすると、$J(n)$ は閉集合（$J(1)$ は空集合として閉集合）なので、十分小さい $\varepsilon>0$ を選べば $B_\varepsilon(a_n)\cap J(n)=\emptyset$ であり、$\mathcal{J}$ が X を Vitali の意味で覆うから $a_n\in J\subset B_\varepsilon(a_n)$ を満たす $J\in\mathcal{J}$ が取れ、次の $A(n)$ は空でない。

$$A(n)=\{J\in\mathcal{J}\mid X\cap J\neq\emptyset\ \&\ J\cap J(n)=\emptyset\}$$

そこで $m_n=\sup\{|J|\,\big|\,J\in A(n)\}>0$ と置けば、$\{J\in A(n)\mid |J|\geqq\frac{m_n}{2}\}\neq\emptyset$ より、$X\cap J_n\neq\emptyset$, $J_n\cap J(n)=\emptyset$ かつ $|J|\geqq\frac{m_n}{2}$ を満たすように $J_n\in\mathcal{J}$ を選び出す。

このとき、任意の n に対して $\bigcup_{i=1}^{n}J_i$ は内部に交わりのない R 内の閉区間の和集合なので、$\sum_{i=1}^{n}|J_i|\leqq|R|<\infty$ が成立し、したがって無限級数 $\sum_{i=1}^{\infty}|J_i|$ は収束するから、次を得る。

$$(1)\quad \lim_{n\to\infty}|J_n|=0,\qquad (2)\quad \lim_{n\to\infty}\sum_{i=n}^{\infty}|J_i|=0.$$

さて、$x\in X\setminus J(n)$ を任意に選び、$x\in J$ かつ $J\cap J(n)=\emptyset$ を満たす $J\in\mathcal{J}$ を一つ選び出す。もし任意の $k\geqq n$ に対して $J\cap J_k=\emptyset$ ならば、任意の $k\geqq 1$ に対して $|J|\leqq m_k\leqq 2|J_k|$ なので、(1) より $|J|\leqq 2\inf_{k\geqq 1}|J_k|=0$ となり $|J|>0$ に反するから、$J\cap J_k\neq\emptyset$ となる $k\geqq n$ が存在する。そこで $\ell=\min\{k\geqq n\mid J\cap J_k\neq\emptyset\}$ と置き、$u\in J\cap J_\ell$ を取れば、次が成立する。

$$x \in J \subset B_{2\frac{|J|}{2}}(u) \subset B_{4\frac{|J_\ell|}{2}}(u) \subset B_{5\frac{|J_\ell|}{2}}(a_\ell), \quad \ell \geqq n.$$

ここで $x \in X \setminus J(n)$ は任意に選ぶことができたので、$X \setminus J(n) \subset \bigcup_{i=n}^{\infty} B_{5\frac{|J_i|}{2}}(a_i)$ となり、(2) より

$$\overline{\mu}(X \setminus J(n)) \leqq \sum_{i=n}^{\infty} |B_{5\frac{|J_i|}{2}}(a_i)| = \sum_{i=n}^{\infty} |J_i| \leqq 5\sum_{i=n}^{\infty} |J_i| \xrightarrow{n\to\infty} 0$$

を得るから、与えられた $\varepsilon > 0$ に対して十分大きな $m \geqq 1$ を取れば $\overline{\mu}(X \setminus J(m)) < \varepsilon$ が成立する。ここで、$\varepsilon>0$ は任意であったので、$\lim_{n\to\infty} \overline{\mu}(X \setminus J(n)) = 0$ でなければならない。　終り.

定義 B.12.7 (集合関数の連続性)　集合関数 F が R 上連続とは、次が成立することである。

$$\inf_{h>0} \sup\{|F(J)| \mid x \in J \in \mathcal{I}(R),\ |J| < h\} = 0 \quad (\forall x \in R)$$

定理 B.12.8 (連続性定理)　有界閉領域 R 上の関数 f が可積分のとき、f の **集合関数としての不定積分** $F(I)=F(d)-F(c)=\int_I f(t)\,dt$ $(I=[c,d]\in\mathcal{I}(R))$ は、連続な集合関数である。

証明:F を集合関数としての f の不定積分とする。Saks-Henstock の補題 B.12.5 から

$$\left\{\delta \in G(R) \,\middle|\, \sup_{(\Delta,\Xi)\in P(\delta)} \sum_{i=1}^{n} \left|f(\xi^{(i)})\cdot|\Delta_i| - F(\Delta_i)\right| \leqq \frac{1}{2n}\right\} \neq \emptyset, \quad n \geqq 1$$

であるので（正確には **選択公理** により）$\sup_{(\Delta,\Xi)\in P(\delta_n)} \sum_{i=1}^{n} \left|f(\xi^{(i)})\cdot|\Delta_i| - F(\Delta_i)\right| \leqq \frac{1}{2n}$ を満たす $\delta_n \in G(R)$（$n \geqq 1$）を選ぶ。次に、新しく $\hat{\delta}_n \in G(R)$ を $\hat{\delta}_n(x) = \min\{\delta_n(x), \frac{1}{2n(|f(x)|+1)}\} > 0$ および $\hat{\delta}_n(y) = \min\{\delta_n(y), \frac{\|x-y\|}{2}\}$ $(\forall y \neq x)$ により定め、$\hat{\delta}_n$ に従う分割と点列の組 (Δ,Ξ) を取れば、$\hat{\delta}_n \leqq \delta_n$ よりこれは自動的に δ_n に従うことになるから、やはり次が成立する。

$$(*) \qquad (\Delta,\Xi) \in P(\hat{\delta}_n) \implies \sum_{i=1}^{n} \left|f(\xi^{(i)})\cdot|\Delta_i| - F(\Delta_i)\right| \leqq \frac{1}{2n}$$

よって、もし $x \in J \in \mathcal{I}(R)$ かつ $|J| < \hat{\delta}_n(x)$ ならば、$R \setminus \mathrm{Int} J$ の $\hat{\delta}_n$ に従う分割と点列の組 (Δ',Ξ') を一つ固定し、J の分割と点列の組 $(\{J\},\{x\})$ を合わせれば $\hat{\delta}_n$ に従う R の分割と点列の組 (Δ,Ξ) が得られ、$(*)$ の不等式の左辺の和の $\Delta_i = J$ の部分に注目すれば次の不等式を得る：

$$\left|f(x)\cdot|J| - F(J)\right| \leqq \frac{1}{2n}$$

さらに絶対値を外して書き直せば、$0 \leqq |F(J)| \leqq \frac{1}{2n} + |f(x)|\cdot|J| \leqq \frac{1}{2n} + \frac{1}{2n} = \frac{1}{n}$ を得る。したがって $\sup\{|F(J)| \mid x \in J \in \mathcal{I}(R),\ 0 < |J| < \hat{\delta}_n(x)\} \leqq \frac{1}{n}$ である。さらに n は任意に取ることができるから、$\inf_{h>0} \sup\{|F(J)| \mid x \in J \in \mathcal{I}(\mathbb{R})\ \&\ 0 < |J| < h\} = 0$ が成立する。　終り.

系 B.12.8.1 (連続性)　可積分関数の「点 a を基とする不定積分」$\int_a^x f(t)\,dt$ は連続である。

基本定理　微積分学の基本定理は密度と微分の関係から自然に導出される。

定理 B.12.9 (基本定理 I) R 上の加法的集合関数 F が連続のとき、ほぼすべての点 $x\in R$ で F の密度が $f(x)$ ならば、f は可積分かつ $F(I)=\displaystyle\int_c^d f(x)\,dx$ $(\forall I=[c,d]\in\mathcal{I}(R))$ である。

証明: 密度が確定しない点の全体を $C=\{c_1,\dots,c_m,\dots\}$ とし、$\varepsilon>0$ を任意に固定する。まず $x\notin C$ のとき、補題 B.12.4 より $\displaystyle\inf_{h>0}\sup\left\{\left|\frac{F(J)}{|J|}-f(x)\right| \;\middle|\; x\in J\in\mathcal{I}(R),\ 0<|J|<h\right\}=0$ であるから、$\displaystyle\sup\left\{\left|\frac{F(J)}{|J|}-f(x)\right| \;\middle|\; x\in J\in\mathcal{I}(R),\ |J|<h\right\}<\frac{\varepsilon}{|I|}$ を満たす $h>0$ が存在するので、そのような $h>0$ の上限を $\delta^\varepsilon(x)>0$ と置く。次に $x=c_j$ のとき、F が連続より次が成立する。

$$\inf_{h>0}\sup\{\,|F(J)|\mid c_j\in J\in\mathcal{I}(\mathbb{R}),\ |J|<h\}=0$$

したがって $\max\left\{h\cdot f(c_j),\sup\{\,|F(J)|\mid c_j\in J\in\mathcal{I}(R),\ |J|<h\}\right\}<\frac{\varepsilon}{2^{j+1}}$ を満たす $h>0$ があるから、そのような $h>0$ の上限を $\delta^\varepsilon(c_j)>0$ とする。補題 2.2.14 より δ^ε に従う I の分割 (Δ,Ξ) が存在するので、これを任意に固定する：$\xi^{(i)}\in I\setminus C$ ならば、分割の選び方から $|f(\xi^{(i)})|\Delta_i|-F(\Delta_i)|<\frac{|\Delta_i|}{|I|}\varepsilon$ であり、$\xi^{(i)}=c_j\in C$ ならば、仮定から $|f(\xi^{(i)})|\Delta_i|-F(\Delta_i)|<\frac{2\varepsilon}{2^{j+1}}=\frac{\varepsilon}{2^j}$ である。したがって F の加法性から $\left|\sum_{i=1}^n f(\xi^{(i)})|\Delta_i|-F(I)\right|=\left|\sum_{i=1}^n\left(f(\xi^{(i)})|\Delta_i|-F(\Delta_i)\right)\right|\leqq\sum_{i=1}^n\left|f(\xi^{(i)})|\Delta_i|-F(\Delta_i)\right|$ となり、総和の中で $\xi^{(i)}\in I\setminus C$ の部分の和は $\sum_{i=1}^n\frac{|\Delta_i|}{|I|}\varepsilon=\varepsilon$ 以下であり、$\xi^{(i)}\in C$ の部分の和は $\sum_{i=1}^n\frac{2\varepsilon}{2^j}<\sum_{i=1}^\infty\frac{\varepsilon}{2^j}=\varepsilon$ 以下より、f は可積分かつ $\left|\displaystyle\int_c^d f(x)\,dx-F(I)\right|\leqq\inf\{2\varepsilon\mid\varepsilon>0\}=0$ である。 終り.

系 B.12.9.1 (微積分学の基本定理 I) $I=[a,b]$ 上の連続関数 F が I 上 **ほぼ全域で微分可能**ならば、そこで F' に一致する関数 f は I 上可積分で $\displaystyle\int_a^b f(x)\,dx=F(b)-F(a)$ を満たす。

証明: まず、$I=[c,d]\in\mathcal{I}(R)$ に対して $F(I)=F(d)-F(c)$ と定め、F を $\mathcal{I}(R)$ 上の加法的集合関数とみなす。一方で、$I=[x-h,x+k]$ $(h,k>0)$ に対して $F(I)-f(x)(h+k)=\frac{(F(x+k)-F(x))-f(x)k}{k}k+\frac{(F(x-h)-F(x))-f(x)(-h)}{-h}h$ であり、区間 $[a,b]$ 上ほぼ全域で $F'(x)=f(x)$ $(x\in[a,b])$ であるから、そのような $x\in[a,b]$ と $\varepsilon>0$ を任意に取り、これらに対して $\delta>0$ を十分小さく選ぶ。もし、$h,k>0$ が $0<h+k<\delta$ を満たすならば、$\left|\frac{(F(x+k)-F(x))-f(x)k}{k}\right|<\varepsilon$ と $\left|\frac{(F(x-h)-F(x))-f(x)(-h)}{-h}\right|<\varepsilon$ が成立する。よって、$|F(I)-f(x)|I||\leqq\left|\frac{((F(x+k)-F(x))-f(x)k}{k}\right|\cdot k+\left|\frac{(F(x-h)-F(x))-f(x)(-h)}{-h}\right|\cdot h\leqq\varepsilon(h+k)=\varepsilon|I|$ が得られる。したがって、補題 B.12.4 から点 x で F の密度が $f(x)$ であることが分かり、定理 B.12.9 から $F(d)-F(c)=F([c,d])=\displaystyle\int_c^d f(t)\,dt$ を得る。 終り.

定理 B.12.10 (基本定理 II) R 上の可積分関数 $f(x)$ の不定積分 $F(I)=\displaystyle\int_I f(x)\,dx$ $(I\in\mathcal{I}(R))$ はほとんど全域で密度をもち、そこで $DF=f$ が成立する。

証明: R の部分集合 C を F の密度が $f(x)$ に確定しない点 x 全体とする。任意の $x\in C$ に対して、補題 B.12.4 より $\inf_{h>0}\sup\left\{\left|f(x)-\frac{F(I)}{|I|}\right|\ \middle|\ x\in I,\ 0<|I|<h\right\}>0$ であるから、$C(n)=\left\{x\in C\ \middle|\ \inf_{h>0}\sup\left\{\left|f(x)-\frac{F(I)}{|I|}\right|\ \middle|\ x\in I,\ 0<|I|<h\right\}\geqq\frac{1}{n}\right\}$ と置くと $C=\bigcup_{n\geqq 1}C(n)$ が成立する。したがって $\overline{\mu}(C(n))=0$ $(n\geqq 1)$ を証明すればよい。そこで以後、$n\geqq 1$ を固定して考察する。

まず、f が R 上可積分より与えられた $\varepsilon>0$ に対して、補題 B.12.5 からうまく $\delta^{\varepsilon}\in G(R)$ を選べば $\sup_{(\Delta,\Xi)\in P(\delta^{\varepsilon})}\sum_{i=1}^{t}\left|\int_{I_i}f(x)\,dx-f(\xi_i)|I_i|\right|<\varepsilon$ となる。そこで任意に $\epsilon>0$ を固定し、正確には **選択公理** を用いることで $\varepsilon=\frac{\epsilon}{2n}>0$ に対応する $\delta^{\frac{\epsilon}{2n}}$ を取り、$\delta^{\epsilon}_{n}=\delta^{\frac{\epsilon}{2n}}$ と置く。

次に、$x\in C(n),\ m\geqq 1$ とすると、$\inf_{h>0}\sup\left\{\left|f(x)-\frac{F(I)}{|I|}\right|\ \middle|\ x\in I,\ 0<|I|<h\right\}\geqq\frac{1}{n}$ であるので、$\sup\left\{\left|f(x)-\frac{F(I)}{|I|}\right|\ \middle|\ x\in I,\ 0<|I|\leqq\frac{1}{m}\right\}\geqq\frac{1}{n}$ である。よって $\left|f(x)-\frac{F(I)}{|I|}\right|\geqq\frac{1}{2n},\ x\in I,\ 0<|I|\leqq\frac{1}{m}$ を満たす I が取れるから、$x\in C(n),\ m\geqq 1$ に対して $x\in J^{(m)}_{x},\ 0<|J^{(m)}_{x}|\leqq\frac{1}{m},\ 2n\cdot\left|f(x)|J^{(m)}_{x}|-F(J^{(m)}_{x})\right|\geqq|J^{(m)}_{x}|$ を満たす $J^{(m)}_{x}$ を選ぶ。そこで、$\mathcal{J}(n)=\left\{J^{(m)}_{x}\ \middle|\ x\in C(n),\ m\geqq 1\right\}$ と置くと、定義から明らかに、$\mathcal{J}(n)$ は Vitali の意味で $C(n)$ を覆う。

(1) $C(n)$ が $\mathcal{J}(n)$ の内部で交わらない有限個の区間（$J^{m_1}_{x_1},\dots,J^{m_s}_{x_s}$ とする）で覆われる場合：

$$\overline{\mu}(C(n))\leqq\sum_{i=1}^{s}|J^{m_i}_{x_i}|\leqq 2n\cdot\sum_{i=1}^{s}\left|f(x)|J^{m}_{x}|-F(J^{m}_{x})\right|\leqq 2n\cdot\frac{\epsilon}{2n}=\epsilon$$

(2) 上の (1) が成立しない場合：補題 B.12.6 より、やはり内部で交わらない $\mathcal{J}(n)$ の区間の列 $\{J_i\}_{i\geqq 1}$ が取れて、$\lim_{t\to\infty}\overline{\mu}(C(n)\setminus\bigcup_{i=1}^{t}J_i)=0$ を満たすから、上と同様の考察で次を得る。

$$\overline{\mu}(C(n))\leqq\lim_{t\to\infty}\sum_{i=1}^{t}|J^{m_i}_{x_i}|\leqq 2n\cdot\lim_{t\to\infty}\sum_{i=1}^{t}\left|f(x)|J^{m}_{x}|-F(J^{m}_{x})\right|\leqq 2n\cdot\frac{\epsilon}{2n}=\epsilon$$

上記いずれの場合でも、$\epsilon>0$ は任意であったので $\overline{\mu}(C(n))=0$ が成立する。　終り.

系 B.12.10.1 (微積分学の基本定理 II) $[a,b]$ 上の 1 変数可積分関数 $f(x)$ の不定積分 $F(x)=\int_a^x f(t)\,dt$ $(x\in[a,b])$ はほとんど全域で微分可能であり、そこで $F'=f$ が成立する。

証明: $I=[c,d]\in\mathcal{I}([a,b])$ に対して、$F(I)=\int_c^d f(t)\,dt$ と置く。任意の $\delta>0$ に対して、$\inf_{\delta\geqq h>0}\frac{F(x+h)-F(x)}{h}=\inf_{\delta\geqq h>0}\frac{F([x,x+h])}{|[x,x+h]|}\geqq\underline{D}F(x)$ であるので、$\lim_{\delta\to 0+}\inf_{\delta\geqq h>0}\frac{F(x+h)-F(x)}{h}\geqq\underline{D}F(x)$ であり、同様に $\lim_{\delta\to 0+}\sup_{\delta\geqq h>0}\frac{F(x+h)-F(x)}{h}\leqq\overline{D}F(x)$ であるから、定理 B.12.10 よりほとんど全域で $\lim_{h\to 0+}\frac{F(x+h)-F(x)}{h}=f(x)$ が成立する。同様にほとんど全域で $\lim_{h\to 0-}\frac{F(x+h)-F(x)}{h}=\lim_{h\to+0}\frac{F(x-h)-F(x)}{-h}=\lim_{h\to 0+}\frac{F(x)-F(x-h)}{h}=f(x)$ が成立する。以上より、ほとんど全域で $\lim_{h\to 0}\frac{F(x+h)-F(x)}{h}=f(x)$ が成立するから、結局ほとんど全域で $F'=f$ である。　終り.

B.13 絶対可積分性

本節では閉区間 $I=[a,b]$ 上の関数 f に対して、その gauge 積分または Lebesgue 積分が存在するとき、簡単に区別できるように、前者は $\displaystyle\int_a^b f(x)\,dx$ で表し、後者は $\displaystyle\int_I f\,d\mu$ で表す。

補題 B.13.1 (Vitali-Carathéodory) 関数 $f\geqq 0$ が I 上 Lebesgue 可積分のとき、与えられた $\varepsilon, \varepsilon'>0$ に対して、次の３条件を満たし I 上 Lebesgue 可積分な関数 $g, h\geqq 0$ が存在する。

(1) I 全域で $g\leqq f\leqq h$ が成立する。 (2) $\displaystyle\int_I (h-g)\,d\mu<\varepsilon$

(3) 任意の $x\in I$ に対して、十分小さい $r>0$ を取れば、次の $(*)$ が成立する。

$$(*)\qquad g(t)\ <\ f(x)+\varepsilon'\quad \&\quad f(x)-\varepsilon'\ <\ h(t)\quad (t \text{ は } U_r(x) \text{ 全体を動いてよい})$$

証明: 与えられた $\varepsilon>0$ に対して、$F_k:=\{x\in I\mid k\cdot\epsilon\leqq f(x)<(k+1)\cdot\epsilon\}$, $\epsilon:=\frac{\varepsilon}{\mu(I)+3}$ $(k\geqq 0)$ と置く。まず、F_k と $I\setminus F_k$ は共に可測で外測度は各々 $\mu(F_k)$ と $\mu(I)\setminus\mu(F_k)$ に一致するので、$k\geqq 0$ に対して、次を満たす可算閉矩形塊 $D_k\supset F_k$ と $D'_k\supset I\setminus F_k$ を一つずつ選び出す。

$$\mu(F_k)\ \leqq\ \mu(D_k)\ <\ \mu(F_k)+\frac{1}{k\cdot 2^{k+2}},\quad \mu(I\setminus F_k)\ \leqq\ \mu(D'_k)\ <\ \mu(I\setminus F_k)+\frac{1}{k\cdot 2^{k+2}}$$

次に、D_k と D'_k を少し膨らませ、次を満たす開集合 $U_k\supset D_k$ と $U'_k\supset D'_k$ を選び出す。

$$\mu(F_k)\ <\ \mu(U_k)\ <\ \mu(F_k)+\frac{1}{k\cdot 2^{k+1}},\quad \mu(I\setminus F_k)\ <\ \mu(U'_k)\ <\ \mu(I\setminus F_k)+\frac{1}{k\cdot 2^{k+1}}$$

仮定から $\displaystyle\lim_{k\to\infty}\sum_{k=1}^{\infty}k\cdot\epsilon\cdot\mu(F_k)\leqq\int_I f\,d\mu<\infty$ であり、したがって $\displaystyle\lim_{k\to\infty}\sum_{k=1}^{\infty}k\cdot\epsilon\cdot\mu(U_k)$ と $\displaystyle\lim_{k\to\infty}\sum_{k=1}^{\infty}k\cdot\mu(F_k)$ が有限確定するので、十分大きな $N>0$ を取れば $\displaystyle\sum_{\ell=N+1}^{\infty}\ell\cdot\mu(F_\ell)<1$ を満たす。そこで g, h を

$$g:=\sum_{\ell=1}^{N}\ell\cdot\epsilon\cdot\chi_{I\setminus U'_\ell}\geqq 0,\qquad h:=\epsilon\cdot\chi_I+\sum_{\ell=1}^{\infty}\ell\cdot\epsilon\cdot\chi_{U_\ell}\geqq 0.$$

と定めれば明らかに Lebesgue 可積分であり、条件 (1), (2), (3) を示せば証明が完成する。

(1) $x\in I\setminus U'_\ell\subset F_\ell$ となる $\ell\geqq 0$ が有れば $f(x)\geqq\ell\cdot\epsilon=g(x)$ であり、無ければ $f(x)\geqq 0=g(x)$ である。また $\ell\cdot\epsilon\leqq f(x)<(\ell+1)\cdot\epsilon$ ならば、$x\in F_\ell\subset U_\ell$ より $h(x)\geqq(\ell+1)\cdot\epsilon>f(x)$ である。

(2) $\displaystyle h-g\leqq\epsilon\cdot\chi_I+\epsilon\cdot\sum_{\ell=1}^{\infty}\ell\cdot\chi_{U_\ell\setminus F_\ell}+\epsilon\cdot\sum_{\ell=1}^{N}\ell\cdot\chi_{F_\ell\setminus(I\setminus U'_\ell)}+\epsilon\cdot\sum_{\ell=N+1}^{\infty}\ell\cdot\chi_{F_\ell}$ より $\displaystyle\int_I(h-g)\,d\mu=\epsilon\cdot(\mu(I)+\sum_{\ell=1}^{\infty}\ell\cdot(\mu(U_\ell\setminus F_\ell)+\sum_{\ell=1}^{N}\ell\cdot\mu(U'_\ell\setminus(I\setminus F_\ell))+\sum_{\ell=N+1}^{\infty}\ell\cdot\mu(F_\ell))<\epsilon\cdot(\mu(I)+2\sum_{\ell=1}^{\infty}\frac{1}{2^{\ell+1}}+1)<\varepsilon$ である。

(3) 与えられた $\varepsilon'>0$ に対して、定義から $\{t\mid g(t)\geqq\varepsilon'\}$ は 閉集合かつ $\{t\mid h(t)>\varepsilon'\}$ は開集合であり、特に $\{t\mid g(t)<f(x)+\varepsilon'\ \&\ h(t)>f(x)-\varepsilon'\}$ は x を一つの要素とする開集合である。したがって十分小さい $r>0$ を取れば、条件 $(*)$ が成立する。 終り.

補題 B.13.2 $I=[a,b]$ 上の広義正数値関数 $f\geqq 0$ に対して、以下の２条件は同値である。

(1) f は Lebesgue 可積分である。 (2) f は gauge 可積分である。

またそのとき、$\int_a^b f(x)\,dx = \int_I f\,d\mu$ が成立する。

証明:まず (1) ⇒ (2) を示す:$f \geqq 0$ を Lebesgue 可積分とし、与えられた $\epsilon > 0$ に対して $\varepsilon = \varepsilon' := \frac{\epsilon}{\mu(I)+1}$ と置けば、補題 B.13.1 の条件 (1), (2), (3) を満たす関数 g, h が存在する。そこで、任意の $x \in I$ に対して条件 $(*)$ を満たす $r > 0$ の上限を $\delta_\epsilon(x) > 0$ とすれば、$\delta_\epsilon \in G(I)$ であり、δ_ϵ に従属する I の分割と点列の任意の組 $(\Delta, \Xi) \in P(\delta_\epsilon)$ に対して、次が成立する。

$$\int_{\Delta_i} (g-\varepsilon')\,d\mu \ \leqq\ f(\xi_i)\mu(\Delta_i) \ \leqq\ \int_{\Delta_i} (h+\varepsilon')\,d\mu$$

さらに i に関して総和を取り各辺から $\int_I f\,d\mu$ を引けば $\int_I (g-f)\,d\mu - \varepsilon'\mu(I) \leqq S_{\Delta,\Xi}(f) - \int_I f\,d\mu \leqq \int_I (h-f)\,d\mu + \varepsilon'\mu(I)$ を得る。また g, h の取り方と $0 \leqq (f-g), (h-f) \leqq (h-g)$ より次を得る。

$$-\epsilon < -\int_I (h-g)\,d\mu - \varepsilon'\mu(\Delta_i) \leqq S_{\Delta,\Xi}(f) - \int_I f\,d\mu \leqq \int_I (h-g)\,d\mu + \varepsilon'\mu(I) < \epsilon$$

したがって任意の $\epsilon > 0$ に対して $(\Delta, \Xi) \in P(\delta_\epsilon)$ ならば $\left| \int_I f\,d\mu - S_{\Delta,\Xi}(f) \right| \leqq \epsilon$ であり、Lebesgue 可積分関数 f は gauge 可積分である。以上の証明から $\int_a^b f(x)\,dx = \int_I f\,d\mu$ も従う。

次に (2) ⇒ (1) を示す:f が I 上で gauge 可積分であるとすると、系 B.12.10.1 より f はその不定積分の導関数であるので、定理 B.8.13 から可測関数である。任意に固定した $n \geqq 1$ に対して定義からうまく $\delta_1 \in G(I)$ を選ぶと、任意の $(\Delta_1, \Xi_1) \in P(\delta_1)$ に対して次が成立する。

$$\int_a^b f(x)\,dx - \frac{1}{n} \ <\ S_{\Delta_1,\Xi_1}(f) \ <\ \int_a^b f(x)\,dx + \frac{1}{n}$$

したがって gauge 和は上に有界である。もし f が Lebesgue 可積分でないならば、Lebesgue 和は上に有界でないので、単関数 $k = \sum_i \alpha_i \chi_{D_i} \leqq f$ で次を満たすものが取れる。

$$\int_I k(x)\,dx \ =\ \sum_i \alpha_i \mu(D_i) \ >\ \int_a^b f(x)\,dx + \frac{2}{n}$$

ここで上の (1) ⇒ (2) の証明より、Lebesgue 可積分である関数 k も gauge 可積分であるので、次を満たす I 上の gauge $\delta_2 > 0$ が取れ、任意の $(\Delta_2, \Xi_2) \in P(\delta_2)$ に対して次が成立する。

$$\sum_i \alpha_i \mu(D_i) + \frac{1}{n} \ >\ S_{\Delta_2,\Xi_2}(k) \ >\ \sum_i \alpha_i \mu(D_i) - \frac{1}{n}$$

そこで $\delta(x) = \min\{\delta_1(x), \delta_2(x)\} > 0$ と置くと、任意の $(\Delta, \Xi) \in P(\delta)$ に対して、$k \leqq f$ より

$$S_{\Delta,\Xi}(f) \ \geqq\ S_{\Delta,\Xi}(k) \ >\ \sum_i \alpha_i \mu(D_i) - \frac{1}{n} \ >\ \int_a^b f(x)\,dx + \frac{1}{n} \ >\ S_{\Delta,\Xi}(f)$$

を得る。これは矛盾であり、したがって f は Lebesgue 可積分である。

さらに上の (1) ⇒ (2) の証明から $\int_a^b f(x)\,dx = \int_I f\,d\mu$ であることも分かる。 終り.

付録C

派生した話題

本文で紹介した定理や概念から派生あるいは発展した話題をいくつか選び、これらを解説します。

C.1　初等的な微分方程式

独立変数 x と、未知関数 y とその導関数 y' を変数とする方程式 $F(x,y,y')=0$ を **1階微分方程式** と呼び、n 次の導関数 $y^{(n)}$ までを変数とする方程式を n **階微分方程式** と呼ぶ：

$$F(x,y,y',\cdots,y^{(n)})=0$$

その解は、一般に n 個の任意定数を含む形（**一般解**）で表され、一般解の中の個別の解を **特殊解** と呼ぶ。また、一般解の形に表せない解が存在することがあり、**特異解** と呼ばれる。

例 C.1.1　(1) $y'=xy$ は1階微分方程式である。　(2) $y''=-y$ は2階微分方程式である。

(3) $y'-f(x)=0$ は1階微分方程式である。その一般解は不定積分 $y=\int f(x)\,dx$ であり、点 $a\in D(f)$ を基点とする不定積分 $y=\int_a^x f(t)\,dt$ は一つの特殊解を与える。

また、$y^{(n)}=f(x,y,\cdots,y^{n-1})$ の形の微分方程式を **正規形** と呼ぶことがある。

[変数分離型微分方程式]　X を変数とする二つの1変数連続関数 $f(X)$, $g(X)$ を用いて、次の形に変形できる微分方程式を **変数分離型** であると言う。

$$g(y)y'=f(x)\quad\big(g(y)\,dy=f(x)\,dx\ \text{などと表示することがある}\big)$$

このとき両辺を x で不定積分すれば $\int g(y)y'\,dx=\int f(x)\,dx$ を得る。左辺は置換積分の公式から $\int g(y)dy$ に等しいから、$\int g(y)\,dy=\int f(x)\,dx$ を得る。両辺の積分が実行できれば、$G(y)=F(x)$ という形の方程式が得られ、これを解くことで解が求まる。

例 C.1.2　1階微分方程式 $y'=\frac{y}{x}\,(x\neq0)$ は変数分離型である。まず $y\neq0$ のとき、$\frac{1}{y}\,dy=\frac{1}{x}\,dx$ より、両辺を不定積分して $\log|y|=\log|x|+C_0$、したがって一般解 $y=Cx$（$C\neq0$）を得る。ここで $y=0$ も解であるが、一般解は $x\neq0$ では $y=0$ とならない。これは $y=0$ が特異解であると意味しそうであるが、ここでは $y=0$ を含めて一般解を $y=Cx$（C は任意の実数）で表す。

[同次形微分方程式]　X を変数とする二つの1変数連続関数 $R(X)$, $S(X)$ を用いて、次の形に変形できる微分方程式を **同次形** であると言う。

$$S(\tfrac{y}{x})\cdot y'=R(\tfrac{y}{x})$$

このとき $u=\frac{y}{x}$ と置き、この両辺を x で微分して得られる $u'=\frac{y'-u}{x}$ を与えられた同次形の微分方程式 $S(u)\cdot y'=R(u)$ を用いて変形して、$S(u)\cdot u'=\frac{R(u)-S(u)u}{x}$ を得る。

例 C.1.3　1 階微分方程式 $y' = \frac{y}{x} + 1$ は X を変数とする 1 変数関数 $R(X) = X+1$ により $y' = R(\frac{y}{x})$ と表せるから同次形である。そこで $u = \frac{y}{x}$ と置くと、変数分離型 $u' = \frac{R(u)-u}{x} = \frac{1}{x}$ に変形され、$\int du = \int \frac{1}{x}\,dx$ より $u = \log|x|+C$（任意の実数 C は $x>0$ と $x<0$ で異なる数に取れる）を得る。したがって一般解は $y = x\log|x|+C\cdot x$（同上）である。

[1 階線形微分方程式]　次の形の微分方程式を **1 階線形微分方程式** と呼ぶ。

$$y' = p(x)y + q(x)$$

特に $q(x)=0$ のとき **斉次**、そうでないとき **非斉次** と言う。

（1 階斉次型）　$\frac{y'}{y} = p(x)$ より変数分離型であるから、$y = C\cdot e^{\int p(x)\,dx}$（この節では以後 $\int p(x)\,dx$ は $p(x)$ の原始関数を一つ固定したものを表す）が一般解となる。

（1 階非斉次型）　まず、**定数変化法** により特殊解を求める。すなわち $y' = p(x)y$ の一般解に現れる定数 C を関数 $c(x)$ に取り換える。$y = c(x)e^{\int p(x)\,dx}$ を方程式 $y' = p(x)y + q(x)$ に代入すれば、$c'(x)e^{\int p(x)\,dx} = q(x)$ すなわち $c'(x) = q(x)e^{-\int p(x)\,dx}$ より $c(x)$ は $q(x)e^{-\int p(x)\,dx}$ の原始関数であればよい。このとき、$r(x) = c(x)\cdot e^{\int p(t)\,dx}$ が特殊解となる。次に、任意の解 $f(x)$ に対して $f(x)-r(x)$ は斉次方程式 $y' = p(x)y$ の解なので $f(x)-r(x) = C\cdot e^{\int p(x)\,dx}$ と表せるから、一般解は $e^{\int p(x)\,dx}(c(x)+C) = e^{\int p(x)\,dx}\int q(x)e^{-\int p(x)\,dx}\,dx$ と表せる。

例 C.1.4　1 階微分方程式 $y' = xy - x$ は非斉次であるから、まず斉次形 $y' = xy$ を解き、$y = C\cdot e^{\frac{x^2}{2}}$ を得る。定数変化法により定数 C を関数 $c(x)$ とすると $\int(-x)e^{-\frac{x^2}{2}}\,dx = e^{-\frac{x^2}{2}} + C'$ より $c(x) = e^{-\frac{x^2}{2}}$ が特殊解を与えるから、一般解は $y = e^{\frac{x^2}{2}}\left(e^{-\frac{x^2}{2}} + C\right) = 1 + C\cdot e^{\frac{x^2}{2}}$ である。

定義 C.1.5　複素数値関数 $p(x) = a(x) + \boldsymbol{i}\,b(x)$（$a(x), b(x)$ は実数値関数）に対して、$p'(x) = a'(x) + \boldsymbol{i}\,b'(x)$、$\int p(x)\,dx = \int a(x)\,dx + \boldsymbol{i}\int b(x)\,dx$ によりその微積分を定める。

[（複素）線形微分方程式]　次の形の微分方程式を n **階（複素）線形微分方程式** と呼ぶ。

$$y^{(n)} = p_1(x)y^{(n-1)} + \cdots + p_n(x)y + p_0(x), \quad (p_i(X),\ 0 \leqq i \leqq n \text{ は（複素）連続関数})$$

特に $p_0(X)=0$ のとき **斉次**、そうでないとき **非斉次** と言う。また、未知数 D についての n 次方程式 $D^n = p_1(x)D^{n-1} + \cdots + p_n(x)$ を上の n 階線形微分方程式の **特性方程式** と呼ぶ。

（1 階斉次型） $y' = p(x)y, \quad p(x) = a(x) + \boldsymbol{i}\,b(x)$（$a(x), b(x)$ は実関数）

実数値の場合に並行した議論により、一般解 $y=\gamma\cdot e^{\int p(x)\,dx}$（$\gamma$ は任意の複素数）を得る。

（1階非斉次型） $y'=p(x)y+q(x)$,　（$p(x)$, $q(x)$ は複素数値の関数）

実数値の場合に並行した議論により、一般解 $y=e^{\int p(x)\,dx}\displaystyle\int q(x)e^{-\int p(x)\,dx}\,dx$ を得る。

（定数係数2階非斉次型） $y''=a\,y'+b\,y+r(x)$ （a, b は複素数、$r(x)$ は複素数値関数）

特性方程式 $D^2=aD+b$ の解を α,β とし、また $r(x)\neq 0$ を仮定する。$z=y'-\alpha\,y$ と置くと、$z'=\beta\,z+r(x)$ より一般解 $z=e^{\beta x}\displaystyle\int r(x)e^{-\beta x}\,dx$ を得るから、$y'=\alpha\,y+e^{\beta x}\displaystyle\int r(x)e^{-\beta x}\,dx$ である。したがって一般解 $y=e^{\alpha x}\displaystyle\int e^{(\beta-\alpha)x}\left(\int r(x)e^{-\beta x}\,dx\right)dx$ を得る。

（定数係数2階斉次型） $y''=a\,y'+b\,y$ （a, b は複素定数）

特性方程式 $D^2=aD+b$ の解を α,β（$\alpha+\beta=a$）とする。$z=y'-\alpha\,y$ と置くと、$z'=\beta\,z$ より一般解 $z=\gamma_1\cdot e^{\beta x}$（$\gamma_1$ は任意の複素数）を得るから、$y'=\alpha\,y+\gamma_1 e^{\beta x}$ である。したがって一般解 $y=e^{\alpha x}\displaystyle\int\gamma_1 e^{\beta x}\cdot e^{-\alpha x}\,dx=\gamma_1 e^{\alpha x}\int e^{(\beta-\alpha)x}\,dx$ を得る。

（$\alpha=\beta$） 一般解 $y=e^{\alpha x}\displaystyle\int\gamma_1\,dx=(\gamma_1 x+\gamma_2)e^{\alpha x}$（$\gamma_1,\gamma_2$ は任意の複素数）を得る。もし a が実数ならば、実関数の一般解 $y=(C_1x+C_2)e^{\alpha x}$（C_1, C_2 は任意の実数）を得る。

（α,β が相異なる虚数） 一般解 $y=\gamma_1\cdot e^{\alpha x}+\gamma_2\cdot e^{\beta x}$（$\gamma_1,\gamma_2$ は任意の複素数）を得る。もし a,b が実数で実関数解（$\overline{f(x)}=f(x)$）を求めるならば、α,β が共役なので、γ_1,γ_2 も共役となり、$C_1=\mathfrak{Re}(\gamma_1)=\mathfrak{Re}(\gamma_2)$, $C_2=\mathfrak{Im}(\gamma_2)=-\mathfrak{Im}(\gamma_1)$ と置けば次を得る。

$$f(x)=C_1\cdot e^{\ell x}\cos\theta\,x+C_2\cdot e^{\ell x}\sin\theta\,x\ \text{（C_1, C_2 は任意の実数）}$$

（α,β が相異なる実数） 一般解 $y=C_1\cdot e^{\alpha x}+C_2\cdot e^{\beta x}$（$C_1$, C_2 は任意の実数）を得る。

（2階非斉次型） $y''=p(x)y'+q(x)y+r(x)\ \cdots\ (*)$,　（$p(x)$, $q(x)$、$r(x)$ は実連続関数）

まず、$y_1(x)$, $y_2(x)$ を $(*)$ の斉次型 $y''=p(x)\,y'+q(x)\,y\ \cdots\ (*)_0$ の二つの解とする。

定義 C.1.6 (Wronskian) $W(x)=W(y_1(x),y_2(x))=\begin{vmatrix}y_1(x) & y_2(x)\\ y_1'(x) & y_2'(x)\end{vmatrix}$

$W'(x)=y_1(x)y_2''(x)-y_2(x)y_1''(x)=-p(x)W(x)$ より $W(x)=C\cdot e^{-\int p(x)\,dx}$ と表せる。したがって $W(x)\equiv 0$ でないなら 0 にならない。また、$x_1y_1+x_2y_2=0$ が自明でない解 (x_1,x_2) をもつ $\iff\begin{bmatrix}y_1 & y_2\\ y_1' & y_2'\end{bmatrix}\begin{bmatrix}x_1\\ x_2\end{bmatrix}=\begin{bmatrix}0\\ 0\end{bmatrix}$ が自明でない解 (x_1,x_2) をもつ $\iff\begin{vmatrix}y_1 & y_2\\ y_1' & y_2'\end{vmatrix}=0$ より次を得る。

命題 C.1.7 $y_1(x), y_2(x)$ が 1 次独立である $\iff$ $W(y_1(x), y_2(x))$ は決して 0 にならない

このとき、$\displaystyle\int \frac{r(x)y_1(x)}{W(x)}\,dx = c_1(x) + C_1,\ \int \frac{r(x)y_2(x)}{W(x)}\,dx = c_2(x) + C_2$ を満たす関数 $c_1(x),\ c_2(x)$ を取り、$v(x) = v(y_1(x), y_2(x)) = c_1(x)y_2(x) - c_2(x)y_1(x)$ と置くと、$v'(x) = c_1(x)y_2'(x) - c_2(x)y_1'(x)$ かつ $v''(x) = c_1(x)y_2''(x) - c_2(x)y_1''(x) + \frac{r(x)}{W(x)}(y_1(x)y_2'(x) - y_2(x)y_1'(x)) = p(x)v'(x) + q(x)v(x) + r(x)$ と計算されるから、次を得る。

命題 C.1.8 $y_1(x), y_2(x)$ が 1 次独立ならば、$v(x) = v(y_1(x), y_2(x))$ は $(*)$ の特殊解である。

補題 C.1.9 閉区間 $[a,b]$ 上の広義正数値連続関数 $f(x)$ が十分大きな正数 $K > 0$ に対して常に不等式 $0 \leqq f(x) \leqq K\displaystyle\int_a^x f(t)\,dt$ を満たすならば、$f(x) \equiv 0$ である。

証明: $M = \displaystyle\sup_{a \leqq x \leqq b} f(x)$ と置く。仮定から $f(x) \leqq K \cdot M \cdot (x-a)$ である。これをまた仮定の式に代入すれば、$f(x) \leqq K\displaystyle\int_a^x KM(x-a) = \frac{K^2M(x-a)^2}{2!}$ を得る。以下正確には帰納法を用いて、任意の $n \geqq 1$ に対して $0 \leqq f(x) \leqq \frac{K^nM(x-a)^n}{n!}$ を得る。ここで $n \to \infty$ として $f(x) \equiv 0$ を得る。終り.

定理 C.1.10 $y'' = p(x)y' + q(x)y$ の解 $y_1(x)$ と $y_2(x)$ が 1 次独立ならば、次が成立する。

(1) $(*)_0$ の一般解は $C_1y_1(x) + C_2y_2(x)$（$C_1,\ C_2$ は任意の実数）である。

(2) $(*)$ の一般解は $v(x) + C_1y_1(x) + C_2y_2(x)$（$C_1,\ C_2$ は任意の実数）である。

略証: $[a,b]$ での $(*)_0$ の任意の解 $y(x)$ が (1) の形であることを示す：$W(a) \neq 0$ より、$x_1,\ x_2$ の連立 1 次方程式 $x_1y_1(a) + x_2y_2(a) = y(a),\ x_1y_1'(a) + x_2y_2'(a) = y'(a)$ の解 $x_1 = c_1,\ x_2 = c_2$ が存在するから、$z(x) = c_1y_1(x) + c_2y_2(x)$ と置く。そこで、$f(x) = |y(x) - z(x)| + |y'(x) - z'(x)|$, $K = \displaystyle\sup_{a \leqq x \leqq b}(|p(x)| + |q(x)| + 1)$ と置くと、作り方から $|y(x) - z(x)| = \left|\displaystyle\int_a^x (y'(t) - z'(t))\,dt\right| \leqq \displaystyle\int_a^x f(t)\,dt$ および $|y'(x) - z'(x)| = \left|\displaystyle\int_a^x (y''(t) - z''(t))\,dt\right| \leqq \displaystyle\int_a^x |p(t)| \cdot |y'(t) - z'(t)| + |q(t)| \cdot |y(t) - z(t)|\,dt \leqq \displaystyle\sup_{a \leqq x \leqq b}(|p(x)| + |q(x)|) \cdot \int_a^x f(t)\,dt$ より $0 \leqq f(x) \leqq K \cdot \displaystyle\int_a^x f(t)\,dt$ である。これより $f(x)$ は補題 C.1.9 の仮定を満たし $f(x) \equiv 0$ であるから、$y(x) \equiv z(x) = c_1y_1(x) + c_2y_2(x)$ を得る。　終り.

問 C.1.11 次の微分方程式の解を求めなさい。

(1) $y' = y(\log x + 1)$　(2) $\sqrt{1-x^2}\,y' = y^2$　(3) $(x+y)y' = y - x$　(4) $y' = xy - x$

(5) $xyy' = x^2 + y^2$　(6) $y' = \dfrac{3y+1}{x-1}$　(7) $y'' - 2y' - 3y = 0$　(8) $y'' - 3y' + 2y = xe^{3x}$

C.2　一様連続性と一様収束

この節では、本文で触れなかった一様性についての解説を行う。まず普通の連続性を思い出そう。D 上の関数 f が x で連続であるとは、次が成立することである。

$$\lim_{n\longrightarrow\infty}\{\overline{f}_n(x)-\underline{f}_n(x)\}=\lim_{n\longrightarrow\infty}\sup_{0<|x-y|<1/n,\ y\in D}|f(x)-f(y)|=0$$

そして f が D 上で連続とは D の各点で連続、すなわち、$\overline{f}_n(x)-\underline{f}_n(x)\longrightarrow 0$（$n\to\infty$）が分かることである。ここで、他の点に比べて収束が極端に遅い点があってよい。

しかしそれでは具合が悪いとされ、すべての点で収束のスピードが同程度に抑えられることが必要となる場面もある。そうした場面では次のような概念が必要とされる。

定義 C.2.1 (一様連続) D 上の関数 f が **一様連続** であるとは次が成立することである。

$$\lim_{n\longrightarrow\infty}\sup_{x\in D}\{\overline{f}_n(x)-\underline{f}_n(x)\}=\lim_{n\longrightarrow\infty}\sup_{0<|x-y|<2/n,\ x,y\in D}|f(x)-f(y)|=0$$

この一様連続の定義では D の各点 x で $\overline{f}_n(x)-\underline{f}_n(x)\longrightarrow 0$（$n\to\infty$）が分かるだけでなく、その極限のスピードも D のすべての点 x で概ね同程度だと思えるということを意味する。

定理 C.2.2 (一様連続性) 閉区間 $D=[a,b]$ で連続な関数 f は一様連続である。

証明: まず、補題 B.1.6 から f は有界であり、したがって $\sup_{x\in D}\{\overline{f}_n(x)-\underline{f}_n(x)\}$ は有限となり、有界な単調減少数列を与えるから、その極限は広義正数として有限確定する。そこで $\lim_{n\longrightarrow\infty}\sup_{x\in D}\{\overline{f}_n(x)-\underline{f}_n(x)\}=K$ と置く。もし $K>0$ であったとすると、n に対して定まる集合 $A_n=\left\{x\in D\ \middle|\ \overline{f}_n(x)-\underline{f}_n(x)>K/2\right\}$ は常に空でなく、しかも n が大きくなると $\overline{f}_n(x)-\underline{f}_n(x)$ は小さくなる可能性があるから $A_1\supset A_2\supset\cdots\supset A_n\supset A_{n+1}\supset\cdots$ を満たす。したがって $a_n=\inf A_n\in D$ は $0\leqq a_n\leqq b$ を満たす単調増加数列であるから収束する。そこで $\lim_{n\to\infty}a_n=\alpha$ と置くと、仮定からどんなに大きな n に対しても区間 $(\alpha-1/n, a+1/n)$ には適当な番号 N 以後の a_m（$m\geqq N$）がすべて含まれるから、$\overline{f}_n(\alpha)-\underline{f}_n(\alpha)\geqq K/2$ が成立する。したがって極限を取っても $\lim_{n\to\infty}\left(\overline{f}_n(\alpha)-\underline{f}_n(\alpha)\right)\geqq K/2$ となり、この式は f が α で連続であることに矛盾する。したがって $K=0$ であり、定理が証明された。　終り.

例えば積分として gauge 積分や Lebesgue 測度によるものではなく、Riemann による定義を採用すると、一様連続性についての議論が重要となる。特に一様連続性と Riemann 積分可能性との緊密な関係から、一様連続性を保つような収束を取り扱うことが必要となる。

さて、D 上の関数列 $\{g_n\}$ が関数 f に各点で収束するとは、次が成立することである。

$$\lim_{n\longrightarrow\infty}\{g_n(x)-f(x)\}=0$$

ここで、他の点に比べて収束が極端に遅い点があってもよい。また連続性の定義から $\overline{f}_n(x)\geqq f(x)\geqq \underline{f}_n(x)$ であり、$\overline{f}_n(x)-\underline{f}_n(x)=|\overline{f}_n(x)-f(x)|+|\underline{f}_n(x)-f(x)|$ より次を得る。

定理 C.2.3 D 上で f が連続 $\Longleftrightarrow$ $\{\overline{f}_n\}$, $\{\underline{f}_n\}$ が共に D 上で f に各点収束する。

定義 C.2.4 (**一様収束**) 関数列 $\{g_n\}$ が f に **一様収束** するとは次が成立することである。

$$\lim_{n\longrightarrow\infty}\ \sup_{x\in D}\{g_n(x)-f(x)\}=0$$

一様収束の定義では、D の各点 x での極限 $g_n(x)-f(x)\longrightarrow 0$ が分かるだけでなく、収束のスピードも D のすべての点 x で概ね同様だと思える。上の定義から、次を得る。

定理 C.2.5 D 上で f が一様連続 $\Longleftrightarrow$ $\{\overline{f}_n\}$, $\{\underline{f}_n\}$ が共に D 上で f に一様収束する。

次に一様収束と（一様）連続性との関係を述べる。

定理 C.2.6 D 上の関数列 $\{g_n\}$ が D 上の関数 f に一様収束すれば、次が成立する。

(1) 関数列 $\{g_n\}$ が D 上連続関数の列ならば、f も D 上連続である。

(2) 関数列 $\{g_n\}$ が D 上一様連続関数の列ならば、f も D 上一様連続である。

証明: (1) g_m の連続性と関数列 $\{g_m\}$ が f に一様収束することから、各点 $a\in D$ で

$$\begin{aligned}&\sup\{\,|f(x)-f(a)|\mid 0<|x-a|<1/n,\ x\in D\,\}\\&\leqq \sup_{0<|x-a|<1/n,\,x\in D}\{|f(x)-g_m(x)|+|g_m(x)-g_m(a)|+|g_m(a)-f(a)|\}\\&\leqq 2\sup_{x\in D}\{|g_m(x)-f(x)|\}+\sup_{0<|x-a|<1/n,\ x\in D}\{|g_m(x)-g_m(a)|\}\longrightarrow 0\end{aligned}$$

が（前半は一様収束性から、後半は g_m の連続性から）従い、f は D 全体で連続である。

(2) 同様に g_m の一様連続性と関数列 $\{g_m\}$ が f に一様収束することから

$$\begin{aligned}&\sup\{|f(x)-f(y)|\mid 0<|x-y|<2/n,\ x,y\in D\}\\&\leqq \sup_{0<|x-y|<2/n,\ x,y\in D}\{|f(x)-g_m(x)|+|g_m(x)-g_m(y)|+|g_m(y)-f(y)|\}\\&\leqq 2\sup_{y\in D}\{|g_m(y)-f(y)|\}+\sup_{0<|x-y|<2/n,\ x,y\in D}\{|g_m(x)-g_m(y)|\}\longrightarrow 0\end{aligned}$$

が従うから、f は D 上一様連続である。 終り.

C.3 特殊値の級数表示

まず、$\dfrac{\pi}{4}=\displaystyle\int_0^1 \frac{1}{1+t^2}\,dt$ の被積分関数は例 1.2.21 より次の絶対収束する級数で表せる。

$$\frac{1}{1+t^2}=1-t^2+t^4-\cdots=\lim_{n\to\infty}\sum_{i=0}^{n}(-1)^i t^{2i},\ |t|<1$$

部分和 $f_n(t)=\sum_{i=0}^{n}(-1)^i t^{2i}=1-t^2+\cdots+(-1)^n t^{2n}$ は、$(-1,1)$ の各点で $\frac{1}{1+t^2}$ に収束し、

$$0\leqq(1-t^2)(\sum_{i=0}^{m-1}t^{4i})+t^{4m}=\sum_{i=0}^{2m}(-1)^i t^{2i}=1-(1-t^2)(t^2\sum_{i=0}^{m-1}t^{4i})\leqq 1,$$

$$0\leqq(1-t^2)(\sum_{i=0}^{m}t^{4i})=\sum_{i=0}^{2m+1}(-1)^i t^{2i}=1-(1-t^2)(t^2\sum_{i=0}^{m-1}t^{4i})-t^{4m+2}\leqq 1$$

より、$[0,1]$ 上で $0\leqq f_n\leqq 1$ を満たし、定理 4.2.10 と $\int_0^1 0\,dt=0,\ \int_0^1 1\,dt=1$ より

$$\begin{aligned}\int_0^1\frac{1}{1+t^2}\,dt &=\lim_{n\to\infty}\int_0^1 f_n(t)\,dt=\lim_{n\to\infty}\int_0^1\sum_{i=0}^{n}(-1)^i t^{2i}\,dt\\ &=\lim_{n\to\infty}\sum_{i=0}^{n}(-1)^i\cdot\int_0^1 t^{2i}\,dt=\sum_{i=0}^{\infty}\frac{(-1)^i}{2i+1}=1-\frac{1}{3}+\frac{1}{5}-\frac{1}{7}+\cdots\end{aligned}$$

となり、問 B.5.4 より次の公式（**Madhava-Gregory-Leibniz 級数**）が得られる。

$$\frac{\pi}{4}=\sum_{i=0}^{n}\frac{(-1)^i}{2i+1}=1-\frac{1}{3}+\frac{1}{5}-\frac{1}{7}+\cdots$$

次に $\log 2=\displaystyle\int_0^1\frac{1}{1+t}\,dt$ の被積分関数も次の絶対収束する級数で表せる：

$$\frac{1}{1+t}=\sum_{i=0}^{\infty}(-t)^i=\lim_{n\to\infty}\sum_{i=0}^{n}(-1)^i t^i,\quad |t|<1.$$

部分和 $g_n(t)=\sum_{i=0}^{n}(-1)^i t^i$ は、$(-1,1)$ の各点で $g(t)=\frac{1}{1+t}$ に収束し、$[0,1]$ 上で $0\leqq g_n\leqq 1$ を満たすから、定理 4.2.10 より次の公式（**Newton-Mercator 級数**）が得られる。

$$\log 2=\int_0^1\frac{1}{1+t}\,dt=\lim_{n\to\infty}\sum_{i=0}^{n}(-1)^i\cdot\int_0^1 t^i\,dt=\sum_{i=0}^{\infty}\frac{(-1)^i}{i+1}$$

これらの公式の収束は非常に遅く、積分の特殊値の計算に際しては現実的には役に立たないのであるが、次の **Euler 変換** を施すことで収束の速度は劇的に改善される。

定義 C.3.1 (Euler) 正数の数列 $\{a_n\}$ に対して、$\sum_{k=1}^{\infty}\frac{(-1)^{k-1}}{2^k}\Delta_k^{k-1}\{a_\ell\}$ を交代級数 $\sum_{k=1}^{\infty}(-1)^{k-1}a_k$ の **Euler 変換** と呼ぶ。実は Euler 変換によって級数の和は変化しないことが知られている。

問 C.3.2 次の正数列 $\{a_n\}$ に対して、交代級数 $\sum_{k=1}^{\infty}(-1)^{k-1}a_k$ の Euler 変換を求めなさい。

(1) $a_n=\frac{1}{n}$　　(2) $a_n=\frac{1}{2n-1}$　　(3) $a_n=\frac{1}{4n-3}$

C.4 スカラー場とベクトル場

四元関数 空間ベクトルの外積“×”は右手系により、また内積“・”は“なす角”を用いて定められる。以下、$\mathbb{i}=(1,0,0)$, $\mathbb{j}=(0,1,0)$, $\mathbb{k}=(0,0,1)$ とし、$\mathbb{a}, \mathbb{b}, \mathbb{c}$ は空間ベクトルとする：

$$
\begin{aligned}
&(\text{外積})\quad \mathbb{i}\times\mathbb{j}=\mathbb{k},\quad \mathbb{j}\times\mathbb{k}=\mathbb{i},\quad \mathbb{k}\times\mathbb{i}=\mathbb{j},\quad \mathbb{i}\times\mathbb{i}=\mathbb{j}\times\mathbb{j}=\mathbb{k}\times\mathbb{k}=\mathbb{0},\\
&\qquad (\mathbb{a}+\mathbb{b})\times\mathbb{c}=\mathbb{a}\times\mathbb{c}+\mathbb{b}\times\mathbb{c},\qquad \mathbb{b}\times\mathbb{a}=-\mathbb{a}\times\mathbb{b},\\
&(\text{内積})\quad \mathbb{i}\cdot\mathbb{j}=\mathbb{j}\cdot\mathbb{k}=\mathbb{k}\cdot\mathbb{i}=0,\qquad \mathbb{i}\cdot\mathbb{i}=\mathbb{j}\cdot\mathbb{j}=\mathbb{k}\cdot\mathbb{k}=1,\\
&\qquad (\mathbb{a}+\mathbb{b})\cdot\mathbb{c}=\mathbb{a}\cdot\mathbb{c}+\mathbb{b}\cdot\mathbb{c},\qquad \mathbb{b}\cdot\mathbb{a}=\mathbb{a}\cdot\mathbb{b}
\end{aligned}
$$

これらの性質から、次の命題が直ちに得られる。

命題 C.4.1 $\mathbb{a}=(a_1,a_2,a_3)$, $\mathbb{b}=(b_1,b_2,b_3)$ は次を満たす。

(1) $\mathbb{a}\times\mathbb{b}=(a_2{\cdot}b_3-a_3{\cdot}b_2, a_3{\cdot}b_1-a_1{\cdot}b_3, a_1{\cdot}b_2-a_2{\cdot}b_1)$ (2) $\mathbb{a}\cdot\mathbb{b}=a_1{\cdot}b_1+a_2{\cdot}b_2+a_3{\cdot}b_3$

略証: (1) は $\mathbb{a}\times\mathbb{b}=(a_1{\cdot}\mathbb{i}+a_2{\cdot}\mathbb{j}+a_3{\cdot}\mathbb{k})\times(b_1{\cdot}\mathbb{i}+b_2{\cdot}\mathbb{j}+b_3{\cdot}\mathbb{k})=(a_2{\cdot}b_3-a_3{\cdot}b_2){\cdot}\mathbb{i}+(a_3{\cdot}b_1-a_1{\cdot}b_3){\cdot}\mathbb{j}+(a_1{\cdot}b_2-a_2{\cdot}b_1){\cdot}\mathbb{k}=(a_2{\cdot}b_3-a_3{\cdot}b_2, a_3{\cdot}b_1-a_1{\cdot}b_3, a_1{\cdot}b_2-a_2{\cdot}b_1)$ に従う。(2) も同様である。終り.

問 C.4.2 $(\frac{\partial x}{\partial u},\frac{\partial y}{\partial u},\frac{\partial z}{\partial u})\times(\frac{\partial x}{\partial v},\frac{\partial y}{\partial v},\frac{\partial z}{\partial v})=(\frac{\partial(y,z)}{\partial(u,v)},\frac{\partial(z,x)}{\partial(u,v)},\frac{\partial(x,y)}{\partial(u,v)})$ を示しなさい。

さて、$\mathbb{R}^d$ 内の領域 Ω 上の関数を考える。Ω 上の通常の関数を、Ω 上で空間ベクトルに値を取るベクトル関数と対比してスカラー関数と呼ぶことがある。本書では、Ω 上のスカラー関数 ϕ とベクトル関数 $\mathbb{F}$ を組にして扱うとき $\phi\oplus\mathbb{F}$ で表し、Ω 上の **四元（ベクトル）関数** と呼ぶ。ただし、$\phi\oplus\mathbb{0}$ をスカラー関数 ϕ と、また $0\oplus\mathbb{F}$ をベクトル関数 $\mathbb{F}$ と同一視することがある。

例 C.4.3 運動量ベクトルはベクトル関数を、エネルギー量はスカラー関数を与える。

定義 C.4.4 スカラー関数 ϕ, ψ、ベクトル関数 $\mathbb{F}$, $\mathbb{G}$ に対して、**四元積**“$\hat{\times}$”を次で定める。

$$(\phi\oplus\mathbb{F})\hat{\times}(\psi\oplus\mathbb{G})=(\phi{\cdot}\psi-\mathbb{F}\cdot\mathbb{G})\oplus(\phi{\cdot}\mathbb{G}+\psi{\cdot}\mathbb{F}+\mathbb{F}\times\mathbb{G})$$

また複素数に倣って $\Phi=\phi\oplus\mathbb{F}$ に対して $\overline{\Phi}=\phi\oplus(-\mathbb{F})$, $\|\Phi\|=\sqrt{\phi^2+\|\mathbb{F}\|^2}$ と置く。

定理 C.4.5 四元関数 Φ, Ψ, Ξ ($\Phi=\phi\oplus\mathbb{F}$, $\mathbb{F}=(f,g,h)$) に対して次が成立する。

(1) $\Phi\hat{\times}1=\Phi=1\hat{\times}\Phi$ (2) $(\Psi+\Xi)\hat{\times}\Phi=\Psi\hat{\times}\Phi+\Xi\hat{\times}\Phi$, $\Phi\hat{\times}(\Psi+\Xi)=\Phi\hat{\times}\Psi+\Phi\hat{\times}\Xi$

(3) $\Phi\hat{\times}\overline{\Phi}=\overline{\Phi}\hat{\times}\Phi=\|\Phi\|^2=\phi^2+f^2+g^2+h^2$ (4) $\|\Phi\hat{\times}\Psi\|=\|\Phi\|{\cdot}\|\Psi\|$

注 C.4.6 定理 C.4.5 の結果をもたらすベクトル積は $\mathbb{R}^3$ 以外では $\mathbb{R}^7$ にしか存在しない。

定理 C.4.7 四元関数 Φ, Ψ, Ξ の四元積はまた、公式 $(\Phi\hat{\times}\Psi)\hat{\times}\Xi=\Phi\hat{\times}(\Psi\hat{\times}\Xi)$ も満たす。

問 C.4.8 上の定理 C.4.5, C.4.7 を証明しなさい。

開区間 $\Omega \subset \mathbb{R}$ 上の 1 変数 C^r 級スカラー関数 $\phi(t)$ と 1 変数 C^r 級ベクトル関数 $\mathbb{F}(t) = (f_1(t), f_2(t), f_3(t))$ から定まる 1 変数四元関数 $\Phi(t) = \phi(t) \oplus \mathbb{F}(t)$ の微分を次で定める（$r \geqq 1$）：

$$\frac{d}{dt}\Phi(t) = \Big(\frac{d}{dt}\phi(t)\Big) \oplus \frac{d}{dt}\mathbb{F}(t), \qquad \frac{d}{dt}\mathbb{F}(t) = \Big(\frac{d}{dt}f_1(t), \frac{d}{dt}f_2(t), \frac{d}{dt}f_3(t)\Big)$$

さらに、$\Omega \subset \mathbb{R}^d$ の場合の偏微分についても同様な形で定める。

次に 1 変数 C^r 級スカラー関数 $\phi(t)$, $\psi(t)$ と 1 変数 C^r 級ベクトル関数 $\mathbb{F}(t)$, $\mathbb{G}(t)$ を取る。ただし、$r \geqq 1$ とする。このとき、次は簡単に確かめることができるので、証明は省略する。

定理 C.4.9 $\Phi(\mathbb{x}) = \phi(\mathbb{x}) \oplus \mathbb{F}(\mathbb{x})$, $\Psi(\mathbb{x}) = \psi(\mathbb{x}) \oplus \mathbb{G}(\mathbb{x})$ に対して次が成立する。

(スカラー倍) $\frac{d}{dt}\big(\phi(t) \cdot \mathbb{G}(t)\big) = \big(\frac{d}{dt}\phi(t)\big) \cdot \mathbb{G}(t) + \phi(t) \cdot \frac{d}{dt}\mathbb{G}(t)$

(内積) $\frac{d}{dt}\big(\mathbb{F}(t) \cdot \mathbb{G}(t)\big) = \big(\frac{d}{dt}\mathbb{F}(t)\big) \cdot \mathbb{G}(t) + \mathbb{F}(t) \cdot \frac{d}{dt}\mathbb{G}(t)$

(外積) $\frac{d}{dt}\big(\mathbb{F}(t) \times \mathbb{G}(t)\big) = \big(\frac{d}{dt}\mathbb{F}(t)\big) \times \mathbb{G}(t) + \mathbb{F}(t) \times \frac{d}{dt}\mathbb{G}(t)$

(四元積) $\frac{d}{dt}\big(\Phi(t) \hat{\times} \Psi(t)\big) = \big(\frac{d}{dt}\Phi(t)\big) \hat{\times} \Psi(t) + \Phi(t) \hat{\times} \frac{d}{dt}\Psi(t)$

領域 $\Omega \in \mathbb{R}^d$ 上の C^r 級スカラー関数 $\phi(\mathbb{x})$, $\psi(\mathbb{x})$ と C^r 級ベクトル関数 $\mathbb{F}(\mathbb{x}), \mathbb{G}(\mathbb{x}) \in \mathbb{R}^3$ を取ると、定理 C.4.9 より次を得る。ただし、$\mathbb{x} = (x_1, \dots, x_d)$ とする。

定理 C.4.10 $\Phi(\mathbb{x}) = \phi(\mathbb{x}) \oplus \mathbb{F}(\mathbb{x})$, $\Psi(\mathbb{x}) = \psi(\mathbb{x}) \oplus \mathbb{G}(\mathbb{x})$ に対して次が成立する。

(スカラー倍) $\frac{\partial}{\partial x_i}\big(\phi(\mathbb{x}) \cdot \mathbb{G}(\mathbb{x})\big) = \big(\frac{\partial}{\partial x_i}\phi(\mathbb{x})\big) \cdot \mathbb{G}(\mathbb{x}) + \phi \cdot \frac{\partial}{\partial x_i}\mathbb{G}(\mathbb{x})$

(内積) $\frac{\partial}{\partial x_i}\big(\mathbb{F}(\mathbb{x}) \cdot \mathbb{G}(\mathbb{x})\big) = \big(\frac{\partial}{\partial x_i}\mathbb{F}(\mathbb{x})\big) \cdot \mathbb{G}(\mathbb{x}) + \mathbb{F}(\mathbb{x}) \cdot \frac{\partial}{\partial x_i}\mathbb{G}(\mathbb{x})$

(外積) $\frac{\partial}{\partial x_i}\big(\mathbb{F}(\mathbb{x}) \times \mathbb{G}(\mathbb{x})\big) = \big(\frac{\partial}{\partial x_i}\mathbb{F}(\mathbb{x})\big) \times \mathbb{G}(\mathbb{x}) + \mathbb{F}(\mathbb{x}) \times \frac{\partial}{\partial x_i}\mathbb{G}(\mathbb{x})$

(四元積) $\frac{\partial}{\partial x_i}\big(\Phi(\mathbb{x}) \hat{\times} \Psi(\mathbb{x})\big) = \big(\frac{\partial}{\partial x_i}\Phi(\mathbb{x})\big) \hat{\times} \Psi(\mathbb{x}) + \Phi(\mathbb{x}) \hat{\times} \frac{\partial}{\partial x_i}\Psi(\mathbb{x})$

スカラー場とベクトル場　空間（または平面）の領域 $\Omega \subset \mathbb{R}^d$（$d = 2, 3$）上の d 個の C^r 級 d 変数関数の組 $\mathbb{F} = (f_1, \dots, f_d)$ を C^r 級 **ベクトル場** と呼び、同じ $\Omega \subset \mathbb{R}^d$ 上の C^r 級 d 変数関数を C^r 級 **スカラー場** と呼ぶ。本節では以後、$r \geqq 1$ とし、空間（$d = 3$）の場合を主に扱う。

例 C.4.11　電磁ベクトルポテンシャルはベクトル場、クーロンポテンシャルはスカラー場である。

定義 C.4.12　空間領域 V 上の C^r 級ベクトル場 $\mathbb{F} = (f, g, h)$ と C^r 級スカラー場 ϕ に対して

(1) $\mathrm{grad}\,\phi = (\phi_x, \phi_y, \phi_z)$　(2) $\mathrm{rot}\,\mathbb{F} = (h_y - g_z, f_z - h_x, g_x - f_y)$　(3) $\mathrm{div}\,\mathbb{F} = f_x + g_y + h_z$

により C^{r-1} 級ベクトル場 $\mathrm{grad}\,\phi$, $\mathrm{rot}\,\mathbb{F}$ と C^{r-1} 級スカラー場 $\mathrm{div}\,\mathbb{F}$ を定める。

注 C.4.13 $\mathrm{grad}\,\phi$ は ϕ の勾配、$\mathrm{rot}\,\mathbb{F}$ は $\mathbb{F}$ の回転、$\mathrm{div}\,\mathbb{F}$ は $\mathbb{F}$ の発散と呼ばれる。特に $\phi' = \mathrm{grad}\,\phi$ であり、$d\mathbb{x} = (dx, dy, dz)$, $d\mathbb{x}{\wedge}d\mathbb{x} = (dy{\wedge}dz, dz{\wedge}dx, dx{\wedge}dy)$ とすると、次が成立する。

(1) $d\phi = \mathrm{grad}\,\phi \cdot d\mathbb{x}$　(2) $\omega = \mathbb{F} \cdot d\mathbb{x}$ のとき $d\omega = \mathrm{rot}\,\mathbb{F} \cdot d\mathbb{x}{\wedge}d\mathbb{x}$

(3) $\omega = \mathbb{F} \cdot d\mathbb{x}{\wedge}d\mathbb{x}$ のとき $d\omega = \mathrm{div}\,\mathbb{F}{\cdot}dx\,dy\,dz$（$dx{\wedge}dy{\wedge}dz{=}dx\,dy\,dz$ と考える）

定義 C.4.14 平面領域 D 上の C^r 級ベクトル場 $\mathbb{F} = (f, g)$ と C^r 級スカラー場 ϕ に対して

(1) $\mathrm{grad}_2\,\phi = (\phi_x, \phi_y)$　(2) $\mathrm{rot}_2\,\mathbb{F} = g_x - f_y$　により $\mathrm{grad}_2\,\phi$ と $\mathrm{rot}_2\,\mathbb{F}$ を定める。

注 C.4.15 平面上でも $d\mathbb{x} = (dx, dy)$ かつ $dx{\wedge}dy{=}dx\,dy$ とすると、次が成立する。

(1) $d\phi = \mathrm{grad}_2\,\phi \cdot d\mathbb{x}$　(2) $\omega = \mathbb{F} \cdot d\mathbb{x}$ のとき $d\omega = \mathrm{rot}_2\,\mathbb{F}{\cdot}dx\,dy$

問 C.4.16 C^2 級ベクトル場 $\mathbb{F}$ と C^2 級関数 ϕ に対して、次を確かめなさい。

(1) $\mathrm{rot}\,\mathrm{grad}\,\phi = \mathbb{0}$（恒等的に零ベクトル）　(2) $\mathrm{div}\,\mathrm{rot}\,\mathbb{F} = 0$（恒等的に 0）

問 C.4.17 $\nabla = (\frac{\partial}{\partial x}, \frac{\partial}{\partial y}, \frac{\partial}{\partial z})$ と表すとき、次が 形式的 に成立することを確かめなさい。

(1) $\mathrm{grad}\,\phi = \nabla\phi$（成分毎に）　(2) $\mathrm{rot}\,\mathbb{F} = \nabla \times \mathbb{F}$（外積）　(3) $\mathrm{div}\,\mathbb{F} = \nabla \cdot \mathbb{F}$（内積）

問 C.4.18 定理 5.3.3、5.3.4、5.3.5、5.3.6 を、①本節で導入した記号、②内積や外積、③（正の向きの）単位接ベクトルや単位法線ベクトル、④曲線積分や曲面積分、を用いて記述しなさい。

勾配　空間領域 V 上の C^1 級スカラー場 ϕ に対して、点 $\mathbb{a}{\in}V$ でのベクトル $\mathbb{v}$ 方向の方向微分 $\partial_{\mathbb{v}}\phi(\mathbb{a}) = \mathbb{v} \cdot \mathrm{grad}\,\phi(\mathbb{a})$ は次（等号は $\mathbb{v}$ と $\mathrm{grad}\,\phi(\mathbb{a})$ が平行かつ同じ向きの場合）を満たす。

$$\partial_{\mathbb{v}}\phi(\mathbb{a}) \leqq \|\mathbb{v}\|{\cdot}\|\mathrm{grad}\,\phi(\mathbb{a})\|$$

右辺の $\mathbb{v}$ が $\mathrm{grad}\,\phi(\mathbb{a})$ と同じ方向・向きの単位ベクトルならば、$\partial_{\mathbb{v}}\phi(\mathbb{a}) = \|\mathrm{grad}\,\phi(\mathbb{a})\|$ を得る。

定理 C.4.19 点 $\mathbb{a}{\in}V$ での勾配ベクトル $\mathrm{grad}\,\phi(\mathbb{a})$ の方向・向きは、$\phi(\mathbb{x})$ の変化率が最も大きくなる方向・向きであり、$\mathrm{grad}\,\phi(\mathbb{a})$ の大きさはその方向・向きでの ϕ の変化率を表す。

命題 C.4.20 C^1 級のスカラー場 ϕ, ψ と実数 α, β に対して、次が成立する。

(1) $\mathrm{grad}(\alpha{\cdot}\phi{+}\beta{\cdot}\psi) = \alpha{\cdot}\mathrm{grad}\,\phi + \beta{\cdot}\mathrm{grad}\,\psi$　(2) $\mathrm{grad}(\phi{\cdot}\psi) = \psi{\cdot}\mathrm{grad}\,\phi + \phi{\cdot}\mathrm{grad}\,\psi$

問 C.4.21 上の命題 C.4.20 を証明しなさい。

さて、曲面 $S : \phi(\mathbb{x}) = c$ に対して、$\mathrm{grad}\,\phi(\mathbb{x}) \neq \mathbb{0}$ となる点 $\mathbb{x}$ が S の正則点である。接平面の式 (3.3.1) から、正則点 $\mathbb{a}{\in}S$ での接平面 L の方程式は次のとおりである：

$$L \ : \ \mathrm{grad}\,\phi(\mathbb{a}) \cdot (\mathbb{x}{-}\mathbb{a}) = 0$$

定理 C.4.22 スカラー場 ϕ とその等高面 $S : \phi(\mathbb{x}) = c$ の正則点 $\mathbb{a}$ に対して、$\mathrm{grad}\,\phi(\mathbb{a})$ は S の $\mathbb{a}$ での接平面 $L : \mathrm{grad}\,\phi(\mathbb{a}) \cdot (\mathbb{x}-\mathbb{a}) = 0$ の $\mathbb{0}$ でない法線ベクトルを与える。

回転　空間領域 V 上 C^1 級のベクトル場 $\mathbb{F}$ と点 $\mathbb{a}\in V$ と単位ベクトル $\mathbb{w}$ に対して、$\mathbb{a}$ を通り $\mathbb{w}$ と垂直な平面 $H : \mathbb{w} \cdot (\mathbb{x}-\mathbb{a}) = 0$ 上に中心 $\mathbb{a}$ 半径 $1/n$ の閉曲線 C と C を境界とする円板 $D\subset V$ を取る。そこで、$\omega = \mathbb{F} \cdot d\mathbb{x}$ と置くと定義 5.2.5 より $d\omega = \mathrm{rot}\,\mathbb{F} \cdot d\mathbb{x}{\wedge}d\mathbb{x} = (\mathrm{rot}\,\mathbb{F} \cdot \mathbb{w})\,d\alpha$ であり、一方で Stokes の定理から $\displaystyle\oint_C \omega = \iint_D d\omega$ を得る。さらに定理 4.2.12 を用いて次を得る：

$$\lim_{n\to\infty} \frac{1}{\mu(D)} \oint_C \omega = \lim_{n\to\infty} \frac{1}{\mu(D)} \iint_D (\mathrm{rot}\,\mathbb{F} \cdot \mathbb{w})\,d\alpha = \lim_{\mathbb{p}\to\mathbb{a}} \mathrm{rot}\,\mathbb{F}(\mathbb{p}) \cdot \mathbb{w} = \mathrm{rot}\,\mathbb{F}(\mathbb{a}) \cdot \mathbb{w}$$

左辺は点 $\mathbb{a}$ のすぐ脇に小さな風車を置いて、ベクトル場 $\mathbb{F}$ で与えられる風がそこを通り抜ける量を表し、右辺は $\mathbb{w}$ が $\mathrm{rot}\,\mathbb{F}(\mathbb{a})$ に平行かつ同じ向きとなるときに最大値 $\|\mathrm{rot}\,\mathbb{F}(\mathbb{a})\|$ を取る。

定理 C.4.23 点 $\mathbb{a}$ のすぐ脇の点 $\mathbb{p}$ に $\mathbb{u} = \mathbb{p}-\mathbb{a}$ と直交する向き $\mathbb{v}$ を向く風車を置くとき、C^1 級ベクトル場 $\mathbb{F}$ の点 $\mathbb{a}$ での回転 $\mathrm{rot}\,\mathbb{F}$ は、ベクトル場 $\mathbb{F}$ で与えられる風が風車を通り抜ける量が最大となる $\mathbb{u}, \mathbb{v}$ を取ると、向きが $\mathbb{w}=\mathbb{u}\times\mathbb{v}$ と、また大きさが風量と同じである。

命題 C.4.24 C^1 級ベクトル場 $\mathbb{F}, \mathbb{G}$ と C^1 級のスカラー場 ϕ に対して、次が成立する。

(1) $\mathrm{rot}(\alpha{\cdot}\mathbb{F}+\beta{\cdot}\mathbb{G}) = \alpha{\cdot}\mathrm{rot}\,\mathbb{F} + \beta{\cdot}\mathrm{rot}\,\mathbb{G}\ (\alpha, \beta\in\mathbb{R})$　(2) $\mathrm{rot}(\phi{\cdot}\mathbb{F}) = \mathrm{grad}\,\phi \times \mathbb{F} + \phi{\cdot}\mathrm{rot}\,\mathbb{F}$

問 C.4.25　上の命題 C.4.24 を証明しなさい。

発散　空間領域 V 上 C^1 級のベクトル場 $\mathbb{F}$ と点 $\mathbb{a}\in V$ と中心 $\mathbb{a}$ 半径 $1/n$ の閉球面 S と S を境界とする閉球 $B\subset V$ を取り $\omega = \mathbb{F}\,d\mathbb{x}{\wedge}d\mathbb{x}$ と置くと、$d\omega = \mathrm{div}\,\mathbb{F}{\cdot}dx\,dy\,dz$ であり、一方で Gauss の定理から $\displaystyle\int_S \omega = \iint_B d\omega$ である。さらに定理 4.2.12 を用いて次を得る：

$$\lim_{n\to\infty} \frac{1}{\mu(B)} \iint_S \omega = \lim_{n\to\infty} \frac{1}{\mu(B)} \iiint_B \mathrm{div}\,\mathbb{F}{\cdot}dx\,dy\,dz = \lim_{\mathbb{p}\to\mathbb{a}} \mathrm{div}\,\mathbb{F}(\mathbb{p}) = \mathrm{div}\,\mathbb{F}(\mathbb{a})$$

左辺は点 $\mathbb{a}$ から、ベクトル場 $\mathbb{F}$ で与えられる流れが球面 S を通り抜ける量を表す。

定理 C.4.26 C^1 級ベクトル場 $\mathbb{F}$ の点 $\mathbb{a}$ での発散 $\mathrm{div}\,\mathbb{F}$ は、点 $\mathbb{a}$ を中心とする微小球面上でのベクトル場 $\mathbb{F}$ に沿う『湧き出し（値が正のとき）／吸い込み（値が負のとき）』量を表す。

命題 C.4.27 C^1 級ベクトル場 $\mathbb{F}, \mathbb{G}$ と C^1 級のスカラー場 ϕ に対して、次が成立する。

(1) $\mathrm{div}(\alpha{\cdot}\mathbb{F}+\beta{\cdot}\mathbb{G}) = \alpha{\cdot}\mathrm{div}\,\mathbb{F} + \beta{\cdot}\mathrm{div}\,\mathbb{G}\ (\alpha, \beta\in\mathbb{R})$　(2) $\mathrm{div}(\phi{\cdot}\mathbb{F}) = \mathrm{grad}\,\phi \cdot \mathbb{F} + \phi{\cdot}\mathrm{div}\,\mathbb{F}$

問 C.4.28　上の命題 C.4.27 を証明しなさい。

C.5 曲線と曲面の基本量

曲線 曲線 $C:(x,y,z)=\gamma(t),\ \ t\in I=[a,b]$ を正則曲線とする。まずベクトル関数 $\gamma(t)$ の導関数ベクトル $\gamma'(t)=\frac{d}{dt}\gamma(t)$ は接線方向を向き、その大きさが曲線の伸縮の割合を与える。

定義 C.5.1 (**弧長パラメータ表示**) $s=s(t):=\displaystyle\int_a^t \|\gamma'(u)\|\,du$ と置く。

$\|\gamma'(t)\|>0$ より s は I 上で狭義単調増加かつ $\dfrac{ds}{dt}=\|\gamma'(t)\|\neq 0$ を満たす。そこで $t=t(s)$ をその逆関数とすると、$\dfrac{dt}{ds}=\frac{1}{\|\gamma'(t(s))\|}$ より $\dot{\gamma}(s)=\frac{d}{ds}\gamma(t(s))$ は $\|\dot{\gamma}(s)\|=1$ を満たす。

定義 C.5.2 (**単位接ベクトル**) $\mathbb{e}_1=\mathbb{e}_1(s):=\dot{\gamma}(s)$ を曲線 C の **単位接ベクトル** と呼ぶ。

恒等式 $\|\mathbb{e}_1(s)\|^2=1$ の両辺を s で微分すると、$\|\mathbb{e}_1(s)\|^2=\mathbb{e}_1(s)\cdot\mathbb{e}_1(s)$（内積）に注意して $\mathbb{e}_1(s)\cdot\frac{d}{ds}\mathbb{e}_1(s)=0$ を得る。すなわち $\mathbb{e}_1(s)$ の変化は曲線 C の接線方向に垂直である。

定義 C.5.3 (**曲率**) $\mathbb{k}=\mathbb{k}(s):=\frac{d}{ds}\mathbb{e}_1(s)$ を曲線 C の **曲率ベクトル** と呼び、またその大きさ $\kappa=\kappa(s):=\|\mathbb{k}(s)\|=\|\frac{d}{ds}\mathbb{e}_1(s)\|$ を C の **曲率** と呼ぶ。

定義 C.5.4 (**主法線ベクトル**) $\mathbb{e}_2(s)=\frac{1}{\|\frac{d}{ds}\mathbb{e}_1(s)\|}\cdot\frac{d}{ds}\mathbb{e}_1(s)$ を C の **主法線ベクトル** と呼ぶ。

もちろん、曲線が直進するのならば曲率ベクトルは零ベクトルとなり、主法線ベクトルは確定しない。そこで、これ以後は曲線が直進していない $\kappa(s)\neq 0$ となる場所で考える。

定義 C.5.5 (**従法線ベクトル**) $\mathbb{e}_3:=\mathbb{e}_1\times\mathbb{e}_2$（外積）を C の **従法線ベクトル** と呼ぶ。

用語 C.5.6 (**動標構**) 曲線 C の進行に従って変化する空間の軸（3 次元数ベクトル空間 $\mathbb{R}^3$ の正規直交基底）$[\mathbb{e}_1(s),\mathbb{e}_2(s),\mathbb{e}_3(s)]$ を C の **Frenet-Serret の動標構** と呼ぶ。

定義 C.5.7 (**捩率**) $\tau=\tau(s):=\mathbb{e}_3\cdot\frac{d}{ds}\mathbb{e}_2$（内積）を C の **捩率**（ねじれ具合を表す）と呼ぶ。

まず $\mathbb{e}_2$ も長さが 1 であるので、$\frac{d}{ds}\mathbb{e}_2\cdot\mathbb{e}_2=0$ である。一方 $\mathbb{e}_1\cdot\mathbb{e}_2=0$ より $\kappa\mathbb{e}_2\cdot\mathbb{e}_2+\mathbb{e}_1\cdot\frac{d}{ds}\mathbb{e}_2=0$ であり、$\mathbb{e}_1\cdot\frac{d}{ds}\mathbb{e}_2=-\kappa$ を得る。次に $\mathbb{e}_3$ も長さが 1 であったので、$\frac{d}{ds}\mathbb{e}_3\cdot\mathbb{e}_3=0$ である。一方 $\mathbb{e}_1\cdot\mathbb{e}_3=0$ より $\kappa\mathbb{e}_2\cdot\mathbb{e}_3+\mathbb{e}_1\cdot\frac{d}{ds}\mathbb{e}_3=0$ であり、$\mathbb{e}_1\cdot\frac{d}{ds}\mathbb{e}_3=0$ を得る。さらに $\mathbb{e}_2\cdot\mathbb{e}_3=0$ より $\frac{d}{ds}\mathbb{e}_2\cdot\mathbb{e}_3+\mathbb{e}_2\cdot\frac{d}{ds}\mathbb{e}_3=0$ であり、$\mathbb{e}_2\cdot\frac{d}{ds}\mathbb{e}_3=-\tau$ を得る。次が得られた。

定理 C.5.8 (Frenet-Serret) (1) $\frac{d}{ds}\mathbb{e}_1=\kappa\cdot\mathbb{e}_2$ (2) $\frac{d}{ds}\mathbb{e}_2=-\kappa\cdot\mathbb{e}_1+\tau\cdot\mathbb{e}_3$ (3) $\frac{d}{ds}\mathbb{e}_3=-\tau\cdot\mathbb{e}_2$

曲面 曲面 $\Sigma:(x,y,z)=\sigma(u,v)$, $(u,v)\in D$ を正則曲面とする。ベクトル関数 $\sigma(u,v)$ の各方向への方向微分は接線方向のベクトルを与えるから、それら各方向への拡大率を与える方向微分ベクトルの大きさが問題になる。特に基本的となるのが以下の量である。

定義 C.5.9 (**第1基本量**) $E:=\|\sigma_u\|^2$, $F:=(\sigma_u,\sigma_v)$, $G:=\|\sigma_v\|^2$ を Σ の **第1基本量** と呼び、2次微分形式 $E\cdot du\wedge du+F\cdot du\wedge dv+G\cdot dv\wedge dv$ を **第1基本形式** と呼ぶ。

問 C.5.10 $\sigma_u\times\sigma_v=(J(g,h),J(h,f),J(f,g))$ を示しなさい。

以下に見るように、第 I 基本量は接平面内部における長さと面積の尺度を与える。

命題 C.5.11 (1) $\mu(\Sigma)=\iint_D\sqrt{E\cdot G-F^2}\,du\,dv$ が成立する。

(2) 接平面上のベクトル $\mathbb{x}=x\sigma_u+y\sigma_v$ は $\|\mathbb{x}\|^2=E\cdot x^2+2F\cdot xy+G\cdot y^2$ を満たす。

証明:(1) σ_u, σ_v のなす角を θ とすると、$\|\sigma_u\times\sigma_v\|^2=\|\sigma_u\|^2\cdot\|\sigma_v\|^2\sin^2\theta=\|\sigma_u\|^2\cdot\|\sigma_v\|^2(1-\cos^2\theta)=\|\sigma_u\|^2\cdot\|\sigma_v\|^2-(\sigma_u,\sigma_v)^2=E\cdot G-F^2$ より $\|\sigma_u\times\sigma_v\|=\sqrt{E\cdot G-F^2}$ が成立する。

(2) 直接計算により $\|\mathbb{x}\|^2=\mathbb{x}\cdot\mathbb{x}=(x\sigma_u+y\sigma_v)\cdot(x\sigma_u+y\sigma_v)=x^2(\sigma_u\cdot\sigma_u)+2xy(\sigma_u\cdot\sigma_v)+y^2(\sigma_v\cdot\sigma_v)=E\cdot x^2+2F\cdot xy+G\cdot y^2$ を得る。 終り.

次に、ベクトル関数 σ の2次偏導関数ベクトルの法線方向の成分の大きさを考察しよう。ここで、単位法線ベクトル $\mathbb{n}$ は $\mathbb{n}=\frac{1}{\|\sigma_u\times\sigma_v\|}\cdot\sigma_u\times\sigma_v$ で与えられることに注意する。

定義 C.5.12 (**第2基本量**) $L:=(\sigma_{uu},\mathbb{n})$, $M:=(\sigma_{uv},\mathbb{n})$, $N:=(\sigma_{vv},\mathbb{n})$ を Σ の **第2基本量** と呼び、2次形式 $L\cdot du\wedge du+M\cdot du\wedge dv+N\cdot dv\wedge dv$ を **第2基本形式** と呼ぶ。

第2基本形式は接平面を xy 平面と考えて、その単位法線ベクトルの方向を z 軸と考えたときに曲面の曲がり具合を表現するものである。しかし接空間と媒介変数の平面とでは長さの尺度(計量)が異なり、そのままでは比較できない。そこでこれを次のように補正する:

定義 C.5.13 **形作用素** $A:=\begin{bmatrix}E&F\\F&G\end{bmatrix}^{-1}\begin{bmatrix}L&M\\M&N\end{bmatrix}$

これを用いて曲面の曲がり具合を表す量 –曲率– が導入される。

定義 C.5.14 (**ガウス曲率**) $K:=\det A=\dfrac{LN-M^2}{EG-F^2}$ (**平均曲率**) $H:=\dfrac{1}{2}\operatorname{tr}A$

問 C.5.15 次で与えられる曲面 Σ(球面である)のガウス曲率と平均曲率を求めよ。

$$\Sigma:(x,y,z)=\sigma(u,v):=(\cos u\sin v,\sin u\sin v,\cos v),\quad -\pi\leqq u\leqq\pi,\ \ 0\leqq v\leqq\pi.$$

C.6 凸関数と Newton 法

定義 C.6.1 開区間 I 上の関数 $f(x)$ が **凸** であるとは、不等式

$$f((1-t)x+ty) \leqq (1-t)f(x) + tf(y), \quad x, y \in I\ (x \neq y),\ t \in (0,1)$$

が成立することである。また、$\leqq$ を $<$ に換えて成立するときは **狭義の凸** であると言う。

定理 C.6.2 $f(x)$ が 点 a を含む開集合 I 上で D^2 級であるとする。I 上で $f''(x) \geqq 0$ ならば、$f(x)$ は I 上で凸であり、I 上で $f''(x) > 0$ ならば、$f(x)$ は I 上で狭義の凸である。

証明: f が凸でないなら、$(1-t)f(a) + tf(b) < f((1-t)a+tb)$ を満たす $a<b,\ 0<t<1$ が取れる。$c=(1-t)a+tb$ と置けば、平均値の定理より $f(c) = f(a) + f'(\lambda)(c-a)$ $(a<\lambda<c)$ であるから、$(1-t)f(a) + tf(b) < f(a) + f'(\lambda)(c-a)$, $c-a = t(b-a)$ より $\frac{f(b)-f(a)}{b-a} < f'(\lambda)$ および $f'(c) = f'(\lambda) + f''(\xi)(c-\lambda) > f'(\lambda) > \frac{f(b)-f(a)}{b-a}$ $(\lambda<\xi<c)$ を得る。したがって Taylor の定理より $f(b) = f(c) + f'(c)(b-c) + f''(\eta)(b-c)^2 > f(a) + f'(\lambda)(c-a) + f'(\lambda)(b-c) > f(a) + \frac{f(b)-f(a)}{b-a}(b-a) = f(b)$ $(c<\eta<b)$ で矛盾となる。狭義の凸の場合も同様である。 終り.

例 C.6.3 $f(x) = |x|$ は $\mathbb{R}$ 上で凸であり、$f(x) = x^2$ は $\mathbb{R}$ 上で狭義の凸である。

定義 C.6.4 $f(x)$ を開区間 I 上の D^1 級関数とし、そのグラフを $\Gamma : y = f(x)$ とする。

(1) Γ が **点** $(c, f(a))$ $(c \in I)$ **で 下に凸** とは、十分小さい c の開近傍 $(a,b) \subset I$ $(a<c<b)$ を取れば、(a,b) 上で $f(x)$ が狭義の凸関数となることである。

(2) Γ が **点** $(c, f(c))$ $(c \in I)$ **で 上に凸** とは、十分小さい c の開近傍 $(a,b) \subset I$ $(a<c<b)$ を取れば、(a,b) 上で $-f(x)$ が狭義の凸関数となることである。

(3) 点 $(c, f(c))$ $(c \in I)$ がグラフ Γ の **変曲点** であるとは、十分小さい c の開近傍 $(a,b) \subset I$ $(a<c<b)$ を取れば、次の i), ii) のいずれか一方が成立することである。

i) (a,c) 上で $f(x)$ が狭義の凸で、(c,b) 上で $-f(x)$ が狭義の凸である。

ii) (a,c) 上で $-f(x)$ が狭義の凸で、(c,b) 上で $f(x)$ が狭義の凸である。

注 C.6.5 $f(x)$ のグラフ Γ は、$(c, f(c))$ で下に凸ならば $x=c$ の近くでは接線より上にあり、$(c, f(c))$ で上に凸ならば $x=c$ の近くでは接線より下にある。さらに $(c, f(c))$ が変曲点ならば $x=c$ の前後で接線より上から下へと、あるいは接線より下から上へとその位置を変える。

定理 C.6.6 関数 $f(x)$ が 点 a を含む開集合 I 上で C^2 級であるとする。

(1) $f''(a) > 0$ ならば、グラフ $\Gamma : y = f(x)$ は点 $(a, f(a))$ で下に凸である。同様に $f''(a) < 0$ ならば、グラフ $\Gamma : y = f(x)$ は点 $(a, f(a))$ で上に凸である。

(2) $x=a$ の前後で $f''(x)$ の符号が変われば、$(a, f(a))$ は変曲点である。

証明:(1) $f''(a) > 0$ のとき、$f''(x)$ の連続性から a の十分近くで $f''(x) > 0$ であり、定理 C.6.2 より下に凸である。$f''(a) < 0$ の場合も同様である。　(2) 上の証明から明らか。　終り.

系 C.6.6.1　関数 $f(x)$ が 点 a を含む開集合 I 上で C^2 級でさらに $f'(a) = 0$ とする。

(1) $f''(a)>0$ ならば $f(x)$ は点 a で極大値 $f(a)$ を取る。

(2) $f''(a)<0$ ならば $f(x)$ は点 a で極小値 $f(a)$ を取る。

定理 C.6.7 (Newton)　開区間 I 上の D^2 級関数 $f(x)$ と $a, b \in I$ が２条件

(1) $f(a) \cdot f(b) < 0$　　(2) $f'(x) \cdot f''(x) > 0$ $(x \in (a, b))$

を満たすならば、次の i), ii) が成立する。

i) $f(x) = 0$ の解 β が (a, b) 内にただ一つ存在する。

ii) $c_1 = b$, $c_{n+1} = c_n - \frac{f(c_n)}{f'(c_n)}$ で定まる狭義単調減少数列 $\{c_n\}$ が $\lim_{n\to\infty} c_n = \beta$ を満たす。

証明: 必要なら $f(x)$ を $-f(x)$ に取り換えることにより、条件 (2) は (2') $f'(x), f''(x)>0$ $(x \in I)$ としてよい。$f(x)=0$ は f が狭義単調より条件 (1) から (a, b) 内に唯一の解 β をもち、定理 C.6.2 より条件 (2') から $f(x)$ は $[a, b]$ 上で狭義の凸である。$n=1$ のとき、$\alpha < b = c_1$ より $f(c_1)>0$ であり、$y=f(x)$ は $(c_1, f(c_1))$ での接線 $y = f(c_1) + f'(c_1)(x-c_1)$ より上にある：

$$f(c_1) > 0 \text{ かつ } f(x) > f(c_1) + f'(c_1)(x-c_1) \ (x \neq c_1)$$

$x=\beta$ を代入して整理すれば $c_1 > c_1 - \frac{f(c_1)}{f'(c_1)} > \beta$ より $\beta < c_2 < c_1$ を得る。以下、同様な考察で $\{c_n\}$ は β を下界とする単調減少数列となるから、$\{c_n\}$ は極限値 $\gamma \in (a, b)$ に収束する。そこで漸化式の極限を取れば $\gamma = \gamma - \frac{f(\gamma)}{f'(\gamma)}$ となるから $f(\gamma)=0$ であり、解の一意性から $\gamma=\beta$ を得る。終り.

系 C.6.7.1　$f(x)=g'(x)$ のとき、$f(x)$, a, b が定理 C.6.7 の条件を満たせば、$g(x)$ は $f(x)$ の (a, b) 内唯一の零点 β において、$f'(\beta)>0$ のとき極小値、$f'(\beta)<0$ のとき極大値を取る。

問 C.6.8　$f(x)$, a, b に Newton 法を適用し、β の近似値 c_4 を有効数字 6 桁以上求めなさい。

(1) $\beta=\sqrt{2}$: $f(x) = x^2-2$, $a=1$, $b=2$　　(2) $\beta=\sqrt[3]{2}$: $f(x) = x^3-2$, $a=1$, $b=2$

問 C.6.9　$g(x)=x^3+x^2-x+3$ の導関数 $f(x)=g'(x)=3x^2+2x-1$, $a=0$, $b=1$ に Newton 法を適用して、$g(x)$ の極値 β の近似値 c_4 を有効数字 6 桁以上求めなさい。

付録 D

論理と論証

最後に述語論理を紹介し、Gentzen により導入された‘正しい論証’の数学的表現を概観します。

D.1　古典論理と ε-δ 論法

命題論理　数理的内容を客観的かつ正確に述べるには、地の文と命題が完全に区別されることが望ましいことは事実であろう。では、命題を記述する部分とはどのようなものなのか？

定義 D.1.1 (**論理記号**) $\neg, \vee, \wedge, \rightarrow, \leftrightarrow$ の五つである。

定義 D.1.2 (**論理式**) **論理式** は、記号や括弧を用いて以下のように定義される。

(命題変数) $p, q, r, \ldots$ といった有限個のアルファベットおよびこれに添字を付けたものである。これら各々は、それ自体が（論理演算記号や括弧を含まない）論理式となる。

(論理演算) $\neg, \vee, \wedge, \rightarrow, \leftrightarrow$ の五つの論理記号の両側（$\neg$ の場合は右側だけ）に、括弧で括った論理式が一つずつ置かれ、これらがまとまって論理式となる。ただし、現実には演算子に優先順位を付けるなどの取り決めを行って括弧を省くことがある。

(論理式) 論理式は上記を再帰的に用いて定まるものに限る。

注 D.1.3 上の定義で論理記号を $\neg, \vee$ のみに限定することもできるが、本質的には変わらない。限定した場合でも、他の演算子 $\wedge, \rightarrow, \leftrightarrow$ を $(A \wedge B) \iff \neg((\neg A) \vee (\neg B))$、$(A \rightarrow B) \iff ((\neg A) \vee B)$、$(A \leftrightarrow B) \iff ((A \rightarrow B) \wedge (B \rightarrow A))$ により導入できる。

論理式は命題変数の真偽値が定まるとその真偽値が一意に決まる、親しみやすい対象である。

述語論理　ここでは 1 階の述語論理についての簡単な解説を行う。述語論理には、理論の環境に依存する部分を **符号** として切り離した形での相対的な定義が与えられる。

定義 D.1.4 (**符号**) 関数を表す記号の集まり F、述語を表す記号の集まり R、それにそれら各々の変数の個数を対応させる $ar : F \cup R \rightarrow \mathbb{N}_0$ の組 (F, R, ar) を **符号** と呼ぶ。ただし、変数の無い述語は $\top$（真），$\perp$（偽）の二つだけである。（変数の無い関数は定義 D.1.5 を参照）

定義 D.1.5 (**項**) **項** は、以下のように定義される。

(変数) $x, y, z, \ldots$ といった有限個の（添字付き）記号であり、各々それ自体で **項** となる。

(定数) 変数の無い関数であり、各々それ自体で **項** となる。

(関数) 括弧 "(", ")" とカンマ "," を用いた $f(t_1, t_2, \ldots, t_n)$ $(n = ar(f))$ の形の n 変数 $(n \geq 1)$ 関数 f の各々の変数に **項** が代入されたものであり、全体として **項** となる。

(項) 項は上記を再帰的に用いて定まるものに限る。

定義 D.1.6 (**原子論理式**) 原子論理式は、⊤ と ⊥、それに n 変数（$n \geq 1$）の述語 r に対して $r(t_1, t_2, \ldots, t_n)$（$n = ar(r)$）という形で、r の各々の変数に **項** が代入されたものである。

以上を用いて、述語論理における論理式と２種類の変数が定められる。

用語 D.1.7 (**量化記号と束縛変数**) ∀, ∃ の二つある。また、この記号により有効範囲の設定された変数が指定される。以下、量化記号で有効範囲の設定された変数を **束縛変数**、そうでない変数を **自由変数** と呼ぶ。有効範囲の重ならない二つの束縛変数は同じ名前でもよい。

定義 D.1.8 **論理式**と**変数の有効範囲** は、以下のように定義される。

(原子論理式) 原子論理式はそれ自体で論理式であり、その変数はすべて自由変数である。

(論理演算) ¬, ∨, ∧, →, ↔ の五つの論理記号の両側（¬ の場合は右側だけ）に、括弧で括った論理式が一つずつ置かれ、これらがまとまって論理式となる。この新しい論理式では、各束縛変数の有効範囲は元のままで、自由変数が束縛変数になることはない。

(量化記号) 自由変数 x を含む論理式 ϕ に対して、$\exists x\ (\phi)$ および $\forall x\ (\phi)$ は論理式となる。この新しい論理式では、変数 x は $\exists x$ や $\forall x$ とこれに続く括弧内を有効範囲（この範囲が前後で明確な場合には、括弧は省略されることが多いが…）とする束縛変数である。

(論理式) 論理式は上記を再帰的に用いて定まるものに限る。

注 D.1.9 命題論理の場合と同様、上の定義で論理記号を ¬, ∨ のみに限定することもできる。

注 D.1.10 上の定義で量化記号を ∃ のみに限定することもできるが、本質的には変わらない。その場合、量化記号 ∀ は $(\forall x\ (\phi)) \iff (\neg(\exists x\ (\neg\phi)))$ により導入される。

注 D.1.11 束縛変数の値が自由変数の値に影響を及ぼすことはないが、自由変数の値は量化記号で束縛された変数の値に影響を及ぼす可能性があり、この影響を無視できない。

注 D.1.12 読みやすさの面から「$\forall x\ ((x \in A) \to \phi)$」を「$\forall x \in A\ \phi$」と、また実数変数の場合に「$\forall x\ ((x * a) \to \phi)$」を「$\forall x * a\ \phi$」（$*$ は大小関係の演算子）と書き表す場合がある。

命題論理から見れば命題変数が述語論理において原子論理式に拡張されるのは自然であり、むしろ量化記号を用いた論理式を取り入れたことに大きな違いがあると言えるだろう。

ε-δ 論法　本書の本文では収束や極限を上極限や下極限を用いて記述するに留めたが、そうする代わりに述語論理と ε-δ 論法に習熟していることを前提にしてこれを自由自在に用いることができるのであれば、さらに洗練された記述による極め細かな操作が可能になる！— はずである。

$$\sup A \geqq m \iff \forall \ell\ ((\forall a \in A\ (a \leqq \ell)) \to (m \leqq \ell))$$
$$\iff \forall \ell < m\ \exists a \in A\ (a > \ell) \iff \forall \varepsilon > 0\ \exists a \in A\ (a > m - \varepsilon)$$
$$\sup A \leqq m \iff \forall a \in A\ (a \leqq m)$$
$$\inf B \leqq m \iff \forall \ell > m\ \exists b \in B\ (b < \ell) \iff \forall \varepsilon > 0\ \exists b \in B\ (b < m + \varepsilon)$$
$$\inf B \geqq m \iff \forall b \in B\ (b \geqq m)$$

これらを用いると、極限に対する ε-δ 論法[D.1]を用いた言い換えが可能になる。

定理 D.1.13 以下の 7 条件は $\lim_{n\to\infty} a_n = \alpha$ と同値である。

(1) $\inf_{n\geqq 1} \sup_{k\geqq 0} |a_{n+k} - \alpha| = 0$ －（本書での定義）　(2) $\inf_{n\geqq 1} \sup_{k\geqq 0} |a_{n+k} - \alpha| \leqq 0$

(3) $\forall \varepsilon > 0\ \ \exists n \in \mathbb{N}_1\ \ (\sup_{k\geqq 0} |a_{n+k} - \alpha| < \varepsilon)$　(4) $\forall \varepsilon > 0\ \ \exists n \in \mathbb{N}_1\ \ (\sup_{k\geqq 0} |a_{n+k} - \alpha| \leqq \varepsilon)$

(5) $\forall \varepsilon > 0\ \ \exists n \in \mathbb{N}_1\ \ \forall k \in \mathbb{N}_0\ \ (|a_{n+k} - \alpha| \leqq \varepsilon)$　(6) $\forall \varepsilon > 0\ \ \exists n \in \mathbb{N}_1\ \ \forall k \in \mathbb{N}_0\ \ (|a_{n+k} - \alpha| < \varepsilon)$

(7) $\forall \varepsilon > 0\ \ \exists n \in \mathbb{N}_1\ \ \forall m \in \mathbb{N}_1\ \ ((m \geqq n) \to (|a_m - \alpha| < \varepsilon))$ －（ε-δ 論法での定義）

次の定理が ε-δ 論法の名前の由来となるものである。

定理 D.1.14 D 上の関数 f が $\lim_{x\to a} f(x) = \alpha$ を満たすためには次が必要かつ十分である。

$$\forall \varepsilon > 0\ \ \exists \delta > 0\ \ \forall x \in D\ \ ((0 < |x - a| < \delta) \to (|f(x) - \alpha| < \varepsilon))$$

証明: $\lim_{x\to a} f(x) = \alpha \iff \inf_n \overline{f}_n(a) = \sup_n \underline{f}_n(a) = \alpha$（本書での定義）であり、

$$\inf_n \overline{f}_n(a) = \alpha \iff \forall \varepsilon > 0\ \exists n \in \mathbb{N}_1\ \forall x\ ((0 < |x - a| < \tfrac{1}{n}) \to (f(x) < \alpha + \varepsilon))$$ と

$$\sup_n \underline{f}_n(a) = \alpha \iff \forall \varepsilon > 0\ \exists n \in \mathbb{N}_1\ \forall x\ ((0 < |x - a| < \tfrac{1}{n}) \to (f(x) > \alpha - \varepsilon))$$

より $\lim_{x\to a} f(x) = \alpha \iff \forall \varepsilon > 0\ \exists n \in \mathbb{N}_1\ \forall x\ ((0 < |x - a| < \frac{1}{n}) \to (|f(x) - \alpha| < \varepsilon))$ が成立するから、$\lim_{x\to a} f(x) = \alpha \iff \forall \varepsilon > 0\ \exists \delta > 0\ \forall x\ ((0 < |x - a| < \delta) \to (|f(x) - \alpha| < \varepsilon))$ を得る。　終り.

演習 D.1.15 以下の三種の同値性に証明を与えよ。

(1) $\inf_n \{\overline{a}_n - \underline{a}_n\} = 0 \iff \forall \varepsilon > 0\ \exists n \in \mathbb{N}_1\ \forall h, k \in \mathbb{N}_1\ ((h, k \geqq n) \to (|a_h - a_k| < \varepsilon))$
（「$\iff$」の右の論理式が通常の「収束列（Cauchy 列）」の定義式である。）

(2) $\lim_{n\to\infty} a_n = \infty \iff \forall M > 0\ \exists n \in \mathbb{N}_1\ ((m \geqq n) \to (a_m > M))$
（「$\iff$」の右の論理式が通常の「正の無限大に発散する」の定義式である。）

(3) $\lim_{n\to\infty} a_n = -\infty \iff \forall M > 0\ \exists n \in \mathbb{N}_1\ ((m \geqq n) \to (a_m < -M))$
（「$\iff$」の右の論理式が通常の「負の無限大に発散する」の定義式である。）

D.1　δ が現れず、自然数 $n \in \mathbb{N}_1$ または $n \in \mathbb{N}_0$ を用いる場合は ε-N 論法あるいは ε-n 論法などと称することもある。

D.2 演繹と証明

本節では、古典論理に従う明確な論理式の記述の上に、**正しい推論** を重ねて結論に到達する技法（ここまで徹底するのは現実的ではない）として Gentzen の導入した **論理演繹** を紹介する。

Gentzen は初め NK と呼ばれる「自然演繹」の体系を導入した。NK は論理式の並びから目的の論理式の並びを導き出す推論をツリー状の証明図に組み上げるものであった。しかし Gentzen は彼の基本定理をより自然に導き出す体系として、本書がここで紹介を試みる LK と呼ばれる「論理演繹（シークェント計算）」の導入に至った。論理演繹では、“,” 区切りの論理式の並びを二つ考えてそれらを仮定と結論とし、仮定を左に結論を右に置いて記号 “ $\Longrightarrow$ ” をその間に挟んだ形式的な並び（シークェント）を「言明」とする。「言明」に対する証明は、シークェントを単純で正しい推論の積み重ねに分解する一連の形式的な作業として与えられるものである。

例えば、次の三段論法は切除規則と呼ばれる LK の推論規則の特別な場合である。

$$\frac{A \Longrightarrow B \quad B \Longrightarrow C}{A \Longrightarrow C}\,(\text{切除})$$

このように LK の推論は横線で表され、横線の脇に推論の種類が指定される。そして横線の上にあるシークェントの並びから、その推論で下にあるシークェントが得られることを示す。

推論規則 以下、A, B は論理式であり、$\Gamma, \Delta, \Pi, \Sigma$ は論理式の並び（空でもよい）である。

(初期規則) $$\frac{}{A \Longrightarrow A}\,(\text{初期})$$ （トートロジー（同語反復）は常に正しい。すなわち、A はどんな命題でもよい。）

(切除規則) $$\frac{\Gamma \Longrightarrow \Delta, A \quad A, \Pi \Longrightarrow \Sigma}{\Gamma, \Pi \Longrightarrow \Delta, \Sigma}\,(\text{切除})$$ （三段論法の拡張型の推論である。）

以下の二種類の規則は意味的には当然成り立つべき基本的な操作を規則としたものである。

(構造規則) (薄弱) $$\frac{\Gamma \Longrightarrow \Delta}{A, \Gamma \Longrightarrow \Delta}\,(\text{左弱}) \qquad \frac{\Gamma \Longrightarrow \Delta}{\Gamma \Longrightarrow \Delta, A}\,(\text{右弱})$$

(縮約) $$\frac{A, A, \Gamma \Longrightarrow \Delta}{A, \Gamma \Longrightarrow \Delta}\,(\text{左約}) \qquad \frac{\Gamma \Longrightarrow \Delta, A, A}{\Gamma \Longrightarrow \Delta, A}\,(\text{右約})$$

(交換) $$\frac{\Gamma, A, B, \Pi \Longrightarrow \Delta}{\Gamma, B, A, \Pi \Longrightarrow \Delta}\,(\text{左換}) \qquad \frac{\Gamma \Longrightarrow \Delta, A, B, \Sigma}{\Gamma \Longrightarrow \Delta, B, A, \Sigma}\,(\text{右換})$$

(論理規則)

(恒真)
$$\dfrac{}{\bot,\Gamma \Longrightarrow \Delta}\,\text{(左偽)} \qquad \dfrac{}{\Gamma \Longrightarrow \Delta,\top}\,\text{(右真)}$$

(真偽)
$$\dfrac{\Gamma \Longrightarrow \Delta}{\top,\Gamma \Longrightarrow \Delta}\,\text{(左真)} \qquad \dfrac{\Gamma \Longrightarrow \Delta}{\Gamma \Longrightarrow \Delta,\bot}\,\text{(右偽)}$$

(並列)
$$\dfrac{A,\Gamma \Longrightarrow \Delta \quad B,\Gamma \Longrightarrow \Delta}{A \vee B,\Gamma \Longrightarrow \Delta}\,\text{(左 }\vee\text{)}$$
$$\dfrac{\Gamma \Longrightarrow \Delta,A \quad \Gamma \Longrightarrow \Delta,B}{\Gamma \Longrightarrow \Delta,A \wedge B}\,\text{(右 }\wedge\text{)}$$

($\wedge\vee_1$)
$$\dfrac{A,\Gamma \Longrightarrow \Delta}{A \wedge B,\Gamma \Longrightarrow \Delta}\,\text{(左 }\wedge_1\text{)} \qquad \dfrac{\Gamma \Longrightarrow \Delta,A}{\Gamma \Longrightarrow \Delta,A \vee B}\,\text{(右 }\vee_1\text{)}$$

($\wedge\vee_2$)
$$\dfrac{A,\Gamma \Longrightarrow \Delta}{B \wedge A,\Gamma \Longrightarrow \Delta}\,\text{(左 }\wedge_2\text{)} \qquad \dfrac{\Gamma \Longrightarrow \Delta,A}{\Gamma \Longrightarrow \Delta,B \vee A}\,\text{(右 }\vee_2\text{)}$$

(包含)
$$\dfrac{\Gamma \Longrightarrow \Delta,A \quad B,\Pi \Longrightarrow \Sigma}{\Gamma,A \to B,\Pi \Longrightarrow \Delta,\Sigma}\,\text{(左 }\to\text{)} \qquad \dfrac{A,\Gamma \Longrightarrow \Delta,B}{\Gamma \Longrightarrow \Delta,A \to B}\,\text{(右 }\to\text{)}$$

(否定)
$$\dfrac{\Gamma \Longrightarrow \Delta,A}{\neg A,\Gamma \Longrightarrow \Delta}\,\text{(左 }\neg\text{)} \qquad \dfrac{A,\Gamma \Longrightarrow \Delta}{\Gamma \Longrightarrow \Delta,\neg A}\,\text{(右 }\neg\text{)}$$

実際には、複数の (初期) 論理規則から始めてこれらの推論規則を複雑に組み合わせてツリー状の証明図を作る操作を続け、求めるシークェントに到達することで証明が完成する。

例 D.2.1　次は「$\neg(A \wedge \neg B) \Longrightarrow (A \to B)$」と「$(A \to B) \Longrightarrow \neg(A \wedge \neg B)$」の証明図である。

$$\dfrac{\dfrac{\dfrac{\dfrac{\dfrac{\dfrac{\dfrac{}{A \Longrightarrow A}\,\text{(初期)}}{A \Longrightarrow A,B}\,\text{(右弱)}}{A \Longrightarrow B,A}\,\text{(右換)} \quad \dfrac{\dfrac{\dfrac{\dfrac{}{B \Longrightarrow B}\,\text{(初期)}}{A,B \Longrightarrow B}\,\text{(左弱)}}{B,A \Longrightarrow B}\,\text{(左換)}}{A \Longrightarrow B,\neg B}\,\text{(右 }\neg\text{)}}{A \Longrightarrow B,A \wedge \neg B}\,\text{(右 }\wedge\text{)}}{\neg(A \wedge \neg B),A \Longrightarrow B}\,\text{(左 }\neg\text{)}}{A,\neg(A \wedge \neg B) \Longrightarrow B}\,\text{(左換)}}{\neg(A \wedge \neg B) \Longrightarrow (A \to B)}\,\text{(右 }\to\text{)}$$

$$\dfrac{\dfrac{\dfrac{\dfrac{\dfrac{\dfrac{}{A \Longrightarrow A}\,\text{(初期)}}{A \wedge \neg B \Longrightarrow A}\,\text{(左 }\wedge_1\text{)} \quad \dfrac{\dfrac{\dfrac{\dfrac{}{B \Longrightarrow B}\,\text{(初期)}}{\neg B,B \Longrightarrow}\,\text{(左 }\neg\text{)}}{A \wedge \neg B,B \Longrightarrow}\,\text{(左 }\wedge_2\text{)}}{B,A \wedge \neg B \Longrightarrow}\,\text{(左換)}}{A \wedge \neg B,A \to B,A \wedge \neg B \Longrightarrow}\,\text{(左 }\to\text{)}}{A \wedge \neg B,A \wedge \neg B,A \to B \Longrightarrow}\,\text{(左換)}}{A \wedge \neg B,A \to B \Longrightarrow}\,\text{(左約)}}{A \to B \Longrightarrow \neg(A \wedge \neg B)}\,\text{(右 }\neg\text{)}$$

そして Gentzen は、ε_0 — 最初の超限順序数 ω に有限回の加算・乗算・冪乗を施すだけでは到達できない超限順序数のうち最小のもの — までの帰納法を導入し、LK において真な命題には証明が存在し、逆に証明の存在する命題は真となること、そして切除規則が除去可能であることを示し、さらに LK を拡張した算術の体系に矛盾が生じないことの証明に至った…

あとがき

学部初年次に高木貞治の解析概論で微積分を学ぶと、導関数が積分可能でないことに失望を感じる一方、指数関数や三角関数の定義にも違和感を覚えました。あるとき、後者については先に対数関数を積分で定義するのはどうなのか、三角関数も同じではないのかとの考えが浮かんできました。そして二年次の解析を担当されていた浅田明先生から『微積の望ましい教え方を述べよ』という趣旨の問題が試験に出題されたのを機に、無謀にも教科書の再構成に取り掛かりました。そして三年次頃、宿直当番をされていた浅田先生に仲間と押しかけ、先生から導関数が積分可能となる積分の存在を教わりました。これらが本書作成の原点となったのかもしれません。

もちろん、井上浩一、宮内敏行の両氏、ならびに宮田祐也、吉瀬流星の両君からの貴重な助言に加え、妻のひさみと二人の娘たち葉月とさくらからの励ましを力に歩みを進めたように思います。編集を担当された山根加那子氏を始めとする近代科学社の皆様からの助言には目の覚める思いでしたが、さらに私のわがままままで聞いて表紙とあとがきにさくらのイラストを使用させていただけることとなりました。またフォントの商用利用に関して、株式会社モリサワの樋口様には大変お世話になりました。末筆になりますが、お世話になった方々に深く感謝いたします。

本書の作成に当たっては、本文と見出しに可読性の高いモリサワの UD デジタル教科書体 ProN と原ノ味フォントを、また数式には落ち着いた印象の stix2 フォントを使用させていただきました。本書が微分と積分と実数を学ぶ際に何らかの手助けとなるならば、望外の喜びです。

2022 年春、伊都にて

岩瀬 則夫

参考文献

[1] 加藤 十吉,『微分積分学原論』, 培風館 (2002/06), ISBN-13: 978-4563002947.
著者の数学への思いが随所に表れている。

[2] 押川 元重, 阪口 紘治,『基礎 微分積分』, 培風館 (2002/06), ISBN-13: 978-4563002091.
学生に伝えたい数学のエッセンスが満ちている。

[3] 鈴木 紀明,『解析学の基礎』, –高校の数学から大学の数学へ– , 学術図書出版社 (2013), ISBN-13: 978-4780603545.
解析学を基礎から丁寧に解説しており、大変参考にさせていただいた。

[4] 黒田 成俊,『微分積分』共立講座 21 世紀の数学, 共立出版 (2002), ISBN-13: 978-4320015531.
非常に意欲的でいて、なお理に適った記述が目を引く。

[5] 高木 貞治, 定本『解析概論』, 岩波書店; 改訂第 3 版 (2010), ISBN-13: 978-4000052092.
微分積分学の古典的な名著という以上の存在である。積分はリーマン積分を用いるが、後半にルベーグ積分の解説も付されている。

[6] 中尾 慎宏,『微分積分学』現代数学ゼミナール, 近代科学社 (1987/09), ISBN-13: 978-4764910027.
現代的な視点から応用まで見据え、精緻に組まれた解説が特徴である。

[7] 吉田 洋一,『ルベグ積分入門』, 新数学シリーズ 23, 培風館 (1965), ISBN-13: 978-4563003234.
ルベーグ積分の古典的な名著である。

[8] Lee Peng Yee, Rudolf Výborný,『Integral: An Easy Approach After Kurzweil and Henstock』, Australian Mathematical Society Lecture Series, Series Number 14, Cambridge University Press, 1st Edition (2000), ISBN-13: 978-0521779685.
gauge 積分論の包括的な解説書である。1 変数だけでなく、多変数 gauge 積分についても解説されている。

[9] Paul Bernays,『Axiomatic Set Theory』, Dover Publications, 2nd Revised Edition (1991), ISBN-13: 978-0486666372.
NBG (von Neumann-Bernays-Gödel) の中心にいた Bernays による公理的集合論の解説である。

[10] 永田 雅宣,『集合論入門』, 数学ライブラリー 21, 森北出版 (1970), ISBN-13: 978-4627002197.
さまざまな部分で大変参考にさせていただいたテキストであり、最近 POD 版として復刻された。

[11] 吉田 夏彦,『論理学』, 新数学シリーズ 10, 培風館 (1958), ISBN-13: 978-4563003104.
Gentzen の NK の推論が詳述されている。

[12] 竹内 外史, 八杉 満利子, 復刊『証明論入門』, 復刊 (2010), ISBN-13: 978-4320019355.
Gentzen の超限帰納法、LK の基本定理、自然数論の無矛盾性の証明などが解説されている。

索引

記号・数字

1 階微分方程式 156
2 項係数 27
2 項展開 27

A

affine 線形 73

C

C^0 級 58, 77
C^∞ 級 60
C^ω 級 60
C^r 級 58, 77
Cauchy の剰余 59, 79
Cauchy の判定法 32, 34
Cauchy の平均値の定理 57
Cauchy 列 24

D

D^r 級 58, 78
d'Alembert の判定法 32, 34

E

Euclid 空間 69
Euler 数 28
Euler 変換 162

F

Frenet-Serret の動標構 167
Fubini の定理 95

G

gauge 45
gauge 可積分 46
gauge 積分可能 46
gauge 和 46
Gauss 積分 101

H

Heine Borel の被覆定理 124
Hessian 80, 84
Hessian matrix 80

J

Jacobian 76
Jacobi 行列 74
Jacobi 行列式 76

L

L'Hopital の定理 57, 128
Lagrange 関数 83
Lagrange 乗数 83
Lagrange の剰余 59, 79
Landau の小さい o 59
Laplacian 77
Lebesgue 可積分 91
Lebesgue 可測 89
Lebesgue 可測関数 90
Lebesgue 測度 89
Lebesgue 和 91

M

Maclaurin 級数 60

N

n 階微分方程式 156
n 価関数 5
n 価写像 5
n 次関数 36
n 次多項式 6
n 乗 6
n 乗根 6
Napier 数 28

R

r 回微分可能 58
r 回偏微分可能 77
r 回連続微分可能 58, 77
r-近傍 68
r 次導関数 58
r 次偏導関数 77
Riemann 可積分 46
Riemann 積分 46
Rolle の定理 44

T

Taylor 級数 60
Taylor の定理 58, 78

W

Weierstrass の定理 41, 72, 125

あ

一意 5
一様収束 161
一様連続 160
一様連続性 160
1 階線形微分方程式 157
1 価関数 37
1 対 1 5
1 対 1 対応 5
一般解 156
陰関数 82
陰関数定理 82, 131
因数分解 63
上に有界 22, 23, 36
上への 5
上への 1 対 1 5
円周率 130

か

外延性公理 114
開区間 8
開集合 36, 69
概収束 138
外積 108
解析的 60
外測度 89
階段関数 7, 37
外点 68
回転体 100
回転面 105

開半直線 …… 8
開左半直線 …… 8
外部 …… 68
開右半直線 …… 8
開領域 …… 69
ガウス曲率 …… 168
下界 …… 22
下極限 …… 24
拡大 …… 5
各点収束 …… 90
下限 …… 6, 22
可算矩形塊 …… 89
可算集合 …… 14
可算列 …… 136
可積分 …… 91, 92
可測 …… 89, 137
可測関数 …… 90, 137
片側極限 …… 38
片側連続 …… 40
形作用素 …… 168
合併集合 …… 5
合併集合公理 …… 114
関係 …… 5
関数 …… 5
ガンマ関数 …… 101
幾何級数 …… 31
基数 …… 6
逆関係 …… 5
逆関数 …… 37
逆関数定理 …… 37, 44, 129
逆関数のグラフ …… 37
逆関数の連続性 …… 41
逆行列 …… 19
逆三角関数 …… 56
逆写像 …… 37
逆正弦関数 …… 7
逆正接関数 …… 7
逆像 …… 5
逆双曲正弦 …… 53
逆双曲正弦関数 …… 7
逆双曲正接 …… 53
逆双曲正接関数 …… 7
逆双曲線関数 …… 53
逆双曲余弦 …… 53
逆双曲余弦関数 …… 7
逆微分 …… 63
逆余弦関数 …… 7
級数 …… 6, 29
求積可能 …… 88
球面座標 …… 100
境界 …… 69
境界写像 …… 97
境界点 …… 69
狭義単調減少 …… 36
狭義単調減少数列 …… 23
狭義単調数列 …… 23
狭義単調増加 …… 36
狭義単調増加数列 …… 23
共終列 …… 25
共通集合 …… 5
共役 …… 18
行列式 …… 19
極限 …… 24, 38
極座標 …… 56, 77, 99
極小 …… 62
極小値 …… 62, 80
極大 …… 62
極大値 …… 62, 80
極値 …… 62, 80
曲率 …… 167
曲率ベクトル …… 167
虚部 …… 18
近似の誤差 …… 42
近傍 …… 36, 68
空集合 …… 6
空集合公理 …… 114
区間 …… 8
矩形 …… 68, 88
矩形塊 …… 88
区分的 …… 17
区分的全単純正則曲線 …… 104
区分的全単純正則曲線群 …… 104
区分的単調 …… 36
グラフ …… 37
係数 …… 33
原始関数 …… 45
広義原始関数 …… 146
広義正数 …… 8
広義負数 …… 8
広義積分 …… 49
交叉 …… 5
合成関係 …… 5
合成関数 …… 71, 75
合成関数の連続性 …… 41
交代行列 …… 20
恒等関係 …… 5
誤差 …… 42, 72, 73
弧長 …… 104

さ

最小 …… 6
最小値 …… 22
最大 …… 6
最大値 …… 22
差集合 …… 5
差分 …… 29
始域 …… 5
四元関数 …… 163
四元積 …… 163
四元ベクトル関数 …… 163
指数関数 …… 7, 51
自然数 …… 6
自然対数 …… 7, 51
下に有界 …… 22, 23, 36
実係数多項式 …… 6
実数 …… 6, 8, 16, 120
実数全体 …… 8
実数の公理 …… 121
実数ベキ …… 7
実数ベキ …… 52
実部 …… 18
写像 …… 5
主域正弦関数 …… 54
主域正接関数 …… 56
主域余弦関数 …… 54
終域 …… 5
集合公理 …… 114
重積分 …… 94
縦線集合 …… 97
収束 …… 24

収束域 33
収束する 38
収束半径 33
従法線ベクトル 167
述語論理 14
守備配置 45
守備範囲 45
主法線ベクトル 167
順序体の公理 122
順序の公理 122
上界 22
上極限 24
上限 6, 22
条件収束 30
小数表記 15
微分方程式 156
序数 6
振動 24, 38
数列 14
スカラー場 164
正規形 15
正規形（微分方程式） 156
制限 5
星状領域 69, 112
整数 6
正接関数 55
正則境界 105, 109
正則行列 19
正則曲線 104
正則曲面 105
正則縦線領域 109
正則性公理 114
正則点 83
正則領域 105, 109
正の無限大に発散 24, 38
積分 46, 49, 91, 92
積分可能 46, 91, 92
積分定数 63
接線 42
絶対収束 30
絶対値 7, 18
切断 16, 122
切断する 16
切断点 122
切断の公理 16, 122
接平面 72, 83
全域 5
漸近展開 59
線形微分方程式 157
全単純正則曲線 104
全単純正則曲面 105
選択公理 39, 114, 150, 152
全微分可能 72, 73
全微分係数 72, 73
全変動 127
前領域 69
像 5
総合併集合 5
双曲正弦 52
双曲正弦関数 7
双曲正接 52
双曲正接関数 7
双曲線関数 52
双曲余弦 52
双曲余弦関数 7
総交叉集合 5
相対開集合 36
総和集合 5
測度 89

た

大域選択公理 114
第Ⅰ基本形式 168
第Ⅰ基本量 168
対角行列 20
対角線論法 16
対称行列 20
対数関数 7, 51
第２基本形式 168
第２基本量 168
体の公理 121
多価関数 5, 37
多価写像 5
多項式 6
多項式関数 36
正しい推論 14, 175
多変数関数 69
単位行列 19
単位接ベクトル 107, 108, 167
単位法ベクトル 108
単純正則曲線 104
単純正則曲面 105
単調 36
単調減少 36
単調減少数列 23
単調収束定理 92, 141
単調数列 23
単調性 135
単調増加 36
単調増加数列 23
端点 36
値域 5
置換公理 114
置換積分 50
中間値の定理 41, 71
中心 33
超越数 28
調和関数 77
直積 5
直交行列 20
定義域 5
定数 gauge 46, 127
定積分 91
天井関数 7
点列の極限 69
導関数 43
同次形 156
動標構 167
特異解 156
特異点 83
特殊解 156
特性関数 7
トレース 20

な

内測度 89
内点 36, 68
内部 36, 68

は

発散 24, 70
発散する 38
半直線 8
非順序対公理 114
被積分関数 92
左側極限 38
左側微分係数 42
左側連続 40
左半開区間 8
左半直線 8
微分可能 42, 72, 73
微分係数 42, 72, 73
微分積分学の基本定理 48, 49
複素係数多項式 6
複素数 6
複素線形微分方程式 157
符号関数 7
不定形の極限 57
不定元 6, 18
不定積分（基点付き）..... 49
不定積分（逆微分としての）..... 63
不定積分（集合関数）..... 150
負の無限大に発散 24, 38
部分積分 50
部分分数分解 64
部分列 25
部分和 6, 30
分割 45, 90, 91
ベータ関数 102
閉曲線 109
閉曲面 109
平均曲率 168
平均値の定理 44
閉区間 8
閉集合 36, 69
閉包 69
閉領域 69
ベキ級数 33
ベキ級数展開 60
ベキ集合公理 114
ベキ乗 6, 51
ベキ乗根 6, 51
ベクトル場 164
ヘッセ行列 80
ヘッセ行列式 80, 84
ヘッセ行列式（縁付き）..... 84
偏角 18
変格積分 93, 141
偏角の主値 18
辺境 69
辺境点 69
変数分離型 156
辺測度 89
変動 127
偏導関数 73
偏微分可能 73
偏微分係数 73
偏微分の順序交換 77
方向微分 78
法線ベクトル 83
補集合 5
ホップ不変量 I 163
ほとんど至る所 89
ほとんど全域 89
ほぼ全域 17

ま

交わり 5
右側極限 38
右側微分係数 42
右側連続 40
右半開区間 8
右半直線 8
無限区間 8
無限集合公理 114
無限小数 15
無限小数表記 15
無限大に発散 24, 38
結び 5
無理関数 65
命題論理 14
面積 105

や

有界 22, 23, 36, 68, 72
有界関数 36, 72
有界変動 127
有限確定 24
有限区間 8
有限次 Maclaurin 展開 59, 79
有限次 Taylor 展開 59, 79
有限次多項式 6
有限小数 15
有限小数表記 15
優収束定理 93, 142
有理関数 7, 36
有理数 6
有理数ベキ 6
床関数 7
陽関数 82
容積 88, 89

ら

領域 69
類形成公理 114
累次積分 95
類別 5
捩率 167
列 14
連結 69
連鎖律 43, 75
連続 40, 70
連続関数 40, 70
連続関数と開集合 125
連続関数の有界性 125
連続性 16, 40, 122, 150
連続性の公理 I 22
連続性の公理 II 24
連続微分可能 43
連続複利 29
論理演繹 175

わ

和 5
和分 29

著者紹介

岩瀬 則夫（いわせ のりお）

1981年　信州大学理学部数学科 卒業
1987年9月から1988年8月　英国Aberdeen大学SERC研究員
1988年　理学博士（九州大学）
1989年　岡山大学理学部 講師
1992年　九州大学教養部 助教授
2008年から現在まで　九州大学数理学研究院 教授

◎本書スタッフ
編集長：石井 沙知
編集：山根 加那子
組版協力：菊池 周二
表紙デザイン：tplot.inc 中沢 岳志
技術開発・システム支援：インプレス NextPublishing

●本書の内容についてのお問い合わせ先
近代科学社Digital　メール窓口
kdd-info@kindaikagaku.co.jp
件名に「『本書名』問い合わせ係」と明記してお送りください。
電話やFAX、郵便でのご質問にはお答えできません。返信までには、しばらくお時間をいただく場合があります。なお、本書の範囲を超えるご質問にはお答えしかねますので、あらかじめご了承ください。

●落丁・乱丁本はお手数ですが、（株）近代科学社までお送りください。送料弊社負担にてお取り替えさせていただきます。但し、古書店で購入されたものについてはお取り替えできません。

微分積分学

2022年4月15日　初版発行Ver.1.0
2023年10月13日　Ver.1.2

著　者　岩瀬 則夫
発行人　大塚 浩昭
発　行　近代科学社Digital
販　売　株式会社 近代科学社
〒101-0051
東京都千代田区神田神保町1丁目105番地
https://www.kindaikagaku.co.jp

印刷・製本　京葉流通倉庫株式会社
Printed in Japan

ISBN978-4-7649-6034-3

近代科学社 Digital は、株式会社近代科学社が推進する21世紀型の理工系出版レーベルです。デジタルパワーを積極活用することで、オンデマンド型のスピーディでサステナブルな出版モデルを提案します。

近代科学社 Digital は株式会社インプレス R&D が開発したデジタルファースト出版プラットフォーム "NextPublishing" との協業で実現しています。